高职高专建筑工程类专业"十三五"规划教材

GAOZHI GAOZHUAN JIANZHUGONGCHENGLEI ZHUANYE SHISANWU GUIHUA JIAOCAI

建设工程监理概论

JIANSHEGONGCHENGJIANLIGAILUN

◎主　编　刘剑勇　孟庆红
◎副主编　陈贤清　罗绪元　程　宇　肖　颜
◎主　审　郑　伟

U0331880

 中南大学出版社
www.csupress.com.cn

内容简介

本教材根据我国建设工程相关法律法规、技术标准、建设工程监理规范与制度的有关规定，结合工程项目监理实践，紧紧围绕建筑施工一线现场监理工作的职业活动，合理确定教学内容，做到实用、够用、能学、会用，重在培养学生的职业岗位能力，具有实践性、针对性和实用性强的特点。教材内容按建设工程监理的工作流程分为：建设工程监理概述、建设工程监理企业与人员、建设工程监理业务、建设工程监理工作、建设工程监理文件、建设工程法律、法规等 6 个模块。本教材还配有多媒体教学电子课件，以增强实践教学、丰富教学内容、方便学生进行岗位能力训练和习题练习。

本教材可作为高职高专建筑工程技术、工程管理、工程监理等专业教材，亦可作为成人教育、网络教育、电视大学等土木类专业专科教材，亦即作为相关技术人员零距离上岗的参考书。

高职高专土建类专业规划教材编审委员会

主 任

王运政　　胡六星　　郑 伟　　玉小冰　　刘孟良

陈安生　　李建华　　陈翼翔　　谢建波　　胡云珍

副主任

（以姓氏笔画为序）

王超洋　　卢 滔　　刘可定　　刘庆潭　　刘锡军

杨晓珍　　李玲萍　　李清奇　　李精润　　陈 晖

欧阳和平　周一峰　　项 林　　卿利军　　黄金波

委 员

（以姓氏笔画为序）

万小华　　龙卫国　　邓 慧　　叶 姝　　吕东风　　朱再英

伍扬波　　刘小聪　　刘天林　　刘心萍　　刘旭灵　　刘剑勇

刘晓辉　　许 博　　阮晓玲　　孙光远　　孙湘晖　　李为华

李 龙　　李 冬　　李亚贵　　李进军　　李丽君　　李 奇

李 侃　　李海霞　　李鸿雁　　李 鲤　　李 薇　　肖飞剑

肖恒升　　肖 洋　　何立志　　何 珊　　佘 勇　　宋士法

宋国芳　　张小军　　陈贤清　　陈淳慧　　陈 翔　　陈婷梅

易红霞　　罗少卿　　金红丽　　周 伟　　周良德　　赵亚敏

胡蓉蓉　　徐龙辉　　徐运明　　徐猛勇　　高建平　　唐 文

唐茂华　　黄光明　　黄郎宁　　曹世晖　　常爱萍　　梁鸿颉

彭 飞　　彭子茂　　彭东黎　　蒋买勇　　蒋 荣　　喻艳梅

曾维湘　　曾福林　　熊宇璟　　樊淳华　　魏丽梅　　魏秀瑛

出版说明 INSTRUCTIONS

在新时期我国建筑业转型升级的大背景下，按照"对接产业、工学结合、提升质量，促进职业教育链深度融入产业链，有效服务区域经济发展"的职业教育发展思路，为全面推进高等职业院校建筑工程类专业教育教学改革，促进高端技术技能型人才的培养，我们通过充分地调研和论证，在总结吸纳国内优秀高职高专教材建设经验的基础上，组织编写和出版了本套基于专业技能培养的高职高专建筑工程类专业"十三五"规划教材。

近几年，我们率先在国内进行了省级高等职业院校学生专业技能抽查工作，试图采用技能抽查的方式规范专业教学，通过技能抽查标准构建学校教育与企业实际需求相衔接的平台，引导高职教育各相关专业的教学改革。随着此项工作的不断推进，作为课程内容载体的教材也必然要顺应教学改革的需要。本套教材以综合素质为基础，以能力为本位，强调基本技术与核心技能的培养，尽量做到理论与实践的零距离；充分体现了《关于职业院校学生专业技能抽查考试标准开发项目申报工作的通知》（湘教通〔2010〕238号）精神，工学结合，讲究科学性、创新性、应用性，力争将技能抽查"标准"和"题库"的相关内容有机地融入到教材中来。本套教材以建筑业企业的职业岗位要求为依据，参照建筑施工企业用人标准，明确职业岗位对核心能力和一般专业能力的要求，重点培养学生的技术运用能力和岗位工作能力。

本套教材的突出特点表现在：一、把建筑工程类专业技能抽查的相关内容融入教材之中；二、把建筑业企业基层专业技术管理人员岗位资格考试相关内容融入教材之中；三、将国家职业技能鉴定标准的目标要求融入教材之中。总之，我们期望通过这些行之有效的办法，达到教、学、做合一，使同学们在取得毕业证书的同时也能比较顺利地考取相应的职业资格证书和技能鉴定证书。

高职高专建筑工程类专业"十三五"规划教材

编 审 委 员 会

前 言 PREFACE

    建设工程监理在我国正蓬勃发展。事实证明,实行工程监理制在提高工程质量、控制工程投资、保证工程进度、维护建设市场秩序、提高工程建设管理水平等方面都发挥着重要作用,而且已经得到了社会的广泛认同和关注。作为一项新兴的事业,我国监理工程师队伍还不能充分满足工程建设的需要,在数量上还需要大量增加,在质量上也需要提高。因此,迫切需要有更多的专业人才充实到监理队伍中去。同时,作为从事监理工作的人员,必须充分地理解和掌握我国目前的建设工程监理理论,了解国际和国内建设工程监理的动向,为更好地从事建设工程监理工作打下坚实的基础。

    我国目前开展的建设工程监理主要是施工阶段的监理。建设工程监理事业的发展需要全社会的认同和推动,需要有更多的有识之士去了解和学习,需要不断地丰富和完善建设工程监理的理论。只有这样,我国的建设工程监理事业才能充分地走向正规化、专业化和社会化,并尽快实现与国际惯例的接轨,为我国的社会主义经济建设发挥应有的作用。这也是我们组织编写这本《建设工程监理概论》教材的目的。

    本书的编写中,我们注意了内容的实用性,并力求通俗易懂。教材还充分结合了新的建设工程监理规范和国家法律法规体系。另外,根据监理工作的先后顺序,我们还对学习者需要学习的知识要点、内容及其先后顺序进行了调整,以使本书的内容更加合理。

    本书具体编写分工如下:模块一、模块三由刘剑勇编写,模块二由罗绪元编写,模块四由陈贤清、程宇编写,模块五、附录由孟庆红编写,模块六由肖颜编写。本书由刘剑勇、孟庆红统稿、修改并定稿。

    本书由郑伟审稿。为提高本书的质量,审稿者提出了不少宝贵的建议,在编写中我们也参考了一些文献。在此我们向审稿者和所列参考文献书目的作者表示由衷的感谢。

    由于我们的水平有限,本书难免存在不足之处,恳请广大读者批评指正。

编 者
2018 年 12 月

目 录 CONTENTS

附　录

模块一　建设工程监理概述

本模块教学目标	
1. 了解我国实行建设工程监理制的必要性； 2. 理解建设工程监理的基本概念； 3. 熟悉建设工程监理的性质和特点。	
主要学习内容	主要知识与技能
1. 监理与建设工程监理的概念； 2. 建设工程监理的性质及其必要性； 3. 社会监理与政府监督的区别。	1. 建设工程监理的性质； 2. 目前我国建筑市场三大主体及其相互关系； 3. 建设工程监理在工程中所起的作用。
监理员岗位资格考试要求	1. 掌握建设工程监理的概念及其性质； 2. 熟悉建设工程监理、咨询和监督之间的区别。

从新中国成立直至 20 世纪 80 年代，我国固定资产投资基本上是由国家统一安排计划，由国家统一财政拨款。一般建设工程，由建设单位自己组成筹建机构，自行管理；重大建设工程，从相关单位抽调人员组成工程建设指挥部，由其进行管理。投资"三超"、工期延长的现象较为普遍。

我国的建设工程监理事业从 1988 年开始，经历了试点和稳步发展两个阶段，从 1996 年开始转入全面推行阶段。

任务一　实行建设工程监理制的必要性

建设部于 1988 年发布了《关于开展建设监理工作的通知》，明确提出要建立建设工程监理制。于 1988 年开始试点，5 年后逐步展开，1997 年《中华人民共和国建筑法》以法律制度的形式作出规定，国家推行建设工程监理制，从而使建设工程监理在全国范围内进入全面推行阶段。

一、建设工程监理形成的原因

建设工程监理是随着工程建设管理方式的发展、演变而逐步形成的，是工程建设管理专业化分工的产物。我们可以从工程建设管理方式的演变过程深入了解建设工程监理形成的原因。

从新中国成立直至 20 世纪 80 年代，工程建设管理在发展过程中大致经历了以下几种方式。

1. 自建方式

自建方式指业主自己组织进行工程项目建设过程中全部工作的一种建设管理方式，即业主自行设计、自行施工。

这种方式适用于没有专门的设计单位和施工单位的情况，或者有特殊要求的工程项目的建设。由于业主直接完成工程建设过程中的全部工作，因此能充分调动投资者的积极性，且各环节的关系简单，易于协调。但是，这种方式毕竟只是一种小生产式的建设管理方式，没有实现专业化分工，不利于提高设计、施工水平，不利于提高工程质量和降低工程成本，在现代工程建设中已很少采用。

显然，业主自建方式处于低水平的管理层次，设计、施工业务尚未独立，更谈不上建设工程监理。

2. 发包方式

发包方式指业主将工程建设中的设计、施工业务发包给设计、施工单位的一种建设管理方式。即业主自己不直接从事设计、施工工作，而是交给专门的设计、施工单位完成。

在这种建设管理方式下，业主称为发包人，设计、施工单位称为承包人，也叫承包单位或承建单位。承包人承担工程设计或施工任务，负有按发包人意图进行设计、施工的责任，同时获取承包费；发包人则应按合同的规定提供设计或施工必需的资料，申请施工许可证，拆除现场障碍物，及时验收工程，办理结算，支付承包费。这种建设管理方式，设计和施工实现了专门化，有利于提高工程设计和施工水平，降低工程成本，提高工程质量，是目前国内外普遍采用的一种建设管理方式。

采取这种建设管理方式，虽然将设计、施工业务分别发包给设计和施工单位，但是业主仍然要对工程建设进行监督管理。此时业主有两种选择，一是自己组建完善的工程建设管理机构，负责整个工程建设的监督管理工作，这种情况下仍然不存在建设工程监理问题；二是将工程建设监督管理的部分权力授予专门的组织，委托这些组织负责监督管理工作，自己并不组建完善的工程建设管理机构，只负责重大问题的决策。这些被授权委托的组织就是监理企业，它们所从事的工作就是建设工程监理。

所以，在工程建设管理中，只有当业主将设计、施工业务发包给设计和施工单位，同时又将监督管理工作委托给监理企业时，建设工程监理才存在。建设工程监理作为一项独立的业务，是工程建设管理方式发展演变中继设计、施工业务独立后的又一重要进步，标志着工程建设管理进入了一个新的时期。

3. 成套合同方式

成套合同方式，又称为一揽子承包方式、交钥匙方式等，指业主将建设工程的全部工作委托给总承包单位，由总承包单位负责组织实施的一种工程建设管理方式。

采用这种建设管理方式，业主只需要向总承包单位讲明投资数量、投资方向和基本要求，其他工程建设的全部工作都由总承包单位负责完成。竣工后，由总承包单位将工程项目一次性移交给业主。一般情况下，总承包单位可以不拥有设计、施工力量，而是把设计、施工任务分别发包给其他承建单位。但是，总承包单位必须有很强的建设管理力量，能对工程建设全过程实施有效的控制。

成套合同方式的最大优点是简化了业主的工作，业主不仅不直接从事设计、施工工作，而且也不直接进行监督管理，由总承包单位全面负责。但是，总承包单位在实施过程中除了将设计、施工业务发包给其他承建单位外，还必须对工程建设实施监督管理。此时，也有两种选择，一是自己监管，二是委托监理企业监管。所以，在成套合同方式的条件下，建设工程监理依然存在。

4. 菲迪克(FIDIC)方式

菲迪克方式，是国际咨询工程师联合会(FIDIC)编制的，符合国际惯例的一种工程建设管理方式。这种方式的主要特点有：根据公开招标规则的国际惯例选择承包商(即国内的承包单位或承建单位)；采用 FIDIC 标准和条件；由业主委托工程师(即国内的监理工程师)根据合同条件进行工程的质量控制、投资控制和进度控制。

在菲迪克方式中，工程师处于核心地位，代表业主的利益对工程建设实施全面监督管理，但又必须以 FIDIC 合同条件为依据，公正地处理工程建设中的事务，维护业主和承包商的合法权益。业主是工程项目的主人，对重大事项作出决策，如确定中标者、履约担保、价款支付、接受合格工程等。承包商按合同实施工程建设，服从工程师的管理，但对于工程师的错误决定或业主的违约行为，可以降低施工进度或终止施工，提出索赔。

菲迪克方式作为一种国际上通行的工程建设管理方式，有许多优点，为建设工程监理奠定了良好的基础。主要表现为：有一套完整的招标方法，招标文件内容明确，使投标者能尽量做到公平竞争；有一套严谨的标准合同条件，供各方共同遵守，使整个建设过程有细致而稳定的依据；业主、工程师、承包商有固定的工作关系，明确的权责范围。

从以上分析中可以看出，建设工程监理是随着工程建设管理方式的发展、演变而逐步形成的。工程建设管理方式的发展过程，实际上是各项业务不断分工、分立的过程。随着工程建设的发展，技术要求越来越高，管理工作越来越复杂，业主不可能完成全部工作，客观上需要由专业人员、专业单位来完成这些技术含量高、专业化程度高的业务。于是，设计单位出现了专门负责工程的设计工作，施工单位出现了专门负责工程的施工工作，监理企业出现了专门负责工程的监督管理工作。较之设计、施工而言，建设工程监理分立最晚，但是建设工程监理作为一项独立的业务是工程建设管理现代化的标志，也是工程建设管理发展的必然趋势。所以，工程技术的不断发展导致工程建设业务的不断分工，是建设工程监理形成的主要原因。

二、建设工程监理形成的条件

建设工程监理有了形成的原因，并不意味着就能成为现实。要成为真正意义上的建设工程监理，必须具备以下基本条件：

1. 工程技术高度发展

工程技术高度发展是建设工程监理形成的基本条件。因为，只有当工程技术发展到一定程度，业主无法对工程建设进行全面监督管理，需要聘请专业工程技术人员负责工程建设监督管理工作的时候，建设工程监理才有了存在的条件。如果工程技术停留在低水平阶段，业主完全有能力监督管理工程建设的全过程，不需要聘请专业工程技术人员，建设工程监理也就失去了生存的环境。

2. 工程建设管理体制完善

从上面分析工程建设管理方式中知道，建设工程监理是在工程建设业务不断分工过程中出现的。只有当工程建设管理实行业主、承建、监理三方相对独立运作的管理体制后，工程建设管理中才有了监理委托人、监理主体和监理对象，建设工程监理在工程建设管理中也才有了相应的地位。如果工程建设管理体制不完善，没有形成业主、承建、监理三方共同参与的局面，在管理体制上没有明确监理的地位，建设工程监理也就不可能生存。

3. 工程建设制度规范

建设工程监理除了要有监理委托人、监理者、监理对象等行为主体外，还必须有规范的监理依据，即工程建设的各项制度，包括法律、法规、标准、规范、合同等。参与工程建设的各个行为主体都要遵循共同的依据，按照规范的制度运作。只有这样，建设工程监理才能得以顺利实施。如果没有规范的工程建设制度，参与工程建设的三方主体就失去了共同的工作依据，无法协调运行，建设工程监理也就无从谈起。

归纳上述三点，可以把建设工程监理形成的条件概括为：①工程技术高度发展，使建设工程监理成为必要；②工程建设管理体制完善，使建设工程监理具备法定地位；③工程建设制度规范，使建设工程监理有了工作依据。

三、我国实行建设工程监理制的必要性

我国的建设工程监理是在 20 世纪 80 年代后期随着经济体制改革不断深入而逐步发展起来的，实行建设监理制是对工程建设领域里的一次改革，完全符合市场经济的需求。在全球经济一体化的今天，要做到与国际社会接轨，避免一些不必要的损失和浪费，加快我国现代化建设的步伐，提高综合国力，实行建设监理制是及时的、必要的。虽然目前我国的监理事业还处于发展阶段，但它起的作用是巨大的，并得到了市场的认可，我们相信监理事业的明天会更加美好。

（1）传统的自筹自管方式已不适应市场经济的需求。以前，每个工程项目部组建一个临时的建设指挥部，它并非专业化、社会化的管理机构，都是临时从四面八方调集来的，多数没有管理工程建设的经验，相互之间一时难以密切配合，管理水平低，行政干预多，不能有效发挥科学的协调约束作用。当他们有了一些管理经验和合作默契之后，又随着工程的竣工被迫从事其他工作，这样，其他工程项目建设又在低的管理水平上重复。这样使得我国建设水平和投资效益难以提高。社会发展要求必须建设专业化、社会化的监理队伍来代替这种小生产管理方式。

（2）建设指挥部的成员多是政府行政领导人员，不承担工程项目建设的经济责任，却替代业主行使投资建设管理权，使业主既不承担工程项目投资建设的责任，也不承担投资后产生经营效益的责任。国家提出实施业主责任制，是落实投资建设责任和投产经营责任以及消除两者分离的重大改革。但是，如果离开建设监理制，业主就难以负起投资建设的责任来，因为缺少高智能的、独立的监理单位的帮助，业主对工程项目建设的重大决策就可能出现盲目性，提高投资建设效益也难以实现，因此必须实行建设工程监理制。

（3）在开放建设市场和实行招标发包制的今天，行政手段管理工程建设，工程项目由所属部门、地区隶属的设计、施工单位进行设计和施工的格局被打破，非隶属的设计、施工单位加入了工程项目建设的行列，平等的经济合同关系普遍代替了行政隶属关系，用单纯的行政手段管理工程建设，其作用已显得十分有限，在许多情况下已经难以进行。在这种形势下，只有走强化合同制约的道路才能把工程建设管理好，这就需要改变政府用行政命令管理工程建设的方式，加强立法和对工程合同的监督。

（4）市场经济的今天，工程建设的随意性和纠纷增多了，工程建设的招投标、承发包制和施工企业经营责任制等改革措施的实施，各个企业单位都获得了一定的独立权利，但企业与总包单位、总包与分包单位之间，为了追求自身的利益，相互扯皮的事情增多了。这些问题的出现，都与注入激励机制和缺乏相应的协调约束机制有关。因此，实行建设监理制，充分发挥法律、经济、行政和技术手段的协调约束作用，以抑制不良行为是十分必要的。

（5）如果我国没有实施监理制这个重要环节，就不能与国际通行的建设管理相沟通，影响我国吸引外国资金和引进先进技术，并且还会使我国在对外经济中蒙受经济损失。如果我国不同意实施监理制，则将严重地影响国际投资或贷款的积极性。同时，我国到国外建设国际工程，也因为不熟悉建设监理制度，竞争力不强，应得的经济收益往往受损。因此，我国也不得不实施建设监理制。

四、建设工程监理的发展趋势

1. 加强法制建设，走法制化的道路

目前，我国建设工程监理的法制化建设，已经取得相当的成效。但在市场规则和市场机制方面还比较薄弱，应当在总结经验、借鉴国际通行做法的基础上，逐步建立和健全起来，以适应加入 WTO 后的新形势。

2. 以市场需求为导向，向全方位、全过程监理发展

我国实行建设工程监理近二十年以来，目前仍以施工阶段监理为主。造成这种状况既有体制上、认识上的原因，也有建设单位需求和监理企业素质及能力等原因。但是，代表建设单位进行全方位、全过程的工程项目管理，将是我国工程监理行业发展的趋向。

3. 适应市场需求，优化工程监理企业结构

应当通过市场机制和必要的行业政策引导，在工程监理行业逐步建立起综合性监理企业与专业性监理企业相结合、大中小型监理企业相结合的合理的企业结构。按工作内容分，建立起能承担全过程、全方位监理任务的综合性监理企业与能承担某一专业监理任务（如招标代理、工程造价咨询）的监理企业相结合的企业结构。按工作阶段分，建立起能承担工程建设全过程监理的大型监理企业与能承担某一阶段工程监理任务的中型监理企业和只提供旁站监理劳务的小型监理企业相结合的企业结构。

4. 加强培训工作，不断提高从业人员素质

从业人员的素质是整个工程监理行业发展的基础。从全方位、全过程监理的要求来看，我国建设工程监理从业人员的素质还不能与之相适应。同时，工程建设领域的新技术、新工艺、新材料不断出现，工程技术标准时有更新，信息技术日新月异，这都要求建设工程监理从业人员与时俱进，不断提高自身的业务素质和职业道德素质。培养和造就出大批高素质的监理人员，才可能形成一批公信力强、有品牌效益的工程监理企业，提高我国建设工程监理的总体水平。

5. 与国际惯例接轨，走向世界

我国加入 WTO，必须在建设工程监理领域多方面与国际惯例接轨，所以我国的监理工程师和工程监理企业应当做好充分准备，不仅要迎接国外同行进入我国后的竞争挑战，而且也要把握进入国际市场的机遇，敢于到国际市场与国外同行竞争。在这方面，综合素质较高的大型工程监理企业应当率先采取行动。

任务二　建设工程监理的基本概念

一、监理及建设工程监理的基本概念

（一）监理

"监理"一词的含义十分丰富，但是最基本的意思，是指一个执行者为了使某项活动达到一定要求，依据该项活动应遵守的准则，对从事这项活动的人和组织的行为进行监督管理，包括监督、控制、咨询、指导、服务等功能。

监理作为一项管理活动，具有以下特征：①有明确的监理者，即监理活动的执行者；②有明确的被监理者和被监理行为，即监理的对象；③有明确的行为准则，即监理的依据。

（二）建设工程监理

所谓建设工程监理，是指具有相应资质的工程监理单位接受建设单位的委托，承担其项目的管理工作，并代表建设单位对承建单位的建设行为进行监控的专业化服务活动。

1. 建设工程监理概念的要点

（1）建设工程监理的行为主体

建设工程监理的行为主体是工程监理企业，这是我国建设工程监理制度的一项重要规定。建设工程监理不同于建设行政主管部门的监督管理。后者的行为主体是政府部门，它具有明显的强制性，是行政性的监督管理，它的任务、职责、内容不同于建设工程监理。同样，总承包单位对分包单位的监督管理也不能视为建设工程监理。

（2）建设工程监理实施的前提

建设工程监理的实施需要建设单位的委托和授权。工程监理企业应根据委托监理合同和有关建设工程合同的规定实施监理。建设工程监理只有在建设单位委托的情况下才能进行。只有与建设单位订立书面委托监理合同，明确了监理的范围、内容、权利、义务、责任等，工程监理企业才能在规定的范围内行使管理权，合法地开展建设工程监理。

工程监理企业在委托监理的工程中拥有一定的管理权限，能够开展管理活动，是建设单位授权的结果。承建单位根据法律、法规的规定和与建设单位签订的有关建设工程合同的规定，接受工程监理企业对其建设行为进行监督管理，并配合监理，是其履行合同的一种行为。工程监理企业根据有关建设工程合同对建设行为实施监理，仅委托施工阶段监理的工程，只能根据委托监理合同和施工合同对施工行为实行监理；委托全过程监理的工程，可根据委托监理合同以及勘察合同、设计合同、施工合同对勘察单位、设计单位和施工单位实行监理。

（3）建设工程监理的依据

建设工程监理的依据包括工程建设文件，有关的法律、法规、规章和标准、规范，建设工程委托监理合同和有关的建设工程合同。

①工程建设文件

工程建设文件包括批准的可行性研究报告、建设项目选址意见书、建设用地规划许可证、建设工程规划许可证、批准的施工图设计文件、施工许可证等。

②有关的法律、法规、规章和标准、规范

包括《中华人民共和国建筑法》、《中华人民共和国合同法》、《中华人民共和国招标投标法》、《建设工程质量管理条例》等法律法规，《建设工程监理规定》等部门规章，以及地方性法规等；也包括《工程建设标准强制性条文》、《建设工程监理规范》以及有关的工程技术标准、规范、规程等。

③建设工程委托监理合同和有关的建设工程合同

工程监理企业应当根据两类合同，即工程监理企业与建设单位签订的建设工程委托监理合同和建设单位与承建单位签订的有关建设工程合同，进行监理。

工程监理企业依据哪些有关的建设工程合同进行监理，视委托监理合同的范围来决定。全过程监理应当包括咨询合同、勘察合同、设计合同、施工合同以及设备采购合同等，决策阶段监理主要是咨询合同，设计阶段监理主要是设计合同，施工阶段监理主要是施工合同。

2.建设工程监理和政府、业主监督管理的区别

在工程建设过程中，除了监理企业的监理外，政府建设行政主管部门和业主也要对工程建设活动进行监督和管理。因此有一种说法，把政府建设行政主管部门对工程建设活动的监督管理称为政府监理，把业主对工程建设活动的监督管理称为自行监理，而把监理企业对工程建设活动的监督管理称之为社会监理。实际上，无论是政府建设行政主管部门的监督管理，还是业主的监督管理都不是真正意义上的建设工程监理，只是站在不同的角度对工程建设活动进行的监督管理而已。因为，建设工程监理有特定的含义，不同于政府建设行政主管部门和业主的监督管理行为。我们从上面关于建设工程监理的概念和性质分析中可以知道，建设工程监理必须由业主委托的监理企业作为执行者，监理企业是独立于工程建设行为以外的中介组织，而政府建设行政主管部门和业主都不具备这些特征，不能作为建设工程监理的执行者。

（1）建设工程监理和政府建设行政主管部门监督管理的区别

政府建设行政主管部门的监督管理是一种政府行为，主要通过制定法规和执行法规，对工程建设活动进行宏观控制，保证工程建设活动依法进行，提高经济效益和社会效益。政府建设行政主管部门不仅要对承建单位进行监督管理，还要对业主和监理企业进行监督管理。业主、承建单位、监理企业等，都必须在政府建设行政主管部门的监督管理下工作，自觉遵守有关工程建设的法规和政策。政府建设行政主管部门的监督管理是一种执法性、强制性、宏观性的监管行为，不需要谁委托，而建设工程监理是一种委托性、服务性的监管行为。在这一点上，建设工程监理和政府监督管理的性质完全不一样。

（2）建设工程监理和业主监督管理的区别

业主作为投资方，是工程项目的所有者，为了保证投资效益，当然要对工程建设活动进行监督管理。但是工程建设活动是一项专业性很强的工作，业主不可能也没有必要拥有工程设计、工程施工、工程造价等方面的技术经济力量，他可以在总的控制之下，将一部分权力授予监理企业由其代行管理。实行建设工程监理后，业主的监督管理是一种决策性的监管行为，监理企业的监督管理是一种日常性的监管行为，它们之间构成授权与被授权、委托与受托的关系。

（三）建设工程监理体制

建设工程监理体制，是指在建设工程的微观监督管理中，监理单位、项目业主、承建单位之间的相互关系，职责、权力的划分，以及监理法规制度的总和。

工程项目是项目业主、承建单位、监理单位的共同对象,如图1-1所示。正是有了工程项目,这三个方面才可能走到一起,联系在一起,围绕工程项目的建设共同工作。显然,与建设工程监理体制有关的三方行为主体,都是在政府有关部门的监督管理下运行的。在三方行为主体中,业主是建设工程的组织者,是工程项目的主体。业主与承建单位订立建设工程合同,将工程建设任务委托给承建单位完成。由于工程建设周期长,技术复杂,受制约的因素多,需要不断地监督管理,业主就将一部分权力委托给监理单位,由监理单位行使监督管理权力。业主和监理单位也要订立合同,但这种合同是一种授权委托性质的合同。监理单位属于中介机构,提供的是技术服务,其目的是保证业主和承建单位订立的建设工程合同顺利履行,实现工程项目建设目标。

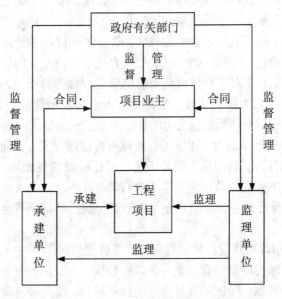

图1-1　工程项目建设管理系统新格局

二、建设工程监理的其他相关概念

1.项目

项目是指在一定的约束条件下(主要是限定时间、限定资源),具有明确目标的一次性任务,是一系列具有特定目标,有明确的开始和终止日期,资金有限,消耗资源的活动和任务。

2.建设项目

建设项目是指按一个总体设计组织施工,建成后具有完整的系统,可以独立地形成生产能力或者使用价值的建设工程。

按照建设项目分解管理的需要,可将建设项目分解为单项工程、单位工程(子单位工程)、分部工程(子分部工程)、分项工程和检验批。

3.建设单位

建设单位又称业主或项目法人,在招标阶段也称为招标单位,是指建筑工程的投资方,对该工程拥有产权。它也是建设项目管理的主体,主要履行提出建设规划、提供建设用地和建设资金的责任。建设单位在工程建设中拥有确定建设工程规模、功能以及选择勘察、设计、施工、监理单位等工程建设中重大问题的决定权。

4.承建单位

承建单位又称承包单位、承建商，在招投标阶段称为投标单位，中标后称为中标单位。承建单位是指建设项目施工方，由建设方确定，按设计文件、建设单位要求完成建设目标，并和业主签订工程建设合同，接受监理单位对工程质量、进度、安全、环保等的监控。

5.监理单位

监理单位由建设单位招标确定，受建设单位委托，控制工程质量、安全、进度、投资、环保，审核承建单位计划、施工方案，对工程施工质量进行验收。

任务三　建设工程监理的性质和特点

一、建设工程监理的性质

在工程建设中，建设工程监理既不同于承建单位的承建活动，也不同于政府和业主的监督管理活动，具有下列独特的性质：

1.服务性

监理企业在接受业主委托的基础上对工程建设活动实施监理，其工作的实质是为业主提供技术、经济、法律等方面的服务。监理企业在工作中既不直接参加工程的承建活动，也不对工程进行投资，而是接受业主的委托对工程建设活动进行监督管理，所收取的监理费是提供服务的报酬。业主是监理的委托方，也是监理企业的客户和服务对象。业主和监理企业之间要订立监理委托合同（即建设工程监理合同），以明确双方的权利和义务。

需要指明的是，监理企业和承建单位是监理和被监理的关系，它们之间不存在合同关系。监理企业受业主的委托对承建单位进行监督管理，不存在监理企业为承建单位服务的问题。在工程建设中，监理人员利用自己的知识、技能和经验、信息以及必要的试验、检测手段，为建设单位提供管理服务。为承建单位提供的技术支持是指导、控制、纠正的性质，不是服务性质。

2.独立性

《中华人民共和国建筑法》明确指出，工程监理企业应当根据建设单位的委托，客观、公正地执行监理任务。《建设工程监理规定》和《建设工程监理规范》要求工程监理企业按照"公正、独立、自主"的原则开展监理工作。

建设工程监理的独立性主要体现在以下两个方面：一方面，监理企业虽然接受业主的委托，为业主提供服务，但它并不是业主的附属物，而是一个独立的法人单位，要在建设工程监理合同规定的范围内依法独立地行使职权和开展工作。监理企业和业主在合同中的地位是平等的，监理合同一经成立，在授权范围内，业主不得随意干预监理企业的正常工作。监理企业在监理过程中不仅要按照业主的意图进行监督管理，还必须严格执行国家的有关法律、法规和规范、标准。另一方面，建设工程监理必须独立于承建活动。监理企业不得开展建设工程承建经营业务，监理人员也不得参与一切承建经营活动，不得与承建单位发生经营性隶属关系。监理企业及监理人员不得与承建单位及人员有经济利益关系。所以，监理企业是建设活动中独立于业主和承建单位之外的第三方中介组织。

3. 公正性

保持建设工程监理独立性的主要目的是为了保证建设工程监理的公正性。监理企业虽然是接受业主的委托，对工程建设活动进行监督管理，但不能只站在业主的立场上发表意见、处理问题，而是要站在公正的立场上，以第三者的身份参与管理。建设工程的监理依据不仅是业主的意图，还有法律法规、技术标准等。监理企业不仅要对业主负责，还要对法律法规、技术标准负责。当业主和承建单位发生矛盾时，监理企业要站在公正的立场上，以法律法规、技术标准、建设合同为依据，在维护建设单位的利益时，不得损害承建单位的合法权益。例如，在调解建设单位和承建单位之间的争议、处理工程索赔和工程延期、进行工程款支付控制，以及竣工结算时应当尽量客观、公正地对待建设单位和承建单位。当然，建设工程监理的公正性并不排斥它的服务性，监理企业要努力实现业主的意愿，但必须在法律、规范、合同允许的范围内进行。

4. 科学性

在工程建设管理的发展过程中，建设工程监理逐步成为一种专门业务，这是因为它具有高技术、高智能的性质，有严密的科学性和相对的独立性，是其他工作所不能替代的。从技术角度上讲，建设工程监理涉及设计、施工、材料、设备等多方面的技术，只有按照相应的科学规律办事，才能实现监理的目的；从业务范围上讲，建设工程监理不仅涉及技术，还涉及经济、法律等多方面的问题，要求监理人员具备相应的知识和能力；从服务性质方面讲，监理企业只有提供高技术、高智能的服务，才能吸引业主委托授权；从社会效益方面讲，工程建设是国计民生的大事，维系着人民的生命和财产的安全，牵涉到公众的利益，监理人员需要以科学的态度和方法以及高度的责任感来完成这项任务。主要表现在：工程监理企业应当由组织管理能力强、工程建设经验丰富的人员担任领导；应当有足够数量的、有丰富的管理经验和应变能力的监理工程师组成的骨干队伍；要有一套健全的管理制度；要有现代化的管理手段；要掌握先进的管理理论、方法和手段；要积累足够的技术、经济资料和数据；要有科学的工作态度和严谨的工作作风；要实事求是、创造性地开展工作。

综上所述，建设工程监理必须严格遵循工程建设的科学规律，坚持科学性的原则，提供高技术、高智能的服务，才能为社会所接受。所以，监理企业应该是知识密集型、技术密集型的组织；监理人员要具备相当的学历，丰富的工程建设实践经验，综合的技术、经济、法律方面的知识和能力，并经权威机构考核认证，注册登记。

二、我国现阶段建设工程监理的特点

1. 建设工程监理的服务对象具有单一性

工程监理企业只接受建设单位的委托，即只为建设单位服务。它不能接受承建单位的委托为其提供管理服务。从这个意义上看，可以认为我国的建设工程监理就是为建设单位服务的项目管理。

2. 建设工程监理属于强制推行的制度

在我国，建设工程监理是计划经济条件下提出来的新制度，是靠行政手段和法律手段在全国推行的。

3. 建设工程监理具有监督功能

我国的工程监理企业与建设单位构成委托与被委托关系，与承建单位无任何经济关系，但根据授权有权对其不正当建设行为进行监督；强调对承建单位施工过程和施工工序的监督、检查和验收，而且还提出了旁站监理的规定。我国监理工程师在质量控制方面的工作所达到的深度和细度，远远超过国际上建设项目管理人员的工作深度和细度。

4. 市场准入的双重控制

我国对建设工程监理的市场准入采取了企业资质和人员资格的双重控制。要求专业监理工程师以上的监理人员要取得监理工程师资格证书，不同资质等级的工程监理企业至少要有一定数量的取得监理工程师资格证书并经注册的人员。

三、建设工程监理的作用

实施建设工程监理制是工程建设管理方式的重大改革，是工程建设管理和国际惯例接轨，步入现代化的标志。对于提高工程质量、加快工程进度、降低工程造价、维护市场秩序、提高工程建设管理水平都起着重要作用。

1. 有利于提高工程质量

工程质量取决于工程建设过程中各个环节的工作质量，包括工程建设准备、工程勘察设计、工程施工、后期服务等。在传统的工程建设管理模式中，由于没有实行建设工程监理，工程建设的监督和管理只能由政府或业主来实施，没有专门的监督管理组织和人员，无法实现专业化，使工程建设的监督管理工作停留在低水平的层次上，缺乏科学性。在传统的工程建设管理模式下，工程质量主要依靠工程建设各环节实施者的工作来实现，一旦实施者的工作出现失误，由于没有专业人员监督把关，工程质量事故难以避免。实施建设工程监理后，由监理工程师对建设过程进行监督管理，使工程质量多了一道保险。由于监理工程师是各方面的专业人员，他们在技术上对建设过程进行把关，对提高工程质量具有重要意义。

2. 有利于加快工程进度

工程项目在建设过程的进度受到各方面因素的影响。有甲方的原因，也有乙方的原因；有自然因素的影响，也有社会因素的影响。必须对参与工程建设的各方进行有效的协调，才能保证工程进度按计划进行。没有实行建设工程监理以前，工程建设中的协调工作通常由业主自行解决，甲乙双方经常因为工程进度问题发生矛盾，互相推委，无法分清责任，难以保证合同工期。实行建设工程监理后，监理工程师以第三方的身份出现，站在公正的立场上，以工程合同为依据处理建设中的各种问题，协调各方关系，确保合同工期的实现，从而推动了工期进度的加快。

3. 有利于降低工程造价

工程项目在建设过程中经常会因为各种原因导致造价增高，甚至失控。究其原因，主要是工程变更引起的。工程变更在工程建设中一般难以避免，这种变更往往引起造价的波动。而在没有实行建设工程监理的情况下，业主由于专业知识和能力上的限制，很难正确地估计工程变更带来的价格变化，导致造价失控。实行建设工程监理后，监理工程师有责任对每一次工程变更进行论证，测算对工程造价的影响并通知业主。对于不合理的变更或业主无法接受的价格变动，要阻止或提出修改意见，使工程造价始终在控制之中。另外，监理工程师还可以对设计和施工方案提出在保证工程质量的前提下有利于降低工程成本的修改意见，从而

11

降低工程造价。

4. 有利于维护市场秩序，提高工程建设管理水平

从市场经济角度上讲，建设工程监理是一种中介行为。中介机构参与市场活动，有利于维护市场秩序和商品交易。对于一般的简单商品而言，中介机构的意义并不大，买卖双方可以顺利完成交易。但对于工程建设这样一种复杂的商品交易活动，离开了中介机构的参与，则难以维持正常的市场秩序。因为对于业主来说，不可能都成为工程建设方面的专家，在没有中介机构参与的情况下，只能凭经验、凭感觉进行工程建设管理；对于承建单位来说，由于没有内行的监督管理，也很难规范自己的行为。在这样一种状况下，建筑市场的秩序是很难建立的。业主和承建单位都可能因为担心利益受损，而向对方提出不合理的要求，以保护自己的利益，也容易出现欺诈行为。建设工程监理的出现，相当于在业主和承建单位之间搭起了一座桥梁，协助双方规范性地完成工程建设这一复杂的商品交易活动，实现各自的目的。毫无疑问，实施建设工程监理，对于建立正常的市场秩序，维护业主和承建单位双方的利益，都是大有裨益的。

从工程建设管理角度上讲，建设工程监理实现了建设工程监督管理工作的专门化。这既是建设工程管理现代化的标志，也是国际惯例的要求。实施建设工程监理，意味着建设工程监督管理成为一种专门职业，这对于提高工程建设的管理水平有着重大作用。一方面，业主再没有必要组建强大的建设管理机构，只需把监督管理业务委托给监理企业即可，此时业主的注意力集中在投资决策上，这样既可以减少浪费，又可以提高管理水平和投资效益。另一方面，承建方是和专家们打交道，既可以提高自身的水平，又可以维护自身的利益，规范自己的行为。再者，建设工程监理成为一种市场行为，监理企业为了取得业主的信任，占领市场，也必须努力提高自身的素质，加强管理，从而促使工程建设管理的整体水平不断得到提高。

【本模块·小·结】

本模块首先介绍了我国建设工程监理的发展过程，重点说明了我国建立建设工程监理制的必要性和建设工程监理制下的工程建设管理体制；再从建设工程监理的基本概念出发，介绍了建设工程监理，阐述了建设工程监理概念中的要点；最后详细介绍了我国建设工程监理的性质和特点，并分析了建设工程监理的发展方向。

复习思考题

1. 建设工程监理是如何形成的？
2. 我国建设工程监理体制是如何构成的？
3. 建设工程监理和政府、业主对建设工程的监督管理有什么区别？
4. 实施建设工程监理有什么意义？
5. 建设工程监理的定义是什么？有什么特点和性质？
6. 我国与建设工程监理相关的法规主要有哪些？

模块二　建设工程监理企业与人员

本模块教学目标
1. 了解监理企业的组织形式、设立程序、资质等级及要求、经营基本准则、与业主及承包商的关系、法律责任和义务； 2. 熟悉监理人员的构成、素质要求、职业道德、岗位职责、监理工程师的考试与注册、法律责任； 3. 能依据法律法规要求，整理一个监理企业设立的资料。

主要学习内容	主要知识与技能
1. 监理企业组织形式和设立程序； 2. 监理企业资质管理和经营准则； 3. 监理企业与业主、承包商的关系； 4. 监理企业法律责任与义务； 5. 监理人员法律责任与义务； 6. 监理工程师的考试与注册。	1. 区分监理企业不同组织形式的特点与差异； 2. 监理企业各等级资质的条件和经营范围； 3. 注册监理工程师素质要求与职业道德； 4. 监理人员岗位职责； 5. 注册监理工程师和注册程序； 6. 注册监理工程师的法律地位与责任。

监理员岗位资格考试要求	1. 了解注册监理工程师的执业特点，中外合资经营监理企业与中外合作经营监理企业，工程监理企业规章制度； 2. 熟悉注册监理工程师的素质，FIDIC 倡导的职业道德准则，注册监理工程师继续教育的有关规定，公司制监理企业的特性； 3. 掌握注册监理工程师的职业道德，注册监理工程师的法律地位和责任，注册监理工程师的注册程序，工程监理企业经营活动基本准则。

项目一　建设工程监理企业

　　建设工程监理企业（以下简称工程监理企业），是指依法成立，并取得国务院建设主管部门颁发的工程监理企业资质证书，从事建设工程监理活动的服务机构。

　　工程监理企业是我国推行建设工程监理制度之后才兴起的新兴行业，是具有独立性、社会化、专业化特点的单位。工程监理企业作为建筑市场的三大主体之一，在这几年的实践中对培育、发展和完善我国建筑市场起着重要作用。他们所运用的思想、理论、方法、手段，以及开展工作的内容都与工程建设领域其他行业是不同的。从根本上讲，在建筑市场中，工程监理企业属于中介服务组织，主要协调交易活动中出现的问题。

任务一 工程监理企业组织形式

按照我国现行法律法规的规定，我国工程监理企业存在的企业组织形式包括：公司制监理企业、合伙监理企业、个人独资监理企业、中外合资经营监理企业和中外合作经营监理企业。通常，建设工程监理企业类别有很多种，一般有以下几种分类：

一、按隶属关系分

1.独立法人工程监理企业

独立法人是指工商行政管理部门按企业法人应具有的条件进行审查，合格者申请登记注册，领取营业执照。对于不具备开展监理业务能力，没有建设行政主管部门颁发的工程监理企业资质证书的单位，工商行政部门不得受理。

2.附属机构工程监理企业

附属机构也称二级机构，这里所说的"二级机构"是指企业法人中专门从事建设工程监理工作的内设机构。例如，像一些科研单位、设计单位的"监理部"。

二、按经济性质分

1.全民所有制工程监理企业

这种所有制形式是推行工程监理制度初期的产物，一般是在《中华人民共和国公司法》颁布之前批准成立的，其人员一般是从原有的全民所有制企业或事业单位分离出来，由原企事业单位或其上级主管部门按照国有企业的模式组建的。这种监理企业具有国企的特点——产权关系不清晰、管理制度不健全、经营机制不灵活、分配制度不合理、职工积极性不高、市场竞争力不强，这必将阻碍监理企业和监理行业的发展。随着监理制度逐步建立，法制的不断规范完善，这种全民所有制工程监理企业将逐步改制为具有独立法人资格的企业法人。

2.集体所有制工程监理企业

这类企业的主要区别在于它的股东是全部或部分由法人构成的，即有法人股东存在。前述的附属机构工程监理企业，常是这种集体所有制。

3.私有制工程监理企业

国外这类经济性质的工程监理企业很普遍，现阶段，在我国私有制的工程监理企业越来越多。也是目前工程监理企业的主流所有制形式。它的全部股东都是自然人。

三、按资质等级分

1.综合资质工程监理企业

国务院建设主管部门负责综合资质工程监理企业设立的资质审批。该工程监理企业可以承担所有专业工程类别建设工程项目的工程监理业务。

2.甲级工程监理企业

国务院建设主管部门负责甲级工程监理企业设立的资质审批。甲级资质工程监理企业无论是资金、人员、技术设备，还是监理业绩在全国监理行业都是一流的，该工程监理企业可以承揽一等、二等和三等工程监理业务。

3. 乙级工程监理企业

此类工程监理企业的资质由所在地省、自治区、直辖市人民政府建设主管部门负责定级审批。乙级资质工程监理企业可以承揽核定的工程类别中二等和三等的监理业务。

4. 丙级工程监理企业

此类工程监理企业也是由省、自治区、直辖市人民政府建设主管部门负责定级审批。丙级资质工程监理企业只能承接经核定的工程类别中三等工程监理业务。

5. 事务所资质

可承担三等建设工程项目的工程监理业务。但是，国家规定必须实行强制监理的工程除外。

四、按工程类别分

目前，我国的工程类别按大专业分为10多种，如房屋建筑工程、冶炼工程、矿山工程、石油化工工程、水利水电工程、电力工程、林业及生态工程、铁路工程、公路工程、港口及航道工程、航天航空工程、通信和市政公用工程等，基本覆盖了建设工程的各个领域。

上述工程类别的划分只是体现在工程监理企业的业务范围上，并没有完全用来界定工程监理企业的专业性质。

五、按组建方式分

(一)公司制监理企业

监理公司是以盈利为目的，依照法定程序设立的企业法人。我国公司制监理企业有以下特征：

(1)必须是依照《中华人民共和国公司法》的规定设立的社会经济组织；

(2)必须是以盈利为目的的独立企业法人；

(3)自负盈亏，独立承担民事责任；

(4)是完整纳税的经济实体；

(5)采用规范的成本会计和财务会计制度。

我国监理公司的种类有两种，即监理有限责任公司和监理股份有限公司。

1. 监理有限责任公司

监理有限责任公司，是指由50个以下的股东共同出资，股东以其所认缴的出资额对公司行为承担有限责任，公司以其全部资产对其债务承担责任的企业法人。

有如下特征：

(1)公司不对外发行股票，股东的出资额由股东协商确定。

(2)股东交付股金后，公司出具股权证书，作为股东在公司中拥有的权益凭证，这种凭证不同于股票，不能自由流通，必须在其他股东同意的条件下才能转让，且要优先转让给公司原有股东。

(3)公司股东所负责任仅以其出资额为限，即把股东投入公司的财产与其个人的其他财产脱钩，公司破产或解散时，只以公司所有的资产偿还债务。

(4)公司具有法人地位。

(5)在公司名称中必须注明"有限责任公司"字样。

（6）公司股东可以作为雇员参与公司经营管理。通常公司管理者也是公司的所有者。

（7）公司账目可以不公开，尤其是公司的资产负债表一般不公开。

2. 监理股份有限公司

监理股份有限公司是指全部资本由等额股份构成，并通过发行股票筹集资本，股东以其所认购股份对公司承担责任，公司是以其全部资产对公司债务承担责任的企业法人。设立监理股份有限公司，可以采取发起设立或者募集设立方式。发起设立，是指由发起人认购公司应发行的全部股份而设立公司。募集设立，是指由发起人认购公司应发行股份的一部分，其余部分向社会公开募集而设立公司。

主要特征是：

（1）公司资本总额分为金额相等的股份。股东以其所认购的股份对公司承担有限责任。

（2）公司以其全部资产对公司债务承担责任。公司作为独立法人，有自己独立的财产，公司在对外经营业务时，以其独立的财产承担公司债务。

（3）公司可以公开向社会发行股票。

（4）公司股东的数量有最低限制，应当有 5 个以上发起人，其中必须有过半数的发起人在中国境内有住所。

（5）股东以其所持有的股份享受权利和承担义务。

（6）在公司名称中必须标明"股份有限公司"字样。

（7）公司账目必须公开，便于股东全面掌握公司情况。

（8）公司管理实行两权分离。董事会接受股东大会委托，监督公司财产的保值增值，行使公司财产所有者职权；经理由董事会聘任，掌握公司经营权。

（二）中外合资经营监理企业与中外合作经营监理企业

1. 基本概念

中外合资经营监理企业是指以中国的企业或其他经济组织为一方，以外国的公司、企业、其他经济组织或个人为另一方，在平等互利的基础上，根据《中华人民共和国中外合资经营企业法》，签订合同，制定章程，经中国政府批准，在中国境内共同投资、共同经营、共同管理、共同分享利润、共同承担风险，主要从事工程监理业务的监理企业。其组织形式为有限责任公司。在合营企业的注册资本中，外国合营者的投资比例一般不得低于25%。

中外合作经营监理企业是指中国的企业或其他经济组织同国外企业、其他经济组织或者个人，按照平等互利的原则和我国的法律规定，用合同约定双方的权利义务，在中国境内共同举办的、主要从事工程监理业务的经济实体。

2. 中外合资经营监理企业与中外合作经营监理企业的区别

（1）组织形式不同：合营企业的组织形式为有限责任公司，具有法人资格。合作企业可以是法人型企业，也可以是不具有法人资格的合伙企业，法人型企业独立对外承担责任，合作企业由合作各方对外承担连带责任。

（2）组织机构不同：合营企业是合营双方共同经营管理，实行单一的董事会领导下的总经理负责制。合作企业可以采取董事会负责制，也可以采取联合管理制，既可由双方组织联合管理机构管理，也可以由一方管理，还可以委托第三方管理。

（3）出资方式不同：合营企业一般以货币形式计算各方的投资比例。合作企业是以合同规定投资或者提供合作条件，以非现金投资作为合作条件，可不以货币形式作价，不计算投资比例。

（4）分配利润和分担风险的依据不同：合营企业按各方注册资本比例分配利润和分担风险。合作企业按合同约定分配收益或产品和分担风险。

（5）回收投资的期限不同：合营企业各方在合营期内不得减少其注册资本。合作企业则允许外国合作者在合作期限内先行收回投资，合作期满时，企业的全部固定资产归中国合作者所有。

（三）合伙制工程监理事务所

合伙企业一般指由两个或两个以上的个人联合经营的企业，合伙人共同分享企业所得，并对营业亏损共同承担责任。它可以由部分合伙人经营，其他合伙人仅出资并共负盈亏，也可以由所有合伙人共同经营。其特点是规模小，资本需要量较小。

监理事务所合伙人中有 3 名以上注册监理工程师，合伙人均有 5 年以上从事建设工程监理的工作经历。是工程监理企业资质等级中最低的一个等级。它的特点是：

（1）设立的门槛低，承揽的业务范围小、等级低。

（2）由于所有的合伙人都有权代表企业从事经济活动，重大决策都需要得到所有合伙人的同意，因而容易造成决策上的延误和差错。

（3）所有合伙人都对企业债务负有连带无限清偿责任，这就使那些并不能控制企业的合伙人面临很大的风险。

任务二 工程监理企业的设立

对工程监理企业设立程序进行严格、规范管理是监理行业良性发展的基础。

一、工程监理企业设立的基本条件

（1）有固定的办公场所。

（2）有一定数量的专门从事监理工作的工程经济、技术人员，而且专业基本配套，技术人员数量和职称符合要求。

（3）有一定数额的注册资本。

（4）拟有工程监理企业的章程。

（5）有主管单位同意设立工程监理企业的批准文件。

（6）拟从事监理工作的人员中，有一定数量的人员已取得国家建设行政主管部门颁发的"监理工程师资格证书"。

二、工程监理企业筹备设立时应准备的材料

1. 需要准备的材料

（1）工商行政机关已核准的企业名称预先核准书。

（2）筹备设立工程监理企业的申请报告。

（3）必要时，应提交设立工程监理企业的可行性研究报告。

（4）有主管单位同意设立工程监理企业的批准文件。

（5）拟定的工程监理企业组织机构方案和主管负责人的人选名单。

（6）工程监理企业章程（草案）。

（7）已有的从事监理工作的人员一览表及有关证件。

（8）已有的可应用于监理工作的机械、设备一览表。

（9）开户银行出具的出资证明，会计事务所出具的验资证明。

（10）建设监理行政主管部门对其资质审查后，出具的批准申请的意见，包括核准的业务范围。

（11）办公场所所有权或使用权的房产证明。

2. 设立工程监理企业的申请报告

设立工程监理企业申请报告应有以下主要内容：

（1）单位名称和地址。

（2）法定代表人或者组建负责人、技术负责人的名字、年龄、学历及工作简历。

（3）拟担任监理工程师人员一览表，包括姓名、年龄、专业、职称和"培训结业合格证书"或者"监理工程师资格证书"的号码。

（4）单位所有制性质及章程（草案）。

（5）有上级主管部门同意设立工程监理企业的批准文件。

（6）注册资金数额。

（7）工程监理企业的业务范围和服务宗旨。

3. 工程监理企业章程

工程监理企业的章程一般包括以下内容：

（1）申请设立的监理企业的名称、性质和办公地点。

（2）开展监理业务的范围，经营活动的宗旨、任务。

（3）注册资金数额，各股东名称、投资额、投资方式（货币资本实物资本或技术资本），投资到位情况、投资所占股份比例。

（4）工程监理企业的组织原则和机构设置方案，主要人选名单。

（5）工程监理企业的经营方针、利润分配方案、议事规则。

（6）工程监理企业的法定代表人，经营负责人。

（7）关于工程监理企业解体、清算、变更等事项的规定。

三、设立工程监理企业的申报及审批程序

设立监理企业和申请承揽监理业务的单位，必须按规定向有关部门申请资质审查。

对于符合有关资质标准的，由资质管理部门核定其业务范围和临时资质等级，并发给"监理申请批准书"。工程监理企业持"监理申请批准书"向工商行政管理机关申请登记注册，经核准登记注册后，方可从事监理活动。

（1）向工商行政管理部门申请企业名称预先核准。

所有监理企业的设立，都要事先向工商行政管理部门申请企业名称的预先核准，主要检索是不是有同名、易混淆的名称或有违国家相关法律法规的内容。同时，核准主要经营范围和注册资本。预先核准的企业名称有效期为六个月，逾期未办理营业执照的，要重新核准。拟设立的企业，用核准的名称进行企业的设立筹备工作，所有上报的资料中，只能用经核准的名称。

（2）工商行政管理部门对申请登记注册工程监理企业的审查。

工商行政管理部门对申请登记注册工程监理企业的审查，主要是按照企业法人应具有的条件进行审查。经审查合格者，进行登记注册并签发营业执照。登记注册是对法人成立的确认，没有获准登记注册的，不得以申请登记注册的法人名义进行经营活动。

（3）建设行政主管部门对申报设立工程监理企业的资质审查。

资质审查主要是看是否具备开展监理业务的能力，同时要审查是否具备法人资格的起码条件。另外，在此基础上核定开展监理业务活动的经营范围，并提出资质审查合格的书面材料。

（4）核准登记注册的工程监理企业应在银行开设账户，并接受财务监督。

（5）向当地税务机关申请税务登记，并依法纳税。

任务三 工程监理企业的资质及管理

资质是指工程监理企业的综合实力，包括企业技术能力、业务及管理水平、经营规模、社会信誉等，它主要体现在监理能力和监理效果上。工程监理企业应当按照所拥有的注册资本、专业技术人员数量和工程监理业绩等资质条件申请资质，经审查合格，取得相应等级的资质证书后，方可在其资质等级许可的范围内从事工程监理活动。

一、工程监理企业资质构成要素

1. 监理人员素质

建设工程监理企业是技术服务型企业，比较其他生产经营企业来说，监理人员的素质显得更为重要。对监理企业来说，人员素质高，监理能力就强，就能取得较好的监理效果。所以，作为监理企业的负责人，一定要把物色高素质人才作为搞好监理企业的头等大事。在监理企业内，除配置少量后勤人员外，一般不配无专业知识的人员。

每一个监理人员不仅要具备某一项专业技能，而且还要掌握与本专业相关的其他专业的知识，以及经营管理方面的基础知识，成为一专多能的复合型人才。工程监理企业的技术负责人和工程项目总监理工程师，则必须具备深厚的技术、经济、管理、法律等多方面的知识，同时要有较强的组织协调能力。

2. 专业配套能力

建设工程监理活动的开展需要许多专业监理人员的相互配合，一个监理企业应按照它的监理业务范围的要求配备专业人员，各专业都应拥有素质较高、能力较强的骨干监理人才。工程监理企业专业监理人员配备是否齐全，在很大程度上决定了它的监理能力的强弱。如果一个工程监理企业在某一专业方面缺少监理人员或者某个专业人员的素质很低，那么，这个工程监理企业就不能完成相应专业的监理工作。

当然，工程监理企业配备能适应各类工程项目建设监理的专业人员是不可能的。即使配备了专业人员，也会在接受某项具体建设监理时，发生某个专业人数不够的情况。因此，临时聘用这方面的专业人员或寻求专项咨询服务，或与其他工程监理企业合作，就成为解决这些问题的有效途径。需要说明的是，临时聘用专家、寻求专项咨询服务、和其他工程监理企业合作，虽然这是解决专业和专业人员不足的有效方式，但政府主管部门审查和复查工程监理企业的资质时，显然是不能把这些算在工程监理企业专业配套能力之内的。

3. 工程监理企业的技术装备

工程监理企业从事的是一种科学性很强的管理工作，少不了要有一定的技术装备，作为进行科学管理的辅助手段。

(1)计算机办公自动化设备 为了取得监理工作的高效率和高效果，必须配备计算机等办公自动化设备。为了提高工程建设监理工作的办公效率，配备打印机和复印机等现代化办公设备也是不可缺少的。

(2)工程测量仪器和设备 工程测量仪器和设备主要是用于建筑物的平面位置、空间位置和几何尺寸及有关工程实物的测量。

(3)检测仪器设备 为了确定材料、施工和工程质量，对其进行控制以及确定监理效果，不能光靠施工单位提交的检测和试验报告，工程监理单位还应配备用于确定建筑材料、工程实体等方面质量状况的检测仪器设备，如混凝土强度回弹仪等。

(4)交通通信设备 为了及时协商施工现场出现的矛盾，处理施工中可能出现的质量缺陷，就必须具备必要的通信设备，以便与有关方面及时进行沟通联系。监理人员随时都有可能要及时赶赴现场，检查工程质量，调查变更和索赔事项，处理工程事故等，装备这类设备主要是为了适应高效、快速的现代化工程建设需要。

(5)照相录像设备 工程施工的特点是隐蔽工程较多，而且不像机械等产品那样可以事后拆开来观察和测试。为了给事后的分析和查证提供依据，需要配备照相、录像器材，必要时对隐蔽工程进行拍片、录像。

(6)气象观测设备 工程施工不可能不受气候条件的影响。为了避免发生质量和工程事故，监理人员需要随时掌握气温、风力和降雨等情况，要求施工单位采取必要的组织措施和技术措施加以预防。因此，应配备适当的气象观测和信息设备。

在上述这些技术设备中，一般的装备由工程监理企业自行配置，如计算机、工程测量仪器和设备等。但一些大型、特殊专业和昂贵的技术装备，应该由工程项目业主提供给工程监理企业使用。工程监理企业完成约定的监理业务后，再把这些设备归还工程项目业主。一些应该由业主提供而不能提供的设备，工程监理企业可委托有这些设备的单位进行检测试验，发生的费用应该由工程项目业主负责。

4. 工程监理企业的管理水平

企业管理包括组织管理、人事管理、财务管理、设备管理、生产经营管理、科技管理以及档案文件管理等多方面的内容。工程监理企业的管理水平主要看能否把企业的各种要素，包括人员和设备，积极有效地组织与协调起来，做到人尽其才、物尽其用，使其高效运转。显然，要做到这一点，主要取决于两个因素，一是领导者的能力，二是企业规则制定的建立和贯彻情况。

(1)领导者的能力与素质

一方面，领导者应是主要专业(如建筑工程、工程结构、土木工程)的权威，并通晓工程管理、经济和法律知识。也是因为如此，我国工程监理企业管理办法规定，各等级的工程监理企业应由取得监理工程师资格的、具有多年从事工程建设工作经验的人员做企业负责人或技术负责人。另一方面，领导者应有清晰的思维，善于适应不同的形式作出决策，并把人、财、物等要素组织起来，投入有效的运转，并且能够听取群众的意见，善于总结管理经验，不断改进组织和管理方法。

(2)工程监理企业规章制度的建立和贯彻

管理工作也可以说是一种制度,即制定并严格执行科学的规章制度,依靠法规制度进行管理。一般情况下,工程监理企业应建立以下几种管理制度:

①企业组织管理制度,包括关于机构设置和机构职能划分、职能确定的规定以及组织发展规划。

②人事管理制度,包括员工聘用制度、职员培训制度、职员晋升制度、工资分配制度等。

③财务管理制度,包括资产管理制度、财务计划管理制度、投资管理制度、资金管理制度、财务审计管理制度等。

④生产经营管理制度,包括企业的经营规划(经营目标、方针、战略、对策等)、工程项目监理机构的运行办法、各项监理工作的标准及检查评定办法、各项监理工作的标准及检查评定办法、生产统计办法等。

⑤设备管理制度,包括设备的购置办法、设备的使用、保养规定等。

⑥科技管理制度,包括科技开发规划、科技成果评定办法、科技成果汇编和推广应用办法等。

⑦档案文书管理制度,包括档案的整理和保管制度,文件和资料的使用管理办法等。另外,还有会议制度,工作报告制度,党、团、工会工作管理制度等。

5. 工程监理企业的经历和成效

(1)一般来说,工程监理企业的经营时间越长,监理的工程项目越多。监理经历是构成工程监理企业资质的重要因素。

(2)监理成效主要是指工程监理企业控制工程建设投资、进度和保证工程质量方面取得的效果。监理成效是一个工程监理企业人员素质、专业配套能力、技术装备水平和管理水平及监理经历的综合反映。在审定工程监理企业时,规定必须有一定数量的竣工工程。

6. 工程监理企业的注册资金

工程监理企业要有起码的经济实力,也就是要有一定数额的注册资金。

我国的建设监理法规,按照以上这些要素的状况来划分与审定工程监理企业的资质等级,这是我国政府实施市场准入控制的有效手段。

二、工程监理企业资质等级

《工程监理企业资质管理规定》中规定:工程监理企业资质分为综合资质、专业资质和事务所资质。其中,专业资质按照工程性质和技术特点划分为若干工程类别。

综合资质、事务所资质不分级别。专业资质分为甲级、乙级;其中,房屋建筑、水利水电、公路和市政公用专业资质可设立丙级。

1. 综合资质标准

(1)具有独立法人资格且注册资本不少于600万元。

(2)企业技术负责人应为注册监理工程师,并具有15年以上从事工程建设工作的经历或者具有工程类高级职称。

(3)具有5个以上工程类别的专业甲级工程监理资质。

(4)注册监理工程师不少于60人,注册造价工程师不少于5人,一级注册建造师、一级注册建筑师、一级注册结构工程师或者其他勘察设计注册工程师合计不少于15人次。

（5）企业具有完善的组织结构和质量管理体系，有健全的技术、档案等管理制度。

（6）企业具有必要的工程试验检测设备。

（7）申请工程监理资质之日前一年内没有本规定第十六条禁止的行为。

（8）申请工程监理资质之日前一年内没有因本企业监理责任造成重大质量事故。

（9）申请工程监理资质之日前一年内没有因本企业监理责任发生三级以上工程建设重大安全事故或者发生两起以上四级工程建设安全事故。

2. 专业甲级资质标准

（1）具有独立法人资格且注册资本不少于300万元。

（2）企业技术负责人应为注册监理工程师，并具有15年以上从事工程建设工作的经历或者具有工程类高级职称。

（3）注册监理工程师、注册造价工程师、一级注册建造师、一级注册建筑师、一级注册结构工程师或者其他勘察设计注册工程师合计不少于25人次；其中，相应专业注册监理工程师不少于《专业资质注册监理工程师人数配备表》中要求配备的人数，注册造价工程师不少于2人。

（4）企业近2年内独立监理过3个以上相应专业的二级工程项目，但是，具有甲级设计资质或一级及以上施工总承包资质的企业申请本专业工程类别甲级资质的除外。

（5）企业具有完善的组织结构和质量管理体系，有健全的技术、档案等管理制度。

（6）企业具有必要的工程试验检测设备。

（7）申请工程监理资质之日前一年内没有本规定第十六条禁止的行为。

（8）申请工程监理资质之日前一年内没有因本企业监理责任造成重大质量事故。

（9）申请工程监理资质之日前一年内没有因本企业监理责任发生三级以上工程建设重大安全事故或者发生两起以上四级工程建设安全事故。

3. 专业乙级资质标准

（1）具有独立法人资格且注册资本不少于100万元。

（2）企业技术负责人应为注册监理工程师，并具有10年以上从事工程建设工作的经历。

（3）注册监理工程师、注册造价工程师、一级注册建造师、一级注册建筑师、一级注册结构工程师或者其他勘察设计注册工程师合计不少于15人次。其中，相应专业注册监理工程师不少于《专业资质注册监理工程师人数配备表》中要求配备的人数，注册造价工程师不少于1人。

（4）有较完善的组织结构和质量管理体系，有技术、档案等管理制度。

（5）有必要的工程试验检测设备。

（6）申请工程监理资质之日前一年内没有本规定第十六条禁止的行为。

（7）申请工程监理资质之日前一年内没有因本企业监理责任造成重大质量事故。

（8）申请工程监理资质之日前一年内没有因本企业监理责任发生三级以上工程建设重大安全事故或者发生两起以上四级工程建设安全事故。

《工程监理企业资质管理规定》第十六条规定，工程监理企业不得有下列行为：

①与建设单位串通投标或者与其他工程监理企业串通投标，以行贿手段谋取中标；

②与建设单位或者施工单位串通弄虚作假、降低工程质量；

③将不合格的建设工程、建筑材料、建筑构配件和设备按照合格签字；

④超越本企业资质等级或以其他企业名义承揽监理业务；

⑤允许其他单位或个人以本企业的名义承揽工程；

⑥将承揽的监理业务转包；

⑦在监理过程中实施商业贿赂；

⑧涂改、伪造、出借、转让工程监理企业资质证书；

⑨其他违反法律法规的行为。

4. 专业丙级资质标准

(1)具有独立法人资格且注册资本不少于 50 万元。

(2)企业技术负责人应为注册监理工程师，并具有 8 年以上从事工程建设工作的经历。

(3)相应专业的注册监理工程师不少于《专业资质注册监理工程师人数配备表》中要求配备的人数。

(4)有必要的质量管理体系和规章制度。

(5)有必要的工程试验检测设备。

5. 事务所资质标准

(1)取得合伙企业营业执照，具有书面合作协议书。

(2)合伙人中有 3 名以上注册监理工程师，合伙人均有 5 年以上从事建设工程监理的工作经历。

(3)有固定的工作场所。

(4)有必要的质量管理体系和规章制度。

(5)有必要的工程试验检测设备。

三、工程监理企业资质相应许可的业务范围

1. 综合资质

可以承担所有专业工程类别建设工程项目的工程监理业务。

2. 专业资质

(1)专业甲级资质

可承担相应专业工程类别中一、二、三级建设工程项目的工程监理业务。

(2)专业乙级资质

可承担相应专业工程类别中二级以下(含二级)建设工程项目的工程监理业务。

(3)专业丙级资质

可承担相应专业工程类别中三级建设工程项目的工程监理业务。

3. 事务所资质

可承担三级建设工程项目的工程监理业务，但是，国家规定必须实行强制监理的工程除外。

工程监理企业可以开展相应类别建设工程的项目管理、技术咨询等业务。

四、工程监理企业的资质申请

1. 工程监理企业的资质审批权限

（1）申请综合资质、专业甲级资质的，应当向企业工商注册所在地省、自治区、直辖市人民政府建设主管部门提出申请。

省、自治区、直辖市人民政府建设主管部门应当自受理申请之日起 20 日内初审完毕，并将初审意见和申请材料报国务院建设主管部门。

国务院建设主管部门应当自省、自治区、直辖市人民政府建设主管部门受理申请材料之日起 60 日内完成审查，公示审查意见，公示时间为 10 日。其中，涉及铁路、交通、水利、通信、民航等专业工程监理资质的，由国务院建设主管部门送国务院有关部门审核。国务院有关部门应当在 20 日内审核完毕，并将审核意见报国务院建设主管部门。国务院建设主管部门根据初审意见审批。

（2）专业乙级、丙级资质和事务所资质由企业所在地省、自治区、直辖市人民政府建设主管部门审批。

专业乙级、丙级资质和事务所资质许可延续的实施程序由省、自治区、直辖市人民政府建设主管部门依法确定。

省、自治区、直辖市人民政府建设主管部门应当自做出决定之日起 10 日内，将准予资质许可的决定报国务院建设主管部门备案。

（3）工程监理企业资质证书分为正本和副本，每套资质证书包括一本正本，四本副本。正、副本具有同等法律效力。

①工程监理企业资质证书的有效期为 5 年。

②工程监理企业资质证书由国务院建设主管部门统一印制并发放。

2. 申请工程监理企业资质应当提交的材料

（1）工程监理企业资质申请表（一式三份）及相应电子文档；

（2）企业法人、合伙企业营业执照；

（3）企业章程或合伙人协议；

（4）企业法定代表人、企业负责人和技术负责人的身份证明、工作简历及任命（聘用）文件；

（5）工程监理企业资质申请表中所列注册监理工程师及其他注册执业人员的注册执业证书；

（6）有关企业质量管理体系、技术和档案等管理制度的证明材料；

（7）有关工程试验检测设备的证明材料。

取得专业资质的企业申请晋升专业资质等级或者取得专业甲级资质的企业申请综合资质的，除前款规定的材料外，还应当提交企业原工程监理企业资质证书正、副本复印件，企业《监理业务手册》及近两年已完成代表工程的监理合同、监理规划、工程竣工验收报告及监理工作总结。

五、工程监理企业的资质管理

为了加强对工程监理企业的资质管理，保障其依法经营业务，促进建设工程监理事业的健康发展，国家建设行政主管部门制定颁布了关于工程监理企业资质管理的规定。

1. 工程监理企业的资质管理体制

所谓管理体制，其基本含义是管理的组织机构设置及其职能分工，有关部门管理的办法、制度等。根据我国现阶段的体制状况，为了充分发挥各级主管部门的积极性，我国建设工程监理企业资质管理的原则是"分级管理，统分结合"。总的来说，我国的工程监理企业资质管理分中央和地方两个基本层次。

国务院建设行政主管部门负责全国工程监理企业资质的归口管理工作。国务院所属铁道、交通、水利、信息产业、民航工程等有关部门配合国务院建设行政主管部门实施相关资质类别工程监理企业资质的管理工作。其主要职责是：

（1）每年定期集中审批一次全国甲级资质工程监理企业的资质。其中涉及铁道、交通、水利、信息产业、民航工程等方面的工程监理企业资质，由国务院有关部门初审，国务院建设行政主管部门根据初审意见审批。

（2）审查、批准全国甲级资质工程监理企业资质的变更与终止。

（3）制定有关全国工程监理企业资质的管理办法。

省、自治区、直辖市人民政府建设行政主管部门负责本行政区域内工程监理企业资质的归口管理工作。省、自治区、直辖市人民政府所属交通、水利、通信等有关部门配合同级建设行政主管部门实施相关资质类别工程监理企业资质的管理工作。其主要职责是：

（1）审批本行政区域内乙级、丙级工程监理企业资质。其中交通、水利、通信等方面的工程监理企业资质，应征求同级有关部门初审同意后审批。

（2）审查、批准本行政区域内乙级、丙级工程监理企业资质的变更与终止。

（3）本行政区域内乙级和丙级工程监理企业资质的年检。

（4）制定在本行政区域内的资质管理办法。

（5）受国务院建设行政主管部门委托，负责本行政区域内甲级工程监理企业资质的年检。

资质初审工作完成后，初审结果先在中国工程建设信息网上公示。经公示后对于工程监理企业符合资质标准的，予以审批，并将审批结果在中国工程建设信息网上公告。实行这一制度的目的是提高资质审批工作的透明度，便于社会监督，从而增强其公正性。

2. 工程监理企业资质管理内容

工程监理企业的资质管理工作做得是否到位，不仅关系到工程监理企业的利益和发展，而且还会影响到整个监理行业的发展。该工作是各级行政主管部门的重要工作之一，必须认真对待，努力做好。工程监理企业资质管理内容主要包括工程监理企业的设立、定级、升级、降级、变更、终止等资质审查或批准以及资质年检工作等。

（1）资质审批条件

工程监理企业申请晋升资质等级，在申请之日前一年内有下述行为之一的，建设行政主管部门将不予批准：

①与建设单位或工程监理企业之间相互串通投标，或者以行贿等不正当手段谋取中标的。

②与建设单位或者施工单位串通，弄虚作假，降低工程质量的。

③将不合格的建设工程、建筑材料、建筑构配件和设备按照合格签字的。

④超越本单位资质等级承揽监理业务的。

⑤允许其他单位或个人以本单位的名义承揽工程的。

⑥转让监理工程业务的。

⑦因监理责任而发生过三级以上工程建设重大质量事故或者发生过两起以上四级工程建设质量事故的。

⑧其他违反法律法规的行为。

监理企业因破产、倒闭、撤销、歇业的，应当将资质证书交回原发证机关予以注销。

工程监理企业在领取新的"工程监理企业资质证书"的同时，应当将原资质证书交回原发证机关予以注销。任何单位和个人均不得涂改、出借、转让"工程监理企业资质证书"，不得非法扣押、没收"工程监理企业资质证书"。

（2）资质年检制度

对工程监理企业实行资质年检是政府对监理企业实行动态管理的重要手段，目的在于督促企业不断加强自身建设，提高企业管理水平和监理工作业务水平。

工程监理企业的资质年检一般由资质审批部门负责，并应在下年一季度进行。年检内容包括：检查工程监理企业资质条件是否符合资质等级标准，是否存在质量、市场行为等方面的违法违规行为。

甲级工程监理企业的资质年检由建设部委托各省、自治区、直辖市人民政府建设行政主管部门办理；涉及铁道、交通水利、信息产业、民航等方面的企业资质年检的，由建设部会同有关部门办理；中央管理企业所属的工程监理企业资质由建设部委托中国建设监理协会具体承办。

①资质年检程序

对于工程监理企业进行资质年检的程序是：

a. 工程监理企业在规定时间内向建设行政主管部门提交"工程监理企业资质年检表"、"工程监理企业资质证书"、"监理业务手册"以及工程监理人员变化情况及其他有关资料，并交验"企业法人营业执照"。

b. 建设行政主管部门会同有关部门在收到监理企业年检资料后40日内，对工程监理企业年检做出结论，并记录在"工程监理企业资质证书"副本的年检记录栏内。

②资质年检结论

工程监理企业资质年检结论分为合格、基本合格、不合格三种。

工程监理企业资质条件符合资质等级标准，并且在过去一年内未发生上述资质审批条件①~⑧条所列行为的，年检结论为合格。

工程监理企业连续两年年检合格，方可晋升上一个资质等级。

工程监理企业资质条件中监理工程师注册数量、经营规模未达到资质标准，但不低于资质等级标准的80%，其他各项均达到标准要求，并且在过去一年内未发生上述资质审批条件①~⑧条所列行为的，年检结论为基本合格。

工程监理企业有下列情形之一的，资质年检结论为不合格：

a. 资质条件中监理工程师注册人员数量、经营规模的任何一项未到达资质等级标准的80%，或者其他任何一项未达到资质等级标准的。

b. 发生上述资质审批标准条件①~⑧条所列行为之一的。

已经按照法律、法规的规定予以降低资质等级处罚的行为，年检中不再重复追究。

资质年检不合格或者连续两年基本合格的工程监理企业，建设行政主管部门应当重新核定其资质等级。新核定的资质等级应当低于原资质等级，达不到最低资质等级标准的，取消资质。资质等级被降级的工程监理企业，经过一年以上时间的整改，经建设行政主管部门核查确认，达到规定的资质等级标准，且在此期间内未发生上述资质审批条件①～⑧条所列行为的，可以按照规定重新申请原资质等级。

对于在规定时间内没有参加资质年检的，其资质证书自行失效，且一年内不得重新申请资质。

在工程监理企业资质年检后，资质审批部门应当在企业资质证书副本的相应栏内注明年检结论和有效期限。

资质审批部门应当在工程监理企业资质年检结束后 30 日内，在公众媒体上公布年检结果，包括年检合格、不合格企业和未按照规定参加年检的企业名单。甲级工程监理企业的年检结果还将在中国工程建设信息网上公布。

工程监理企业分立或合并时，要按照新设立工程监理企业的要求重新审查其资质等级，并核定其业务范围，颁发新核定的资质证书。

③违规处理

工程监理企业有下列行为之一的，由颁发资质证书的机关根据情节，分别给予责令整顿、降低资质等级和吊销资质证书的行政处罚。其他行政处罚，由建设行政主管部门或者其他有关部门依照法定职权决定。构成犯罪的，由司法机关依法追究主要责任者的刑事责任。

a.以欺骗手段取得"工程监理企业资质证书"承揽工程的，吊销资质证书，处合同约定的监理酬金 1 倍以上、2 倍以下的罚款；有违法所得的，予以没收。

b.未取得"工程监理企业资质证书"承揽监理业务的，予以取缔，并处以合同约定的监理酬金 1 倍以上、2 倍以下的罚款；有违法所得的，予以没收。

c.超越本企业资质等级承揽监理业务的，责令停止违法行为，处以合同约定的监理酬金 1 倍以上、2 倍以下的罚款，可以责令其停业整顿，降低资质等级；情节严重的，吊销资质证书；有违法所得的，予以没收。

d.转让监理业务的，责令改正，没收违法所得，处以合同约定的监理酬金 25% 以上、50% 以下的罚款；可以责令其停业整顿，降低资质等级；情节严重的，吊销资质证书。

e.工程监理企业允许其他单位或者个人以本单位名义承揽监理业务的，责令改正，没收违法所得，处以合同约定的监理酬金 1 倍以上、2 倍以下的罚款；可以责令其停业整顿，降低资质等级；情节严重的，吊销资质证书。

f.与建设单位或者施工单位串通，弄虚作假，降低工程质量的；将不合格的建设工程、建筑材料、建筑构配件和设备按照合格签字的。有上述行为之一的，造成损失的，承担连带赔偿责任。

g.工程监理企业与被监理工程的施工承包单位以及建筑材料、建筑构配件和设备供应单位有隶属关系或者其他利害关系承担该项建设工程的监理业务的，责令改正，处以 5 万元以上、10 万元以下的罚款，降低资质等级或者吊销资质证书；有违法所得的，予以没收。

当事人对行政处罚不服的，可以在收到处罚通知之日起 15 日内，向做出处罚决定的机关的上一级机关申请复议。对复议决定不服的，可以在收到复议决定之日起 15 日内向人民法院起诉；也可以直接向人民法院起诉。逾期不申请复议或者不向人民法院起诉，又不履行处罚决定的，由做出处罚决定的机关申请人民法院强制执行。

任务四　工程监理企业经营活动基本准则

根据建设社会主义市场经济体制的总体目标和工程建设的客观需要，工程监理企业监理经营活动内容包括工程建设决策阶段监理、工程建设设计阶段监理、工程建设施工阶段监理三大部分，每一阶段的监理又分为若干条款。工程建设企业无论从事哪一阶段的工程建设监理，一切监理活动都必须遵循八字准则，即"守法、诚信、公正、科学"。

1. 守法

守法是工程监理企业经营活动的最起码的行为准则，守法就是要依法经营。主要表现如下：

（1）工程监理企业只能在核定的业务范围内开展经营活动

工程监理企业从事监理活动，应当在建设监理资质管理部门审查确认的经营业务范围内开展业务。主要表现在以下三个方面：

① 监理业务的工程类别。

监理业务的工程类别是指可以监理什么专业的工程。如建筑工程监理企业只能监理一般工业与民用建筑项目，而不能监理高速公路、铁路等工程项目。同样，水利水电专业的工程监理企业只能监理水电专业的工程项目。

一些大型的甲级工程监理企业，具有承担两个专业以上的工程监理能力时，经相应的资质管理部门批准，可以承担核准专业的工程监理业务。

② 监理业务的等级。

要按照资质管理部门核定的监理资质等级来承接监理业务。如甲级工程监理企业可以承接一等、二等、三等工程项目的建设监理业务，而乙级工程监理企业，一般只能承接二等和三等工程项目的监理业务。

③ 其他业务。

工程监理企业除了从事监理工作以外，根据工程监理企业的申请和能力，还可以核定其开展某些技术咨询服务。如投资咨询、房地产评估、引进外资过程中的翻译等。核定的技术咨询服务项目应列入经营业务范围。核定的经营范围以外的任何监理业务，工程监理企业不得承担。否则，就是违法经营。

（2）工程监理企业必须诚信守法

① 工程监理企业不得伪造、涂改、出租、出借、转让、出卖"资质等级证书"。

② 工程建设监理合同一经双方签订，就具有一定的法律约束力，工程监理企业应当按照合同的规定认真履行，不得无故或故意违背自己的承诺。

③ 工程监理企业在异地承接监理业务时，要自觉遵守当地人民政府颁发的监理法规和有关规定，并主动向监理工程所在的省、自治区、直辖市建设行政主管部门备案登记，接受其指导和监督管理。

④ 遵守国家关于企业法人的其他法律、法规的规定，包括行政的、经济的和技术的。

2. 诚信

诚信就是诚实守信，诚信原则的主要作用在于指导当事人以善意的心态、诚信的态度行使民事权利，承担民事责任，正确地从事民事活动。

工程监理企业依靠的主要是自己的智力，智力又是无形的产品，但最终它的服务质量会由建筑产品体现出来。工程监理企业应当运用自己的专业技术，最大限度地把工程项目的投资、进度和质量控制好，满足工程项目业主的正当要求。如果工程监理企业没有较高的监理能力，却承接与监理能力不相适应的工程或者不认真履行监理合同规定的义务和责任，就是不诚信的表现，这将对工程监理企业和监理工程师自己的声誉带来很大的影响。信用是企业的一种无形资产，加强信用管理，提高企业信用水平，是工程监理制度和市场经济的共同要求。

3. 公正

公正是指工程监理企业在处理建设单位与施工单位之间的矛盾和纠纷时，应该要做到公平，应该"一碗水端平"，不能因为工程监理企业接受业主的委托就偏袒业主。特别是在发生合同纠纷、合同索赔时，工程监理企业应站在公正的立场上，既为业主提供服务，维护业主的利益，同时要维护承建商的正当权益。一般来说，工程监理企业维护业主的合法权益容易做到，而维护承建商的利益比较难。要做到公正地处理问题和事物，工程监理企业必须做到以下几点：

(1)要培养良好的职业道德，不为私利而违心地处理问题。

(2)要坚持实事求是的原则，不对上级或业主的意见唯命是从。

(3)要提高综合分析问题的能力，不为局部问题或表面现象所蒙蔽。

(4)要不断提高自身的专业技术能力，尤其是要尽快提高综合理解、熟练运用工程建设有关合同条款的能力，以便以合同条款为依据，恰当地协调、解决问题。

4. 科学

所谓"科学"是指工程监理企业的监理活动要依据科学的方案，运用科学的手段，采取科学的方法。工程监理企业是专业技术要求较高的企业，因此，工程监理企业的经营活动要制订科学的计划，工程结束后还要进行科学的总结。只有这样，才能提供高水平、科学的服务，才能符合建设监理制度发展的需要。

(1)科学的计划

监理工作的核心是"预控"要达到预期的目的，就必须有一个系统的科学计划，这个计划主要指监理细则。它包括：该项目的监理机构的组织计划，该项目的监理工作程序，各专业、各年度的监理内容和对策，建设工程的关键部位或可能出现重大问题的监理措施。总之，在实施监理业务前，要尽可能地把各种问题考虑周全，并制定相应的对策，真正地做到监理的预控作用。制定出切实可行、行之有效的监理细则，对监理工作的顺利进行是十分有效的。

(2)科学的手段

实施工程监理必须借助于先进的科学仪器，以提高监理工作的效率及准确性。如计算机、摄像机及各种检测、试验、化验仪器等。

(3)科学的方法

监理工作的科学方法主要体现在掌握大量的、确凿的有关监理对象及其外部环境情况的基础上，适时、妥帖、高效地处理有关问题。解决问题时要建立在事实上，建立在确切的数据上，并且每次解决问题都要有书面记载。

任务五　工程监理企业的法律责任和义务

工程监理企业的法律责任包括民事、行政、刑事三类。监理企业要为其在监理委托合同中的违约行为承担民事责任，要为其在监理活动中的违约行为和违法行为承担行政责任，要为其在监理活动中的严重违法行为承担刑事责任，法定代表人和监理责任人员要承担刑法的后果。

一、监理企业的行业民事法律责任

监理企业在行业行为中法律责任主要是承担民事法律责任，除属于一般主体行为的单位犯罪外，在具体的监理业务中一般不会构成单位犯罪，监理企业的行业法律责任在《中华人民共和国建筑法》第 35 条和第 69 条中有明确规定：

（1）不按照委托监理合同的约定履行监理义务，对应当监督检查的项目不检查或者不按照规定检查，给建设单位造成损失的，应当承担相应的赔偿责任。

（2）与承包单位串通，为承包单位谋取非法利益，给建设单位造成损失的，应当与承包单位承担连带赔偿责任。

（3）与建设、施工单位串通、弄虚作假、降低工程质量，造成损失的，承担连带赔偿责任。

二、监理企业的行业行政责任

监理企业的行业行政责任在《建设工程质量管理条例》第八章罚则中有明确规定，归纳起来，监理企业有下列行为时应受到处罚：

（1）超越本单位资质等级承揽工程的，责令停止违法行为，处以监理费酬金 1 倍以上、2 倍以下的罚款；可责令停业整顿，降低资质等级；情节严重的，吊销资质证书。

（2）允许其他单位或个人以本单位名义承揽工程的，责令改正，没收违法所得，处以监理酬金 1 倍以上、2 倍以下的罚款；可以责令停业整顿，降低资质等级；情节严重的，吊销资质证书。

（3）转让监理业务的，责令改正，没收违法所得，处合同约定监理酬金 25% 以上、50% 以下的罚款；可责令停业整顿，降低资质等级；情节严重的，吊销资质证书。

（4）与建设单位或者施工单位串通，弄虚作假，降低工程质量的，责令改正，处 50 万元以上、100 万元以下的罚款，降低资质等级或者吊销资质证书；有违法所得的，予以没收。

（5）将不合格的建设工程、建筑材料、建筑构配件和设备按照合格签字的，责令改正，处 50 万元以上、100 万元以下的罚款，降低资质等级或者吊销资质证书；有违法所得的，予以没收。

（6）与被监理工程的施工承包单位以及建筑材料、建筑构配件和设备供应单位有隶属关系或者其他利害关系承担该工程监理业务的，责令改正，处 5 万以上、10 万元以下的罚款，降低资质等级或者吊销资质证书；有违法所得的，予以没收。

（7）未取得资质证书承揽工程的，予以取缔，处合同约定监理酬金 1 倍以上、2 倍以下的罚款；有违法所得的，予以没收。

（8）以欺骗手段取得资质证书承揽工程的，吊销资质证书，处合同约定监理酬金1倍以上、2倍以下的罚款；有违法所得的，予以没收。

三、刑事法律责任

当监理企业在监理活动中有严重违法行为时，要承担刑事责任。这时，虽然不是单位犯罪，但企业法定代表人和监理责任人员要承担刑法的后果。将在本模块的下一个项目中具体阐述。

四、监理企业的义务

1.监理企业的合同义务

（1）按照合同约定或监理投标书的承诺派出监理机构及人员，完成监理范围内的监理业务，按合同约定定期向委托人报告监理工作。

（2）在履行监理合同义务期间，应认真、勤奋地工作，为委托人提供咨询意见，并公正维护各方面的合法权益。

（3）由委托人所提供的设施和物品，属于委托人的财产，在监理工作完成或中止时，应将其设施和剩余的物品按合同约定的时间和方式移交给委托人。

（4）在合同期内和合同终止后，未征得有关方面同意，不得泄露与监理工程及其监理业务有关的保密资料。

2.监理企业的质量义务

（1）工程监理单位应当依法取得相应等级的资质证书，并在其资质等级许可的范围内承担工程监理业务。禁止工程监理单位超越本单位资质等级许可的范围或者以其他工程监理单位的名义承担工程监理业务。禁止工程监理单位允许其他单位或者个人以本单位的名义承担工程监理业务。工程监理单位不得转让工程监理业务。

（2）工程监理单位与被监理工程的施工承包单位以及建筑材料、建筑构配件和设备供应单位有隶属关系或者其他利害关系的，不得承担该项建设工程的监理业务。

（3）工程监理单位应当依照法律、法规以及有关技术标准、设计文件和建设工程承包合同，代表建设单位对施工质量实施监理，并对施工质量承担监理责任。

（4）工程监理单位应当选派具备相应资格的总监理工程师和监理工程师进驻施工现场。

未经监理工程师签字，建筑材料、建筑构配件和设备不得在工程上使用或者安装，施工单位不得进行下一道工序的施工。未经总监理工程师签字，建设单位不拨付工程款，不进行竣工验收。

（5）监理工程师应当按照工程监理规范的要求，采取旁站、巡视和平行检验等形式，对建设工程实施监理。

任务六 工程监理企业与工程建设各方的关系

业主、工程监理企业和承包商构成了建筑市场三个基本支柱。工程监理企业受业主委托，是为业主进行工程管理服务的。作为独立的法人，工程监理企业要成为公正的"第三方"，既要维护业主的利益，也要维护承包商的合法权益。

一、工程监理企业与项目业主的关系

工程监理企业是建筑市场的主体之一，工程监理企业为项目业主提供有偿技术服务。工程监理企业与项目业主之间是一种平等的关系，是委托与被委托的合同关系，更是相互依存、相互促进、共兴共荣的紧密关系。

1. 工程监理企业与业主之间是平等的关系

工程监理企业与业主之间是平等的关系，这种平等关系主要体现在以下方面：

(1) 工程监理企业和业主都是市场经济中独立的企业法人。不同行业的企业法人，只有经营性质不同，业务范围不同，而没有主仆之分。有人把工程监理企业与项目业主的关系理解为雇佣与被雇佣的关系，这是错误的。因为业主委托工程监理企业执行的工作任务和授予必要的权力，是通过双方平等协商，以合同形式事先约定的。业主必须采用委托合同的方式事先约定工作任务，工程监理企业可以不去完成合同以外的工作任务。如果说业主在委托合同规定的任务外还要委托其他的工作任务，则必须与工程监理企业协商补充或修订委托合同条款，或另外签订委托合同。而雇佣关系从本质上讲是一种剥削关系，被雇佣者要听命于雇佣者。我国的工程监理企业和工程业主之间不存在这种剥削关系。法规要求工程监理企业与业主都要以主人翁的姿态对工程建设负责，对国家和社会负责。

(2) 工程监理企业和业主都是建筑市场的主体。在建筑市场中，工程项目业主是买方，工程监理企业是中介服务方，为了一项工程的建设而走到了一起，业主为了能更好地搞好工程项目建设，而委托工程监理企业替自己负责一些具体的事情。双方都按照约定的条款，尽各自的义务，行使各自的权力，取得相应的利益。

2. 业主与工程监理企业之间是一种授权与被授权的关系

工程监理企业接受业主委托之后，业主将授予工程监理企业一定的权力，而不同的业主对监理企业授予的权力是不一样的。业主自己掌握的权力包括：工程建设规模、设计标准及使用功能的决定权，设计、设备供应和施工企业的选定权，设计、设备供应和施工合同的签订权，工程变更的审定权等。

业主除了保留上述工程建设中重大问题的决策和决定权外，一般情况下，把其余的权力都授予工程监理企业。工程监理企业的权力一般有以下几点：

(1) 工程建设重大问题向业主的建议权，包括工程规模、设计标准和使用功能的建议权。

(2) 工程建设组织协调的主持权。

(3) 工程材料和施工质量的确认权与否决权。

(4) 施工进度和工期的确认权与否决权。

(5) 工程合同内工程款支付与工程结算的确认权与否决权。

需要指出的是，目前我国的监理市场还刚刚起步，远未达到规范的地步。因此，有相当一部分工程项目业主还没有认识到监理的重要性，在委托监理时，并没有授予其相应的权力。例如，有的工程项目业主只委托工程监理企业进行质量控制，而将投资控制权牢牢地抓在自己手里，这对发挥监理的作用是不利的。

有人认为工程监理企业是工程项目业主的"代理人"，这种提法也是错误的。我国《民法通则》对代理人的定义为："代理人在代理权限内，以被代理人的名义实施民事法律行为。被代理人对代理人的代理行为，承担民事责任。"而工程监理企业是以自己的名义从事监理工作的。在监理过程中，监理人员如果有明显的失职、指令错误、违反法律，而对工程项目业主造成了损失，按照惯例，工程监理企业要承担一定的经济责任，所以认为工程监理企业是业主代理人是不确切的。

3. 工程项目业主与工程监理企业之间是市场经济体制下的经济合同关系

在工程项目业主与工程监理企业之间的委托关系确立后，双方就订立工程建设委托监理合同。合同一经双方签订，这种交易就意味着成立。业主是买方，工程监理企业是卖方，业主购买工程监理企业的智力劳动。既然是合同关系，双方就都有自己经济利益的需要，工程监理企业不会无偿地服务，业主也不是对工程监理企业施舍。双方的经济利益、责任和义务都体现在签订的监理合同中。

在建筑市场中，业主、承建商、工程监理企业是建筑市场的买方、卖方和中介服务方。工程监理企业的责任既帮助工程项目业主购买到合适的建筑产品，又同时有责任维护承建商的合法权益，这也是与其他经济合同不同的地方。所以工程监理企业在建筑市场中属于买卖双方之间的中介，起着为买卖双方公平交易和等价交换的制衡作用。

二、工程监理企业与承建商的关系

这里所说的承建商，不单指施工企业，而是包括进行工程项目规划的规划单位、工程勘察的勘察单位、承担设计业务的设计单位、从事工程施工的施工单位以及工程设备、工程构配件的加工制造单位在内的概念。也就是说，凡是承接工程建设业务的单位，相对业主来说，都是承建商。

工程监理企业与承建商之间是市场经济中的平等关系，是监理与被监理的关系。

1. 工程监理企业与承建商之间是平等的关系

（1）承建商和工程监理企业一样是建筑市场的主体之一，它们是平等的。

（2）工程监理企业和承建商具体责任不同，但在性质上都属于"出卖产品"，相对于工程项目业主来说，二者的角色是一样的。

（3）工程监理企业和承建商都必须在工程建设的法规、规章、规范、标准的制约下开展工作，两者之间不存在领导与被领导关系。

2. 工程监理企业与承建商之间是监理与被监理的关系

工程监理企业与承建商之间没有签订合同，但工程监理企业对于工程建设中的行为具有监理管理权，这是因为：

（1）项目业主的授权。工程监理企业根据业主的授权，就有了监督管理承建商履行工程承发包合同的权力和义务。

（2）施工单位在工程设计和施工承包合同中也事先予以承认。工程委托监理以后，工程项目业主在与承建商签订承包合同时，应在合同内注明，承建商必须接受业主聘请的工程监理企业的监理。

（3）建设法规赋予工程监理企业具有监督建设法规、技术法规实施的职责。

实施监理后，在交往程序上对承建商来说，不再是直接与工程项目业主打交道，而主要是与工程监理企业来往。同样，对业主来说，建设工程监理就意味着业主不再与承建商打交道，而是通过工程监理企业与承建商交往。

3. 工程监理企业处理与承建商关系的基本原则

（1）严格监督承建商全面履行合同规定的义务

监督承建商全面履行合同规定的义务，高度地概括了监理企业核心工作职责。包括了对承建商的投资、质量、进度三大控制和安全文明施工、合同、信息（资料）的管理（详细内容将在后续的模块中叙述）。这里着重要注意的是"全面"两个字，评价所有合同的管理和履行的好与差，主要就是体现在合同履行是否全面上。

（2）积极维护承建商的合法权益

承建商依据法律法规、相关政策、承包合同应该得到的合法利益，监理企业都得积极维护。首先要确定是否为合法利益，确定是否为合法利益时，要有充分、明确的依据，不能是片面的、含糊不清的依据；其次是要注意工作方式方法，和业主方做好相关协调工作，最好能事先取得业主方的一致意见，这样的工作效果会更好。

（3）积极帮助承建商解决工作中出现的疑难问题，实现搞好工程建设的目的

承建商在工程建设中，经常会遇到来自各个方面的困难，监理企业要在力所能及的范围内对承建商进行帮助。特别是在技术、信息、协商方面，监理企业更能发挥自身的优势去帮助承建商。承建商有些需要帮助的内容不在监理企业的职责内，但是，帮助承建商解决这些问题以后，除了承建商外，业主方亦能得到较好的效益，监理企业也能减少许多不必要的工作量，对实现工程建设总目标是非常有益的。监理企业在做这方面工作时，也要注意几点：一是不能违背监理企业执业的基本原则，二是不能有损业主方的利益，三是不能有损其他方的利益。

项目二　监理人员

监理人员，是指按政策规定具有相应上岗资格，从事监理工作的工程技术（工程经济）专业人员。也就是说，只有同时具备上述两个条件的人员，才能称之为监理人员。

任务一　监理人员的构成

监理人员的构成，有按照岗位分类或按照证书分类两种构成形式。

一、按岗位分

根据岗位不同，监理人员可分为总监理工程师、总监理工程师代表、专业监理工程师、监理员。

总监理工程师（Chief project management engineer），是指由工程监理单位法定代表人书面任命，负责履行建设工程监理合同、主持项目监理机构工作的注册监理工程师。

总监理工程师代表（Representative of chief project management engineer），是指由总监理工程师授权，代表总监理工程师行使其部分职责和权力，具有工程类注册执业资格或具有中级及以上专业技术职称、3年及以上工程监理实践经验的监理人员。

专业监理工程师（Specialty project management engineer），是指由总监理工程师授权，负责实施某一专业或某一岗位的监理工作，有相应监理文件签发权，具有工程类注册执业资格

或具有中级及以上专业技术职称、2年及以上工程实践经验的监理人员。

专业监理工程师按不同专业可分为不同的专业监理工程师，如：结构专业监理工程师、合同专业监理工程师、计量专业监理工程师、安全专业监理工程师、给排水专业监理工程师、电气专业监理工程师等。

监理员（Site supervisor），是指从事具体监理工作，具有中专及以上学历并经过监理业务培训的监理人员。

二、按证书不同分

根据执业资格证书不同，监理人员可分为注册监理工程师（俗称国证）、省级监理工程师（俗称省证）、监理员（俗称培训证）。

注册监理工程师（Registered project management engineer），是指取得国务院建设主管部门颁发的"中华人民共和国注册监理工程师注册执业证书"和执业印章，从事建设工程监理与相关服务等活动的人员。

省级监理工程师，是各省、直辖市、自治区为了解决监理人员严重不足的问题，将部分已经取得中级职称的工程技术人员，经监理工程师专业培训、考试合格后，颁发省级监理工程师证书，从事建设工程监理与相关服务等活动的人员。一般可任专业监理工程师岗位或总监理工程师代表岗位。

监理员，是指部分具有中专及以上学历并经过监理业务培训合格的，从事建设工程监理与相关服务等活动的人员。

任务二 监理工程师的素质与职业道德

监理工程师在项目建设上处于核心地位，因此具体从事监理工作的监理人员既要具有一定的工程技术或工程经济方面的专业知识，还要具有一定的组织和协调能力，能够对工程建设进行监督管理，提出指导性的意见。所以，监理人员尤其是监理工程师应是一种复合型的人才，需要具有较高的素质。

一、监理工程师的素质

1. 良好的思想素质

监理工程师良好思想素质主要体现在以下几个方面：

（1）热爱社会主义国家，热爱人民，热爱本职工作。

（2）具有科学的工作态度。

（3）具有廉洁奉公、为人正直、办事公道的高尚情操。

（4）能听取不同的意见，而且有良好的包容性。

（5）具有良好的职业道德。

2. 良好的业务素质

（1）具有较高的学历和多学科复合型的知识结构

现代工程建设，工艺越来越先进，材料、设备越来越新颖，而且规模大、应用科技门类多，需要组织多专业、多工种人员，形成分工协作、共同工作的群体。工程建设涉及的学科很多，其中主要学科就有几十种。作为监理工程师，不可能掌握这么多的专业理论知识。但是，起码应学习、掌握一种专业理论知识。没有深厚理论知识的人员决不可能胜任监理工程师的工作。因此，要成为一名监理工程师，至少要有工程类大专以上学历，并了解或掌握一定的工程建设经济、法律和组织管理等方面的理论知识。同时应不断学习和了解新技术、新设备、新材料、新工艺和法规等方面的新知识，从而达到一专多能，成为工程建设中的复合型人才，使监理企业成为智力密集型的知识群体。

（2）要有丰富的工程建设实践经验

工程建设实践经验是理论知识在工程建设上应用的经验。一般来说，应用的时间越长、次数越多，经验越丰富；反之则经验不足。不少研究指出，一些建设中的失误往往与实践者的经验不足有关。所以我国在监理工程师注册制度中做出类似的规定也是必要的。考察监理工程师的实践经验除看他的时间长短外，还应看他实践的成果。从某种意义上来讲，后者更为重要。虽有较长时间工程实践，如果不善于总结工程中运用理论知识的经验，仍然达不到工程建设的目的。

（3）要有较好的工作方法和组织协调能力

较好的工作方法和善于组织协调是体现监理工程师工作能力高低的重要因素。监理工程师要能够准确地综合运用知识和科学手段，做到事前有计划、事中有记录、事后有总结。建立较为完善的工作程序，发挥系统的整体功能，善于通过别人的工作把事情做好，实现投资、进度、质量目标的协调统一。

（4）更需要有健康的身体

尽管工程建设监理是以脑力劳动为主，但是，工程建设施工阶段，由于露天作业，工作条件艰苦，往往工作紧迫、业务繁忙，更需要有健康的身体和充沛的精力，否则，难以胜任繁忙严谨的监理工作。我国对年满 65 周岁的监理工程师就不再进行注册，主要考虑监理从业人员身体健康状况而设定的条件。

二、监理工程师的职业道德

工程建设监理是一项高尚的工作，监理工程师在执业过程中不能损坏工程建设任何一方的利益。为了确保建设监理事业的健康发展，对监理工程师的职业道德和工作纪律都有严格的要求。在有关法规中也做了具体的规定。

（1）维护国家的荣誉和利益，按照"守法、诚信、公正、科学"的准则执业。

（2）执行有关工程建设的法律、法规、规范、标准和制度，履行监理合同规定的义务和职责。

（3）努力学习专业技术和建设监理知识，不断提高业务能力和监理水平。

（4）不以个人名义承揽监理业务。

（5）不同时在两个或两个监理企业注册和从事监理活动，不在政府部门和施工、材料设备的生产供应等单位兼职。

（6）不为所监理的工程建设项目指定承建商、建筑构配件、设备、材料和施工方法。

（7）不收受被监理单位的任何礼金。

（8）不泄露所监理工程各方认为需要保密的事项。

（9）坚持独立自主地开展工作。

三、FIDIC 道德准则

国际咨询工程师联合会(FIDIC)于 1991 年在德国慕尼黑讨论批准了 FIDIC 通用道德准则,该准则分别对社会和职业责任、能力、正直性、公正性、对他人的公正等五个问题共计十四个方面规定了监理工程师的道德行为准则。目前,国际咨询工程师协会的会员国家都认真地执行这一准则。

FIDIC 认识到,监理工程师的工作对于取得社会信誉及其实现可持续发展是十分的关键的。为使监理工程师的工作充分有效,不仅要求监理工程师必须不断增长他们的知识技能外,还要求社会尊重他们的道德公正性,信赖他们做出的评审,同时给予公正的报酬。

FIDIC 的全体会员协会同意并且相信,如果要使社会对其专业顾问具有必要的信赖,下述准则是其成员行为的基本准则。

1.对社会和职业的责任

(1)接受对社会的职业责任。

(2)寻求与确认的发展原则相适应的解决方法。

(3)在任何时候,不危害职业的尊严、名誉和荣誉。

2.能力

(1)保持其知识和技能与技术、法规、管理的发展相一致的水平,对于委托人要求的服务采用相应的技能,尽心尽力。

(2)仅在有能力从事服务时方才进行。

3.正直性

在任何时候,均为委托人的合法权益行使其职责,并且正直和忠诚地进行职业服务。

4.公正性

(1)在提供职业咨询评审或决策时不偏不倚。

(2)通知委托人在行使其委托权时可能引起的任何潜在的利益冲突。

(3)不接受可能导致判断不公的报酬。

5.对他人的公正

(1)加强"按照能力进行选择"的观念。

(2)不得故意或无意地做出损害他人名誉或事务的事情。

(3)不得直接或间接取代某一特定工作中已经任命的其他咨询工程师的位置。

(4)通知该咨询工程师并且接到委托人终止其先前任命的建议前,不得取代该咨询工程师的工作。

(5)在被要求对其他咨询工程师的工作进行审查的情况下,要以适当的职业行为和礼节进行。

任务三 监理人员的岗位职责

监理人员的基本职责应按照工程建设阶段和建设工程的情况以及建设监理委托合同的约定确定。

按照我国《建设工程监理规范》的规定,项目总监理工程师、总监理工程师代表、专业监理工程师和监理员应分别履行以下职责。

一、总监理工程师的主要职责

(1)确定项目监理机构人员的分工和岗位责任。

(2)主持编写项目监理规划，审批项目监理实施细则，并负责管理项目监理机构的日常工作。

(3)审查分包单位的资质，并提出审查意见。

(4)检查和监督监理人员的工作，根据工程项目的进展情况进行人员调配，对不称职的人员应调换其工作岗位。

(5)主持监理工作会议，签发项目监理机构的文件指令。

(6)审定承包单位提交的开工报告、施工组织设计、技术方案、进度计划。

(7)审核签署承包单位的申请、支付证书和竣工结算。

(8)审查和处理工程变更。

(9)主持或参与工程质量事故的调查。

(10)调解建设单位与承包单位的合同争议、处理索赔、审批工程延期报告。

(11)组织编写并签发监理月报、监理工作阶段报告、专题报告和项目监理工作总结。

(12)审核签认分部工程和单位工程的质量检验评定资料，审查承包单位的竣工申请，组织监理人员对待验收的工程项目进行质量检查，参与工程项目的竣工验收。

(13)主持整理工程项目的监理资料。

另外，总监理工程师不得将下列工作委托总监理工程师代表：

(1)主持编写项目监理规划、审批项目监理实施细则。

(2)签发工程开工/复工报审表、工程暂停令、工程款支付证书、工程竣工报验单。

(3)审核签认竣工结算。

(4)调解建设单位与承包单位的合同争议、处理索赔、审批工程延期报告。

(5)根据工程项目的进展情况进行监理人员的调配，调换不称职的监理人员。

二、总监理工程师代表的主要职责

(1)负责总监理工程师指定或交办的监理工作。

(2)按总监理工程师的授权，行使总监理工程师的部分职责和权力。

三、专业监理工程师的主要职责

(1)负责编制本专业的监理实施细则。

(2)负责本专业监理工作的具体实施。

(3)组织、指导、检查和监督本专业监理员的工作，当人员需要调整时，向总监理工程师提出建议。

(4)审查承包单位提交的涉及本专业的计划、方案、申请、变更，并向总监理工程师提出报告。

(5)负责本专业的分项工程验收和隐蔽工程验收。

(6)定期向总监理工程师提交本专业监理工作实施情况报告，对重大问题及时向总监理工程师汇报和请示。

（7）根据本专业监理工作实施情况做好监理日记。

（8）负责本专业监理资料的收集、汇总及整理，参与编写监理月报。

（9）核查进场材料、设备、构配件的原始凭证、检测报告等证明文件及其质量情况，根据实际情况认为有必要时对进场材料、设备、构配件进行平行检验，合格时予以签认。

（10）负责本专业的工程计量工作，审核工程计量的数据和原始凭证。

四、监理员的主要职责

（1）在专业监理工程师的指导下开展现场监理工作。

（2）检查承包单位投入工程项目的人力、材料、主要设备及其使用、运行情况，并做好检查记录。

（3）复核或从施工现场直接获取工程计量的有关数据并签署原始凭证。

（4）按设计图或有关标准，对承包单位的工艺过程或施工工序进行检查和记录，对加工制作及工序施工质量检查结果进行记录。

（5）担任旁站工作，发现问题及时指出并向专业监理工程师报告。

（6）好监理日记和有关监理记录。

任务四　监理工程师职业资格考试及注册

职业资格，是政府对某些社会通用性强、责任较大、关系公共利益的专业技术工作实行的市场准入控制，是专业技术人员依法独立开业或独立从事某种专业技术工作所必备的学识、技术和能力标准。

一、监理工程师职业资格考试

监理工程师职业资格考试是一种水平考试，是对监理人员掌握监理理论和监理实际技能的检验。

1. 实现监理工程师职业资格考试制度的重要意义

（1）有助于促进监理人员和其他愿意掌握建设监理基本知识的人员努力钻研监理业务，提高业务水平。

（2）有利于统一监理工程师的基本水准，保证全国各地方、各部门监理队伍素质。

（3）有利于公正地确定监理人员是否具备监理工程师的资格。

（4）有助于建立监理人才库，把监理企业以外，已经掌握监理知识的人员的监理资格确认下来。

（5）通过考试确认相关资格的做法，是国际上通行的方式。这样做既符合国际惯例，又有助于开拓国际工程建设监理市场，同国际接轨。

2. 报考监理工程师的条件

根据建设监理工作对监理人员的素质的要求，我国对参加监理工程师职业资格考试的报名条件从业务素质和能力两方面做出了限制。

凡是中华人民共和国公民，遵纪守法，具备下列条件之一者，可申请参加监理工程师执业资格考试：

（1）工程技术或工程经济专业大专（含大专）以上学历，按照国家有关规定，取得工程技术或工程经济专业中级职务，并任职满3年。

（2）按照国家有关规定，取得工程技术或工程经济专业高级职务。

（3）1970年（含1970年）以前工程技术或工程经济专业中专毕业，按照国家有关规定，取得工程技术或工程经济专业中级职务，并任职满3年。

参加免试部分科目（考二科）考试条件：

对从事工程建设监理工作并同时具备下列四项条件的报考人员，可免试"建设工程合同管理"和"建设工程质量、投资、进度控制"两科。

（1）1970年（含1970年）以前工程技术或工程经济专业中专（含中专）以上毕业；

（2）按照国家有关规定，取得工程技术或工程经济专业高级职务；

（3）从事工程设计或工程施工管理工作满15年；

（4）从事监理工作满1年。

3. 考试内容

根据监理工程师的业务范围，监理工程师职业资格考试内容主要是建设工程监理基本理论、工程质量控制、工程进度控制、工程投资控制、建设工程合同管理和建设工程监理的相关法律法规等方面的理论知识和实务技能。

考试科目：建设工程监理理论和相关法规，建设工程合同管理，工程建设质量、投资、进度控制，建设监理案例分析。其中，工程建设监理案例分析主要是考评对建设监理理论的理解和在工程实际中运用的综合能力。

4. 考试组织管理

根据我国国情，对监理工程师职业资格考试工作，实行政府统一管理的原则。为了体现公开、公平、公正的原则，考试实行全国统一大纲、统一命题、统一时间组织、闭卷考试、分科计分、统一录取标准的办法，一般每年组织一次。

（1）建设部和人事部共同负责全国监理工程师职业资格考试制度政策制定、组织协调、资格考试和监督管理。

（2）建设部负责组织拟定考试科目、编写考试大纲及培训教材，组织命题工作，统一规划和组织考前培训。

（3）人事部负责审定考试科目、编写考试大纲及试题，组织实施各项考务工作；会同建设部对考试进行检查、监督、指导和确定考试合格标准。

二、监理工程师注册

对监理工程师职业资格实行注册制度，这既是国际上通行做法，也是政府对监理从业人员实行市场准入控制的有效手段。经注册的监理工程师具有相应的岗位责任和权力。仅取得"监理工程师执业资格证书"，没有取得"监理工程师注册证书"的人员，则不具备这些权力，也不承担相应的责任。监理工程师的注册，根据注册内容的不同分为三种形式，即初始注册、续期注册和变更注册。

1. 初始注册

初始注册是指在职业资格考试合格，取得"监理工程师执业资格证书"后，第一次申请监理工程师注册申请表并提供有关材料，向聘用单位提出申请，由省、自治区、直辖市人民政府主管部门初审合格后，报国务院建设行政主管部门对初审意见进行审核，对符合条件者准予注册，其有效期为3年。

监理工程师的注册条件：

(1)热爱中华人民共和国，拥护社会主义制度，遵纪守法，遵守监理工程师的职业道德。

(2)身体健康，胜任工程建设的现场监理工作。

(3)已取得"监理工程师执业资格证书"。

对出现不具备完全民事行为能力；受到刑事处罚，自刑事处罚执行完毕之日起至申请注册之日不满5年；在工程监理或相关业务中有违法行为或犯严重错误，受到责令停止执业的行政处罚，自行政处罚决定之日起至申请注册之日不满2年；在申报注册过程中有弄虚作假行为；年满65周岁及以上；同时注册于两个及以上单位情形之一者，不能获得注册。

2. 续期注册

注册期满后需要继续执业的，要办理续期注册。续期注册由申请人向聘用单位提出申请，将有关材料(从事工程监理工作的业绩证明和工作总结、国务院建设行政主管部门认可的工程监理继续教育证明)，报省、自治区、直辖市人民政府主管部门进行审核，合格者准予注册，并报国务院建设行政主管部门备案。续期注册有效期也为3年。

对出现没有从事工程监理工作的业绩证明和工作总结；未按规定参加监理工程师继续教育或参加继续教育未达到标准；同时在两个或以上单位执业；允许他人以本人名义执业；在工程监理活动中有过失，造成重大损失情形之一者，将不予续期注册。

3. 变更注册

监理工程师注册后，如果注册内容有变更，应当向原注册机构办理变更注册。变更注册后，一年内不能再次进行变更注册。

4. 注册管理

监理工程师的注册工作实行分级管理，国务院建设行政主管部门为全国监理工程师注册管理机关，其主要职责是：

(1)制定监理工程师注册法规、政策和计划等。

(2)制定"监理工程师注册证书"式样并监制。

(3)受理各地方、各部门监理工程师注册机关上报的监理工程师注册备案。

(4)监督、检查各地方、各部门监理工程师注册工作。

(5)受理对监理工程师处罚不服的上诉。

省、自治区、直辖市人民政府建设行政主管部门为本行政区域内地方工程监理企业监理工程师的注册机关。国务院各有关部门的建设监理主管机构为本部门直属工程监理企业监理工程师的注册机关。二者的主要职能基本相同，即：

(1)贯彻执行国家有关监理工程师注册的法规、政策和计划，制定相关的实施细则。

(2)受理所属工程监理企业关于监理工程师注册的申请。

(3)审批注册监理工程师，并上报国家监理工程师注册管理机关备案。

(4)颁发"监理工程师注册证书"。

(5)负责对违反有关规定的注册监理工程师的处罚。

(6)负责对注册监理工程师的日常考核、管理，包括每五年对持有"监理工程师注册证书"者复查一次。对不符合条件者，注销注册，并收回"监理工程师注册证书"，以及注册监理工程师退出、调出(入)监理企业被解聘时，办理有关核销注册手续。

注册监理工程师按专业设置岗位，并在"监理工程师注册证书"中注明专业。

任务五　监理工程师的法律责任和义务

一、监理工程师的法律责任

监理工程师的法律责任是建立在法律法规和委托监理合同的基础上。其主要表现有两个方面，一方面是违反法律法规的行为，另一方面是违反合同约定的行为。

1.违反法律法规的行为

现行法律法规对监理工程师的法律责任专门做了具体规定。这些责任包括刑事责任、民事责任及行政责任。例如：

《中华人民共和国刑法》第 137 条规定，建设单位、设计单位、施工单位、施工监理单位违反国家规定，降低工程质量标准，造成重大安全事故的，对直接责任人员，处以 5 年以下有期徒刑或者拘役，并处罚金；后果特别严重的，处 5 年以上 10 年以下有期徒刑，并处罚金。

《中华人民共和国建筑法》第 68 条规定，在工程发包与承包中索贿、受贿、行贿构成犯罪的，依法追究刑事责任……。第 69 条规定，工程监理单位与建设单位或者建筑施工企业单位串通，弄虚作假、降低工程质量……造成损失的，承担连带赔偿责任；构成犯罪的依法追究刑事责任。

《建设工程质量管理条例》第 36 条规定，建设单位、设计单位、施工单位、施工监理单位违反国家规定，降低工程质量标准，工程监理单位应当依照法律、法规以及有关技术标准、设计文件和建设工程承包合同，代表建设单位对施工质量实施监理并对施工质量承担监理责任。第 74 条规定，建设单位、设计单位、施工单位、施工监理单位违反国家规定，降低工程质量标准，造成重大安全事故的，对直接责任人员依法追究刑事责任。

《建设工程安全生产管理条例》第 58 条规定，注册执业人员未执行法律、法规和工程建设强制性标准的，责令停止执业 3 个月以上 1 年以下；情节严重的，吊销执业资格证书，5 年内不予注册；造成重大安全事故的，终身不予注册；构成犯罪的依照刑法有关规定追究刑事责任。

2.违约行为

监理工程师一般主要受聘于工程监理企业，从事工程监理业务。工程监理企业是订立委托监理合同的当事人，是法定意义上的合同主体。但委托监理合同在具体履行时，是由监理工程师代表监理企业来实现的。因此，如果监理工程师出现工作过失，违反了合同约定，其行为将被视为监理企业违约，由监理企业承担相应的违约责任。当然，监理企业在承担违约赔偿责任后，有权在企业内部向有相应过失行为的监理工程师索赔部分损失。所以，由监理工程师过失引发的合同违约行为，监理工程师应当与监理企业承担一定的连带责任。其连带责任的基础是监理企业与监理工程师签订的聘用协议或责任保证书，或监理企业法定代表人对监理工程师签发的授权委托书。一般来说，授权委托书应包括职权范围和相应的责任条款。

监理人违约责任包括过失责任和不作为责任。

（1）过失责任

监理人在责任期内，由于自身的过失造成损失，应承担过失责任，并按合同予以赔偿。例如：发出错误的命令，造成质量降低、工期拖延、费用增加；做出错误判断，造成质量降低、工期拖延、费用增加；违反职业道德引起的后果等。

（2）不作为责任

对违反"监理人在履行本合同的义务期间，应认真、勤奋工作，为委托人提供与其水平相适应的咨询意见，公正维护各方的合法权益"与之有关的事宜，向委托人承担赔偿责任。当发现承包人或委托人有违约违法的情况时，监理人应及时向承包人（同时将副本交委托人）以书面形式提出劝告、警告、通知，下达停工令等监理意见，也对业主方的不规范行为和偏离合同的做法提出咨询、劝阻意见。如果监理人没有做到这一点，发生了责任事件，则不论何种理由，监理人应承担"不作为责任"。

二、监理工程师应当履行下列义务

（1）遵守法律、法规和有关管理规定；

（2）履行管理职责，执行技术标准、规范和规程；

（3）保证执业活动成果的质量，并承担相应责任；

（4）接受继续教育，努力提高执业水准；

（5）在本人执业活动所形成的工程监理文件上签字、加盖执业印章；

（6）保守在执业中知悉的国家秘密和他人的商业、技术秘密；

（7）不得涂改、倒卖、出租、出借或者以其他形式非法转让注册证书或者执业印章；

（8）不得同时在两个或者两个以上单位受聘或者执业；

（9）在规定的执业范围和聘用单位业务范围内从事执业活动；

（10）协助注册管理机构完成相关工作。

【本模块小·结】

建设工程监理企业是指依法成立并取得国务院建设主管部门颁发的工程监理企业资质证书，从事建设工程监理活动的服务机构。工程监理企业主要的责任是向项目业主提供科学的技术服务，对工程的质量、投资、进度、安全进行控制或管理，是一种全过程、全方位、多目标的管理。工程监理企业在核定的业务范围内开展经营活动，并本着"守法、诚信、公正、科学"的原则开展监理工作。工程监理企业必须在具有一定的基本条件后，经申请核准后才能设立。加强对工程监理企业的审批制度和资质等级管理才能促进工程建设的规范化、管理的制度化。工程监理企业必须遵守国家规范、规程、有关政策、法律、法规及监理工作纪律，并承担相应的民事责任和行政责任，履行相关义务。工程监理企业和业主之间是平等的、委托与被委托的经济合同关系，和承包商之间是平等的、监理与被监理的关系。

监理工程师是指在工程建设监理工作岗位上工作，经全国监理工程师执业统一考试合格，并经政府注册的建设工程监理人员。监理工程师与监理员的主要区别是：监理工程师具有相应岗位责任的签字权，而监理员没有相应岗位责任的签字权。监理工程师除应具备丰富的专业知识和工程建设实践经验之外，还应具有良好的思想素质、业务素质、身体与心理素质和职业道德水准，才能担负起建设工程监理工作的责任。监理工程师在执行监理业务时必须遵守国家规范、规程、有关政策、法律、法规及监理工作纪律。我国具有较为严格的监理工程师执业考试与注册制度。

复习思考题

1. 什么是工程监理企业？它包括哪几种企业？
2. 工程监理企业的设立应具备哪些基本条件？工程监理企业资质有哪几个等级？
3. 工程监理企业经营活动的基本准则是什么？
4. 监理工程师应具备哪些素质？
5. 监理工程师应遵守哪些职业道德准则？
6. 报考监理工程师应具备哪些条件？
7. 我国对监理工程师注册有何要求？
8. 监理工程师要承担哪些法律责任？履行哪些义务？
9. 监理人员各岗位的职责是什么？

模块三 建设工程监理业务

本模块教学目标	
1. 了解我国建设工程监理业务承接方式; 2. 理解监理费用的构成; 3. 了解监理费用的计算方法。	
主要学习内容	**主要知识与技能**
1. 监理费用的构成与计算方法; 2. 监理费用报价差别的分析; 3. 监理合同订立的条件。	1. 依据计算方法,能正确计算监理费用; 2. 根据监理费用的构成,能分析出报价差别的原因。
监理员岗位资格考试要求	1. 了解建设工程监理业务承接的方式; 2. 了解监理费用的构成及其内容。

项目一 建设工程监理委托合同

我国建设工程监理有关规定指出:"建设单位委托监理单位承担监理业务,要与被委托单位签订监理委托合同,主要内容包括监理工程对象、双方权利和义务、监理酬金、争议的解决方式等"。建立委托与被委托关系实质上是一种商业行为,所以在监理的委托与被委托过程中,用书面形式来明确工程服务的合同,最终是为委托方和被委托方的共同利益服务的。

任务一 建设工程监理业务承接方式

一、建设工程监理业务的概念

建设工程监理业务,就是指监理企业通过正常程序从业主手中承接到的监理工作。建设工程监理业务的实质,对于业主来说,是委托给监理企业处理的一项事务;对于监理企业来说,是承接到的一项工作。建设工程监理是因为业主需要将建设工程的监督管理事务委托给第三方处理才产生的。在这种委托关系中,业主是委托方,监理企业是受托方,而委托和受托的对象,正是建设工程监理业务。

任何一个监理企业,必须要有源源不断的监理业务才能生存下去。承接建设工程监理业务,是监理企业的经营工作,也是监理企业能否生存和发展的头等大事。企业的竞争能力,主要体现在市场的占有率上。对于监理企业而言,也就是要看承接监理业务的多少,以及在监理市场上的信誉程度。

二、建设工程监理业务的范围

建设工程监理的范围可以分为监理的工程范围和监理的建设阶段范围。

1. 工程范围

为了有效地发挥建设工程监理的作用，加大推行监理的力度，根据《中华人民共和国建筑法》，国务院公布的《建设工程质量管理条例》对实行强制性监理的工程范围做了原则性的规定，建设部又进一步在《建设工程监理范围和规模标准规定》中对实行强制性监理的工程范围做了具体规定。根据这些规定，对下列建设工程必须实行监理：

(1) 国家重点建设项目

国家重点建设项目是指依据《国家重点建设项目管理办法》所确定的对国民经济和社会发展有重大影响的骨干项目。

(2) 大中型公用事业工程

大中型公用事业工程是指项目总投资额在3000万元以上的下列工程项目：

①供水、供电、供气、供热等市政工程项目；②科技、教育、文化等项目；③体育、旅游、商业等项目；④卫生、社会福利等项目；⑤其他公用事业项目。

(3) 成片开发建设的住宅小区工程

建筑面积在5万平方米以上的住宅建设工程必须实行监理；5万平方米以下的住宅建设工程，可以实行监理，具体范围和规模标准由省、自治区、直辖市人民政府建设行政主管部门规定。

(4) 利用外国政府或者国际组织贷款、援助资金的工程

①使用世界银行、亚洲开发银行等国际组织贷款资金的项目；②使用国外政府及其机构贷款资金的项目；③使用国际组织或者国外政府援助资金的项目。

(5) 国家规定必须实行监理的其他工程

①项目总投资额在3000万元以上关系社会公共利益、公众安全的下列基础设施项目：

a. 煤炭、石油、化工、天然气、电力、新能源等项目；b. 铁路、公路、管道、水运、民航以及其他交通运输业等项目；c. 电信枢纽、通信、信息网络等项目；d. 防洪、灌溉、排涝、发电、引 (供) 水、滩涂治理、水资源保护、水土保持等水利建设项目；e. 道路、桥梁、地铁和轻轨交通、污水排放及处理、垃圾处理、地下管道、公共停车场等城市基础设施项目；f. 生态环境保护项目；g. 其他基础设施项目。

②学校、影剧院、体育场馆项目。

2. 阶段范围

建设工程监理可以适用于工程建设投资决策阶段和实施阶段，但目前主要是建设工程实施阶段，即设计、施工、保修三个阶段。因此，建设工程监理的阶段范围包括设计监理、施工监理和保修监理三个方面。

(1) 设计监理

设计监理是指对工程建设设计活动进行的监理，包括工程勘察监理和工程设计监理两部分。设计是工程建设的先行工作，是保证工程质量的前提条件，在设计阶段实施监理对保证工程质量具有重要意义。

46

（2）施工监理

施工监理是指对建设工程施工活动进行的监理，是建设工程监理的主体部分，具有监理期长、内容多、关系复杂等特点。施工监理贯穿于工程施工的全过程，从施工招标、正式施工直到竣工验收。在施工阶段，监理企业除了要对施工单位进行监理外，还要对材料、设备供应单位进行监理。

（3）保修监理

保修监理是指对工程保修活动进行的监理。工程保修是工程施工的延续，在现代工程施工承包中，对工程使用过程实施保修是一项重要内容。为了保证工程质量和用户的正常使用，监理工作也应该延续到保修阶段，对施工单位的保修行为进行监督和管理。

三、建设工程监理业务的承接方式

监理企业采取何种方式承接建设工程监理业务，取决于业主委托监理业务的方式。业主委托监理业务一般有两种方式，即协商方式和招标方式。业主根据工程项目的性质、规模和建设工程监理管理机构的规定，在上述两种方式中确定一种方式选择监理企业，委托监理业务。但是，对于《中华人民共和国招标投标法》规定范围内的建设工程项目，必须进行招标。

1.协商方式

所谓协商方式，是指业主通过与监理企业协商，确定受托人和委托监理业务有关事宜的一种方式。用协商方式选择监理企业和委托监理业务，形式简单、直接，费用低，周期短，但是缺乏竞争性，透明度不高，适合于监理业务量不大的中小型建设工程项目。

2.招标方式

所谓招标方式，是指业主通过招标的方式来选择监理企业和确定委托监理业务有关事宜的一种方式。用招标方式选择监理企业和委托监理业务，竞争性强，透明度高。业主通过招标选择满意的监理企业，监理企业通过投标参与竞争。竞争是市场经济的基本法则，对监理业务实行招标投标，通过招标投标提高监理水平，将推动监理市场的健康发展。所以，大型建设工程项目都应该实行监理招标，以保证建设工程监理的质量。

监理招标的方式和其他招标一样，主要有公开招标和邀请招标两种方式。

（1）公开招标

公开招标，是指招标人以招标公告的方式邀请不特定的法人或者其他组织前来投标的一种招标方式。这种方式面向社会招标，招标人有较大的选择范围，有利于竞争；但是工作量大，招标过程长，费用高。这种方式一般适合于大型建设工程项目的招标。

（2）邀请招标

邀请招标，是指招标人以投标邀请书的方式邀请特定的法人或者其他组织前来投标的一种招标方式。用这种方式招标，工作量小，费用也较低，投标人的中标率高；但是，由于只邀请特定的投标人，限制了竞争范围，必须加强管理，克服不正之风。

四、建设工程监理业务的招标

监理招标的标的是"监理服务"，与工程项目建设中其他各类招标的最大区别表现为监理企业不承担物质生产任务，只是受招标人委托对生产建设过程提供监督、管理、协调、咨询等服务。鉴于标的具有特殊性，招标人选择中标人的基本原则是"基于能力的选择"，应当遵循公开、公平、公正、自愿和诚实信用的原则，优先考虑监理单位的资信程度、监理方案的优劣等技术因素。

1. 招标宗旨是对监理企业能力的选择

监理服务是监理企业的高智能投入，服务工作完成的好坏，不仅依赖于执行监理业务是否遵循了规范化的管理程序和方法，更多地取决于参与监理工作人员的业务专长、经验、判断能力、创新能力以及风险意识，因此，招标选择监理企业时，鼓励的是能力竞争，而不是价格竞争。如果对监理企业的资质和能力不给予足够重视，只依据报价高低确定中标人，就有可能忽视高质量的服务，因为报价最低的投标人不一定就是最能胜任工作者。

2. 报价在选择中居于次要地位

工程项目的施工、物资供应招标选择中标人的原则是，在技术上达到要求标准的前提下，主要考虑价格的竞争性。而监理招标对能力的选择放在第一位，因为当价格过低时监理企业很难把招标人的利益放在第一位。为了维护自己的经济利益采取减少监理人员数量或多派业务水平低、工资低的人员，其后果必然导致对工程项目的损害。另外，监理企业提供高质量的工程监理业务服务，往往能获得节约工程投资和提前投产的实际效益。因此，过多考虑报价因素会得不偿失。但从另一个角度来看，服务质量与价格之间应有相应的平衡关系，所以招标人应在能力相当的投标人之间再进行价格比较。

3. 邀请投标人较少

选择监理企业一般采用邀请招标，且邀请数量以 3～5 家为宜。因为监理招标是对知识、技能和经验等方面综合能力的选择，每一份标书内都会提出具有独特见解或创造性的实施建议，但又各有长处和短处，对于每一份标书的评价，需要全面考虑投标监理企业的综合能力。如果邀请过多投标人参与竞争，不仅要增大评标工作量，而且定标后还要给予未中标人一定的补偿费而增加了招标成本，往往导致事倍功半的结果。

五、建设工程监理业务的投标

建设工程监理投标是指监理企业响应监理招标，根据招标条件和要求，编制技术经济文件向招标人投函，参与承接监理业务竞争的一系列活动。投标人是响应招标、参加投标竞争的法人或者其他组织。当业主或其授权的招标组织采用招标的方式选择监理企业时，监理企业就必须以投标人的身份参与投标。承接建设工程监理业务，通常有以下步骤：

1. 监理市场调查

市场分为有形市场和无形市场。监理市场属于无形市场，是指委托、承接监理业务所形成的一种咨询服务性市场。业主通过监理市场将监理业务委托给监理企业，监理企业通过监理市场接受委托，获得监理业务。

监理企业要想在监理市场上承接监理业务，就必须对监理市场进行广泛、深入的调查，摸清情况。所谓监理市场调查，是指对影响监理市场变化的条件、因素所进行的收集、整理、分析、研究市场规律，为经营决策提供依据的一系列活动。监理市场调查的主要内容有：

（1）对业主的调查

进行该项调查是为了使监理企业掌握监理业务的市场需求量和发展趋势，为制定经营方针和长远规划提供依据。调查的内容包括：业主对建设工程监理的需求量和需求程度，业主在各行业、各地区的分布情况，业主的信誉程度、社会背景和建设工程的指导思想，业主对建设工程监理的评价标准(监理费、监理范围、监理深度、监理质量等),业主对建设工程监理需求的变化。

（2）对竞争者的调查

进行该项调查是为了使监理企业了解市场竞争的状况,在竞争中处于主动地位。调查的内容包括:竞争者的数量、规模、资质等级,竞争者的行业、地区分布情况,竞争者的经营方针、经营策略,竞争者的服务水准、收费标准、履约情况及社会信誉等。

（3）对相关法规、政策的调查

进行该项调查是为了使监理企业知法、懂法和守法,从而合法地开展监理活动。调查的内容包括:国家和地方政府颁发的有关建设工程（建设管理、设计、施工、监理）的法规、政策,建设行业各个协会发布的各种管理规定。

（4）对监理环境的调查

进行该项调查是为了使监理企业了解监理业务所处的工作环境,为实现监理目标提供依据。调查的内容包括自然环境和社会环境两大部分。

2.选择工程对象

通过市场调查,监理企业会获得许多监理业务的信息,但不可能每一个项目都去参加竞争,也没有这个必要。监理企业应在综合分析的基础上,选择那些承接可能性大、盈利前景乐观的工程项目参加竞争。对于监理企业来说,如何选择工程对象是一个经营决策问题,应进行全面的分析。分析的方法有两大类,即定性分析和定量分析。中小型建设项目一般采取定性分析的方法,大型建设项目最好将定性因素转化为定量指标进行定量分析。

（1）定性分析的因素

①工程条件分析:主要分析工程在社会上的影响程度,工程的施工条件,工程的工期要求,工程的获利前景,业主的社会形象、资金能力、信用程度等。

②承接工程的可能性分析:分析竞争对手的能力和策略,分析业主的意向,估计本单位承接工程的可能性。

③本单位状况分析:分析本单位的技术人员、资金等是否满足工程项目对监理的基本要求,分析本单位已承接的监理业务的状况,看任务是否饱满,是否迫切需要承接此项工程。

对上述因素全面分析后,如果条件好,可选择参加竞争;如果条件不好,就应该放弃竞争。

（2）定量分析的程序

在选择工程对象的决策中,通常采用综合评分的方法进行定量分析。将对工程项目定性分析的各个因素通过评分转化为定量问题,计算综合得分,用于衡量是否参与竞争。基本程序是:列出评价因素,如上述定性分析中的若干因素;根据各因素的重要程度确定权重;对各项因素评分;计算各项因素得分及总分。总分越高,说明该项工程的条件越好,参加竞争的意义越大。

（3）进行协商或投标

选择好工程对象后,就要根据业主选择监理企业的方式进行协商或投标。如果业主采取协商的方式,监理企业应直接和业主接触,通过协商达成委托与受托的关系,明确监理业务的各项事宜;如果业主采取招标的方式,监理企业则要参加投标竞争,通过招标投标程序来承接监理业务,明确监理业务的各项事宜。

协商或投标是承接监理业务程序中最重要的一个环节，监理企业要在市场调查的基础上，选派强有力的人员参加和业主的协商或投标。协商或投标的过程是监理企业展示自己实力的过程，通过协商或投标，让业主了解监理企业的能力、实施监理的措施以及服务的水准等。监理企业要在协商或投标的过程中尽量取得业主的信任，实现承接监理业务的目标。

六、监理企业在竞争承揽监理业务中应注意的事项

（1）严格遵守国家的法律、法规及有关规定；遵守监理行业职业道德，不参与恶性压价竞争活动，严格履行委托监理合同。

（2）严格按照批准的经营范围承接监理业务，特殊情况下，承接经营范围以外的监理业务时，需向资质管理部门申请批准。

（3）承揽监理业务的总量要视本单位的力量而定，不得在与业主签订监理合同后，把监理业务转包给其他工程监理企业，或允许其他企业、个人以本监理企业的名义挂靠承揽监理业务。

（4）对于监理风险较大的建设工程，可以联合几家工程监理企业组成联合体共同承担监理业务，以分担风险。

任务二　签订建设工程委托监理合同

一、建设工程委托监理合同的概念

建设工程委托监理合同简称监理合同，是指委托人与监理人就委托的工程项目管理内容签订的明确双方权利、义务的协议。监理企业经过和业主协商或投标获得监理业务之后，就要和业主谈判，订立建设工程监理合同。订立合同是承接监理业务的最后一个环节，其目的是把监理企业和业主经过商谈取得的一致意见用合同的形式固定下来，使其受到法律的保护和约束。

监理合同在我国是一个改革开放中新出现的合同种类，既是建设工程合同，也是委托合同。监理合同是利用集团的智力和技术密集型的特点，协助项目法人对工程项目承包合同进行管理，对承包合同的实施进行监督、控制、协调、服务以实现承包合同目标的一种新的合同类型。监理合同的当事人双方是委托方（项目法人）和接受委托方（监理单位）。

签订委托合同实际上是事先为双方提供了一个法律保护的基础。一旦双方对合同执行中监理服务或要支付的费用发生争议，书面的合同可以作为法律活动的依据。国外有的咨询监理公司需要从银行借款垫付合同项目监理所需要的资金，书面合同就是贷款的一个主要依据，监理合同是委托合同的一种，除具有委托合同的共同特点外，还具有以下特点：

（1）监理合同的当事人双方应当是具有民事权力能力和民事行为能力、取得法人资格的企事业单位或其他社会组织，个人在法律允许的范围内也可以成为合同当事人。委托人必须是具有国家批准的建设项目，落实投资计划的企事业单位、其他社会组织及个人；受托人必须是依法成立的具有法人资格的监理企业，并且所承担的工程监理业务应与企业资质等级和业务范围相符合。

（2）监理合同委托的工作内容必须符合工程项目建设程序，遵守有关法律、行政法规。

监理合同是以对建设工程项目实施控制和管理为主要内容，因此监理合同必须符合建设工程项目的程序，符合国家和建设行政主管部门颁发的有关建设工程的法律、行政法规、部门规章和各种标准、规范要求。

（3）委托监理合同的标的是服务。建设工程实施阶段所签订的其他合同，如勘察设计合同、施工承包合同、物资采购合同、加工承揽合同的标的是产生新的物质成果或信息成果，而监理合同的标的是服务，即监理工程师凭借自己的知识、经验、技能受业主委托为其所签订其他合同的履行实施监督和管理。

二、建设工程委托监理合同的主要内容

1. 签约双方的确认

在建设工程监理合同中，首要的内容通常是合同双方身份的说明，其次是合同文件的用词给予定义。此外，作为监理单位的代表，还应该清楚委托的意图是否遵守国家法律，是否符合国家政策和计划的要求，这是保证所签合同在法律上有效的重要前提条件。

2. 监理的范围和内容

在建设工程监理合同中以专用条款对监理单位提供的服务内容（包括工程范围和服务项目）进行详细说明是非常必要的。监理服务的内容可视项目法人委托的情况而定，是阶段性服务还是全过程服务，在合同中应明确说明。

为了避免发生合同纠纷，监理单位准备提供的每一项服务，都必须在合同中详细说明。对于不属于监理单位提供的服务内容，在合同中也同样要列出来。总之，合同中对服务范围要有明确的界定。

3. 项目法人的职责、权利和义务

项目法人聘请监理单位的最根本目的，就是在监理合同范围内能保证得到监理工程师的高智能服务，所以，在监理合同中要明确写出保障项目法人实现意图的条款，通常有：

（1）进度表。说明各部分完成的日期，或附有工作进度的方案。

（2）保险。为了保护项目法人利益，可以要求监理单位进行某种类型的保险，或者向项目法人提供类似的保障。

（3）工作分配权。在未经项目法人许可的情况下，监理工程师不得把合同或合同的一部分分包给别的监理单位。

（4）授权限制。即要明确授权范围，监理工程师行使权力不得超越这个范围。

（5）终止合同。当项目法人认为监理工程师所做的工作不能令人满意时，或项目合同遭到任意破坏时，项目法人有权终止合同。

（6）工作人员。监理单位必须提供足够的能够胜任工作的工作人员，他们大多数应该是公司的专职人员。对任何人员的工作或行为，如果不能令人满意，就应将其调离工作岗位。

（7）各种记录和技术资料。在监理工程师整个工作期间，必须做好完整的记录并建立技术档案资料，以便随时可以提供清楚、详细的记录资料。

（8）报告。在工程建设的各个阶段，监理工程师要定期向项目法人报告阶段情况和月、季、年度报告。

项目法人除了应该偿付监理费用外，还有责任创造一定条件促使监理工程师更有效地进行工作。因此，监理服务合同还应规定项目法人应承担的义务。在正常情况下，项目法人应

提供项目建设所需要的法律、资金和保险等服务。当监理单位需要各种合同中规定的工作数据和资料时，项目法人要迅速地设法提供，或者指定有关承包商提供(包括项目法人自己的工作人员或聘请其他咨询监理单位曾经做过的研究工作报告资料)。一般来说，项目法人可能同意提供以下条件：①监理人员的现场办公用房；②包括交通运输、检测、试验设施在内的有关设备；③提供在监理工程师指导下工作(或是协助工作)的工作人员；④对国际性项目，协助办理海关或签证手续。

一般说来，在合同中还应该有项目法人的承诺，即提供超出监理单位可以控制的、紧急情况下的费用补偿或其他帮助。项目法人应当在限定时间内，审查和批复监理单位提出的任何与项目有关的报告书、计划和技术说明书以及其他信函文件。

有时，项目法人有可能把一个项目的监理业务按阶段或按专业委托给几家监理单位。这样，项目法人对几家监理单位的关系、监理分工和项目法人的有关义务等，在与每一个监理单位的委托合同中，都应明确写清楚。

4. 监理单位的职责、权利和义务

监理单位受项目法人的委托提供监理服务，在监理合同的条款中，应明确规定监理单位在提供服务期间的职责、权利和义务。监理工程师关心的是通过工作能够得到合同规定的费用和补偿，除此之外，在委托合同中也应该明确列出某些保护其利益的条款：

(1)关于附加的工作。凡因改变工作范围而委托的附加工作，应确定所支付的附加费用标准。

(2)不应列入服务范围的内容。有时必须在合同中明确服务的范围不包括哪些内容。

(3)工作延期。合同中要明确规定，由于非监理工程师所能控制，或由于项目法人的行为造成工作延误，监理工程师不应承担责任，按规定给监理工程师补偿。

(4)项目法人引起的失误。合同中应明确规定由于项目法人未能按合同及时提供资料、信息或其他服务而造成了额外费用的支付，应当由项目法人承担，监理工程师对此不负责任。

(5)项目法人的批复。由于项目法人工作方面的拖拉，对监理工程师的报告、信函等要求批复的书面材料造成延期，监理工程师不承担责任。

(6)终止和结束。合同中任何授予项目法人终止合同权力的条款，都应该同时包括有由于监理工程师的工作所投入的费用和终止合同所造成的损失，应给予合同补偿的条款。

5. 监理服务费用

监理服务费用是合同中不可缺少的内容，具体应明确监理服务费用的计取方式和支付方式，如果是国际合同，还要在合同中规定支付的币种。对于有关成本补偿、附加服务和额外服务费用等，需要在合同中确定。对支付的时间、次数、支付方式和条件规定清楚。常见的方法有：①按实际发生额每月支付；②按双方约定的计划明细表支付，可能是按月或按规定的天数支付；③按实际完成的某项工作的比例支付；④按工程进度支付。

6. 违约责任及争议的解决方式

建设工程监理合同，同其他合同一样，应明确违约责任如何承担。在监理合同实施中，任何一方都应当严格履行监理合同中约定的义务。在监理合同执行中，因某一方违约或终止合同而引起的损失和损害赔偿，项目法人和监理单位应协商解决，如果未能达成一致，可提交主管部门协调解决，如果协调仍未达成一致意见，根据双方的约定提交仲裁机关仲裁，或向人民法院起诉。

7. 合同的生效、变更和终止

在建设工程监理合同中，应明确合同的生效日期、变更的条件和合同终止等条款。例如，项目法人如果要求监理单位全部或部分暂停执行监理业务和终止监理合同，则项目法人应在合同规定的多少天前通知监理单位，监理单位应当立即安排停止执行监理业务。又如：监理单位在应当获得监理酬金之日起多少天之内未收到支付收据，而项目法人又未对监理单位提出任何意见时，应根据合同中的某些条款，监理单位可向项目法人发出终止合同的通知，如果在合同规定的时间内没有得到项目法人的答复，监理单位可终止合同，或自行暂停或继续暂停执行全部或部分监理业务。

任务三　制定建设工程委托监理合同

建设工程监理合同的内容多，涉及面宽，关系复杂。为了保证当事人双方订立的合同准确、完整、规范、合法，建设部和国家工商行政管理局联合颁发了《建设工程委托监理合同（示范文本）》（GF—2012—0202）。业主和监理企业在订立监理合同时，只要参照示范文本逐条协商、达成一致意见即可。

《建设工程委托监理合同（示范文本）》由"建设工程委托监理合同"（下称《合同》）、"建设工程委托监理合同标准条件"（下称《标准条件》）、"建设工程委托监理合同专用条件"（下称《专用条件》）组成。

建设工程委托监理合同是一个总的协议，是纲领性的法律文件。其中明确了当事人双方确定的委托监理工程的概况（工程名称、地点、规模、总投资）；委托人向监理人支付报酬的期限和方式；合同签订、生效、完成的时间；双方愿意履行约定的各项义务的表示。《合同》是一份标准的格式文件，经当事人双方在有限的空格内填写具体规定的内容并签字盖章后，即发生法律效力。

除双方签署的对委托人和监理人有约束力的《合同》条款外，还包括以下文件：

（1）监理委托函或中标函；

（2）建设工程委托监理合同标准条件；

（3）建设工程委托监理合同专用条件；

（4）在实施过程中双方共同签署的补充与修正文件。

1. 建设工程委托监理合同标准条件

建设工程委托监理合同标准条件，其内容涵盖了合同中所用词语定义，适用范围和法规，建设工程监理业务签约双方的责任、权利和义务，合同生效、变更与终止，监理报酬，争议的解决，以及其他一些情况。它是委托监理合同的通用文件，适用于各类建设工程项目监理，各个委托人、监理人都应遵守。

2. 建设工程委托监理合同专用条件

由于标准条件适用于各种行业和专业项目的建设工程监理，因此，其中的某些条款规定得比较笼统，需要在签订具体工程项目监理合同时，结合地域特点、专业特点和委托监理项目的工程特点，对标准条件中的某些条款进行补充、修改。

所谓补充，是指标准条件中的条款明确规定，在该条款确定的原则下，专用条件的条款中进一步明确具体内容,使两个条件中相同序号的条款共同组成一条内容完备的条款。如标准条件中规定建设工程委托监理合同适用的法律、行政法规,以及专用条件中议定的部门规章或工程所在地的地方法规、地方章程。就具体工程监理项目来说,就要求在专用条件的相同序号条款内写入履行本合同必须遵循的部门规章和地方法规的名称,作为双方都必须遵守的条件。

所谓修改,是指标准条件中规定的程序方面的内容,如果双方认为不合适,可以协议修改。如标准条件中规定"委托人对监理人提交的支付通知书中酬金或部分酬金项目提出异议,应在收到支付通知书 24 小时内向监理人发出异议的通知"。如果委托人认为这个时间太短,在与监理人协商达成一致意见后,可在专用条件的相同序号条款内另行写明具体的延长时间。

注:《建设工程委托监理合同(示范文本)》(GF—2012—0202)全文(见教学光盘)。

项目二　建设工程监理服务费用

建设监理是有偿技术服务,项目法人所付给的费用是监理提供技术服务价值的体现,是监理单位进行简单再生产和扩大再生产所必需的。我国监理费用标准是低标准的,只能维持简单再生产,项目法人给予监理服务的补偿过低时,对监理单位在经济上是得不偿失的。实际上适当的补偿费与工程服务所产生的价值相比较,补偿费只是很小的一部分。所以,花适当的监理服务费用,得到专家高智能服务,可保证工程顺利进行,取得较大投资效益,这对项目法人来说,是一项很经济的投资。

任务一　建设工程监理与相关服务收费规定

一、建设工程监理与相关服务收费规定

《建设工程监理与相关服务收费规定》条文如下:

第一条　为规范建设工程监理与相关服务收费行为,维护发包人和监理人的合法权益,根据《中华人民共和国价格法》及有关法律、法规,制定本规定。

第二条　建设工程监理与相关服务,应当遵循公开、公平、公正、自愿和诚实信用的原则。依法必须招标的建设工程,应通过招标方式确定监理人。监理服务招标应优先考虑监理单位的资信程度、监理方案的优劣等技术因素。

第三条　发包人和监理人应当遵守国家有关价格法律法规的规定,接受政府价格主管部门的监督、管理。

第四条　建设工程监理与相关服务收费根据建设项目性质不同情况,分别实行政府指导价或市场调节价。依法必须实行监理的建设工程施工阶段的监理收费实行政府指导价;其他建设工程施工阶段的监理收费和其他阶段的监理与相关服务收费实行市场调节价。

第五条　实行政府指导价的建设工程施工阶段监理收费,其基准价根据《建设工程监理与相关服务收费标准》计算,浮动幅度为上下20%。发包人和监理人应当根据建设工程的实际情况在规定的浮动幅度内协商确定收费额。实行市场调节价的建设工程监理与相关服务收费,由发包人和监理人协商确定收费额。

第六条　建设工程监理与相关服务收费，应当体现优质优价的原则。在保证工程质量的前提下，由于监理人提供的监理与相关服务节省投资，缩短工期，取得显著经济效益的，发包人可根据合同约定奖励监理人。

第七条　监理人应当按照《关于商品和服务实行明码标价的规定》，告知发包人有关服务项目、服务内容、服务质量、收费依据，以及收费标准。

第八条　建设工程监理与相关服务的内容、质量要求和相应的收费金额以及支付方式，由发包人和监理人在监理与相关服务合同中约定。

第九条　监理人提供的监理与相关服务，应当符合国家有关法律、法规和标准规范，满足合同约定的服务内容和质量等要求。监理人不得违反标准规范规定或合同约定，通过降低服务质量、减少服务内容等手段进行恶性竞争，扰乱正常市场秩序。

第十条　由于非监理人原因造成建设工程监理与相关服务工作量增加或减少的，发包人应当按合同约定与监理人协商另行支付或扣减相应的监理与相关服务费用。

第十一条　由于监理人原因造成监理与相关服务工作量增加的，发包人不另行支付监理与相关服务费用。

监理人提供的监理与相关服务不符合国家有关法律、法规和标准规范的，提供的监理服务人员、执业水平和服务时间未达到监理工作要求的，不能满足合同约定的服务内容和质量等要求的，发包人可按合同约定扣减相应的监理与相关服务费用。

由于监理人工作失误给发包人造成经济损失的，监理人应当按照合同约定依法承担相应赔偿责任。

第十二条　违反本规定和国家有关价格法律、法规规定的，由政府价格主管部门依据《中华人民共和国价格法》、《价格违法行为行政处罚规定》予以处罚。

第十三条　本规定及所附《建设工程监理与相关服务收费标准》，由国家发展改革委会同建设部负责解释。

第十四条　本规定自2007年5月1日起施行，规定生效之日前已签订服务合同及在建项目的相关收费不再调整。原国家物价局与建设部联合发布的《关于发布工程建设监理费有关规定的通知》（〔1992〕价费字479号）同时废止。国务院有关部门及各地制定的相关规定与本规定相抵触的，以本规定为准。

二、建设工程监理与相关服务收费标准

《建设工程监理与相关服务收费标准》条文如下：

1. 建设工程监理与相关服务是指监理人接受发包人的委托，提供建设工程项目施工阶段的质量、进度、费用控制管理和安全生产监督管理、合同、信息等方面协调管理服务，以及勘察、设计、保修等阶段的相关工程服务。

2. 建设工程监理与相关服务收费包括建设工程施工阶段的工程监理（以下简称"施工监理"）服务收费和勘察、设计、保修等阶段的相关服务（以下简称"其他阶段的相关服务"）收费。

3. 铁路、水运、公路、水电、水库工程的施工监理服务收费按建筑安装工程费分档定额计费方式计算收费。其他工程的施工监理服务收费按照建设项目工程概算投资额分档定额计费方式计算收费。

4.其他阶段的相关服务收费一般按相关服务工作所需工日和《建设工程监理与相关服务人员人工日费用标准》收费。

5.施工监理服务收费按照下列公式计算：

（1）施工监理服务收费 = 施工监理服务收费基准价 ×（1±浮动幅度值）

（2）施工监理服务收费基准价 = 施工监理服务收费基价 × 专业调整系数 × 工程复杂程度调整系数 × 高程调整系数

6.施工监理服务收费基价。

施工监理服务收费基价是完成国家法律、法规规定的施工阶段监理基本服务内容的价格。施工监理服务收费基价按《施工监理服务收费基价表》确定，计费额处于两个数值区间的，采用直线内插法确定施工监理服务收费基价。

7.施工监理服务收费基准价。

施工监理服务收费基准价是按照本收费标准规定的基价计算出的施工监理服务基准收费额。发包人与监理人根据项目的实际情况，在规定的浮动幅度范围内协商确定施工监理服务收费合同额。

8.施工监理服务收费的计费额。

施工监理服务收费以建设项目工程概算投资额分档定额计费方式收费的，其计费额为工程概算中的建筑安装工程费、设备购置费和联合试运转费之和，即工程概算投资额。对设备购置费和联合试运转费占工程概算投资额40%以上的工程项目，其建筑安装工程费全部计入计费额，设备购置费和联合试运转费按40%的比例计入计费额。但其计费额不应小于建筑安装工程费与其相同且设备购置费和联合试运转费等于工程概算投资额40%的工程项目的计费额。

工程中有利用原有设备并进行安装调试服务的，以签订工程监理合同时同类设备的当期价格作为施工监理服务收费的计费额；工程中有缓配设备的，应扣除签订监理合同时同类设备的当期价格作为施工监理服务收费的计费额；工程中有引进设备的，按照购进设备的离岸价格折换成人民币作为施工监理服务收费的计费额。

施工监理服务收费以建筑安装工程费分档定额计费方式收费的，其计费额为工程概算中的建筑安装工程费。

作为施工监理服务收费计费额的建设项目工程概算投资额或建筑安装工程费均指每个监理合同中约定的工程项目范围的投资额。

9.施工监理服务收费调整系数。

施工监理服务收费调整系数包括专业调整系数、工程复杂程度调整系数和高程调整系数。

（1）专业调整系数是对不同专业建设工程的施工监理工作复杂程度和工作量差异进行调整的系数。计算施工监理服务收费时，专业调整系数在《施工监理服务收费专业调整系数表》中查找确定。

（2）工程复杂程度调整系数是对同一专业不同建设工程的施工监理复杂程度和工作量差异进行调整的系数。工程复杂程度分为一般、较复杂和复杂三个等级，其调整系数分别为：一般（Ⅰ级）0.85；较复杂（Ⅱ级）1.0；复杂（Ⅲ级）1.15。计算施工监理服务收费时，工程复杂程度在相应章节的《工程复杂程度表》中查找确定。

(3)高程调整系数如下：①海拔高程 2001 m 以下的为 1；②海拔高程 2001～3000 m 为 1.1；③海拔高程 3001～3500 m 为 1.3；④海拔高程 3501～4000 m 为 1.4；⑤海拔高程 4001 m 以上的，高程调整系数由发包人和监理人协商确定。

10. 发包人将施工监理服务中的某一部分工作单独发给监理人，按照其占施工监理服务工作量的比例计算施工监理服务收费，其中质量控制和安全生产监督管理服务收费不宜低于施工监理服务收费总额的 70%。

11. 建设工程项目施工监理服务由两个或者两个以上监理人承担的，各监理人按照其占施工监理服务工作量的比例计算施工监理服务收费。发包人委托其中一个监理人对建设工程项目施工监理服务总负责的，该监理人按照各监理人合计监理服务收费的 4%～6% 向发包人收取总体协调费。

12. 本收费标准不包本总则 1 以外的其他服务收费。其他服务收费，国家有规定的，从其规定；国家没有收费规定的，由发包人与监理人协商确定。

任务二　计算建设工程监理服务费

一、建设工程监理服务费的构成

建设工程监理费用是指业主依据委托监理合同支付给监理企业的监理酬金。它是构成工程概(预)算的一部分，在工程概(预)算中单独列支。建设工程监理服务费由监理直接成本、监理间接成本、税金和利润四部分构成。

1. 直接成本

直接成本是指监理企业履行委托监理合同时所发生的成本，主要包括：

(1)监理人员和监理辅助人员的工资、奖金、津贴、补助、附加工资等；

(2)用于监理工作的常规检测工器具、计算机等办公设施的购置费和其他仪器、机械的租赁费；

(3)用于监理人员和辅助人员的其他专项开支，包括办公费、通信费、差旅费、书报费、文印费、会议费、医疗费、劳保费、保险费、休假探亲费等；

(4)其他费用。

2. 间接成本

间接成本是指全部业务经营开支及非工程监理的特定开支，具体内容包括：

(1)管理人员、行政人员以及后勤人员的工资、奖金、补助和津贴；

(2)经营性业务开支，包括为招揽监理业务而发生的广告费、宣传费、有关合同的公证费等；

(3)办公费，包括办公用品、报刊、会议、文印、上下班交通费等；

(4)公用设施使用费，包括办公使用的水、电、气、环卫、保安等费用；

(5)业务培训费，图书、资料购置费；

(6)附加费，包括劳动统筹、医疗统筹、福利基金、工会经费、人身保险、住房公积金、特殊补助等；

(7)其他费用。

3. 税金

税金是指按照国家规定，工程监理企业应缴纳的各种税金总额，如营业税、所得税、印花税等。

4. 利润

利润是指工程监理企业的监理活动收入扣除直接成本、间接成本和各种税金之后的余额。

二、建设工程监理服务费用计算方法

监理服务费用的计算方法，一般应由建设单位和监理单位在签约时协商确定。在国外，建设监理制经过了较长的发展过程，监理费的计算方法也就逐步定型。由于建设项目的种类、特点以及服务内容的不同，国际上通行的监理费计价方式有以下几种。

1. 按时计费

就是按建设单位和工程监理企业双方约定的单位时间监理费，乘以约定的监理服务时间来计算工程监理费总额。单位时间监理费一般以监理人员基本工资为基础，加上适当的管理费和利润而得到。采用这种方法，监理人员的差旅费、函电费、资料费以及试验费等，一般由委托方支付。这种方法适用于临时性的、短期的监理业务，或者不宜按其他方法计算监理费的监理业务。

2. 工资加一定比例的其他费用

就是以项目监理机构监理人员的实际工资乘以一个大于1的系数，此系数通过综合考虑应有的其他直接费、间接成本、税金和利润来确定。由于建设单位与工程监理企业对监理人员数量和实际工资额难以达成一致，此方法较少采用。

3. 按建设费的一定比例计算

这种方式适用于诸如工程设计、编制标书等工作任务。原则是按工程项目类型及规模估算工程费和服务费的比例。一般是规模越大，工程费越高，收费的比例相应降低。采用这种计费方式应在合同中明确工程费是按估算工程费计价，还是按实际工程费计价。采用后者为计算基础时，要考虑因监理工程师提出合理建议使工程实际费用降低，致使工程监理费降低的情况。按照国际惯例，在协商委托合同条款时，必须规定明确的奖罚措施。

4. 监理成本加固定费用计算方法

在工程项目监理实际成本确定后，再加上一个固定费用的计算法。项目监理实际成本由直接成本和间接成本两项组成，固定费用实际上就相当于项目监理利润和税金两项。采用该法时，双方必须经过认真协商委托合同条款，并加以明确。

5. 按固定价格计算法

这种方法是以一个固定的监理费用来计算，它特别适用于中小型工程项目，当监理单位在承接一项能够明确规定服务内容的业务时，经常采用这种方法。该方法可有两种计算模式：

（1）在明确了项目监理工作内容后，以一笔总价确定，当工作量有所增减时，也不再加以调整监理费用。

（2）根据确定的项目监理工作内容，分别确定每项工作内容的计算价格，并据此确定出项目监理总费用，当工作量有所增减时，允许加以逐项调整。我国政府建设主管部门，已发布了建设监理费用取费标准文件(发改价格〔2007〕670号),这些文件具有指导性。但对于具体工程项目,所采用的计算方法和取费总额,仍须由建设单位和建设监理单位共同协商确定。

这种方法比较简单,事先将服务费确定。但对于工期长、条件复杂的工程,这种支付方式使服务者承担较大风险。所以往往在固定的服务费中加入一定数额的不可预见费,或者是在合同中规定遇有重大变化的服务费的调整办法。

任务三　分析监理单位报价差别

在监理单位的竞争中,无论采用哪种计算费用的方法,对于某一个特定的合同来说,不同的监理单位之间要求提取的报酬的差异会很大,这些差异会表现在各个监理单位按时计费的每日费用率,工资成本或标准时间的收益增值率,或者建设成本中的百分比中,这是因为各个监理单位是根据自己的成本、需要和经营目标来确定取费的计划和指导原则的。在国外,一般没有统一的取费标准,这也是存在着差别的原因之所在,具体来说,有以下几个原因:

一、经营的成本不同

同样是优秀的监理服务,由于不同的监理单位所处的地区不同,成本可能就不同。一个小城市的监理单位,经营成本往往低于大城市的监理单位。一家有一定基础的老监理单位,因为积累了较多的经验和资本,可能比新成立的监理单位在经营管理上有较高的效率。有的单位采用科学的管理办法,先进的工作和管理方式,效率比较高,成本就比较低,这就必然导致报价的差异。

二、各监理单位对服务难易程度理解不同

例如,对工作需要的条件、客观实际情况和项目所含的风险等都不可能有一样的理解和认识,采取的工作方法也不一样,最终有可能导致监理单位或者提出的费用不足,或者估算过高等。

三、监理经验不同

这可能影响各个监理单位对费用提出不同的估价和要求,每一特定的工程项目,如果监理单位缺乏足够的经验,就难以精确估算构成成本的每一项因素,其报价不是太高就是太低。只有经验丰富的监理单位,才可能根据以往的经验,提出一项比较合理而又接近实际需要的报价。

四、监理单位的地位和形象不同

比较成熟、组织良好的监理单位,在它的业务领域中享有较高的声誉,其吸引力较强,其收费也可能定得高些。对于新建的监理单位来说,为了争取得到监理任务,取得宝贵的经验,就很有可能会选择较低的收费,以达到树立形象、提高声誉的目的。

实训项目

计算建设工程监理服务费

案例：某新建高档饭店工程，总建筑面积43200平方米，地下1层，地上5层，建筑物高度23.7 m，工程概算为28000万元，建筑安装工程费19094万元，其中含高档装修工程费7776万元，设备购置费及联合试运转费合计为1670万元，建筑物所在地海拔高度为2035 m。发包人委托监理人承担施工阶段监理和设计阶段的相关服务工作(设计阶段服务内容附后)。

附：发包人要求监理人在设计阶段提供相关服务的工作内容有：

①协助业主编制设计要求；

②选择设计单位；

③组织评选设计方案；

④对各设计单位进行协调管理；

⑤审查设计进度计划并监督实施；

⑥核查设计大纲和设计深度；

⑦协助审核设计概算。

【本模块小·结】

本模块首先从监理服务收取费用的重要性出发，介绍了监理服务费的构成以及其费用收取价格的计算方法，最后针对各监理单位报价之间的差别从不同的角度进行分析，从而了解影响监理服务费价格的因素。

复习思考题

1. 监理企业是如何承接建设工程监理业务的？

2. 进行监理市场调查有什么意义？

3. 什么是建设工程监理招标投标？

4. 实行建设工程监理招标投标有什么意义？

5. 如何进行监理招标？应遵循什么程序？

6. 监理招标文件有哪些主要内容？监理投标文件有哪些主要内容？

7.《建设工程委托监理合同(示范文本)》有哪些主要内容？

模块四　建设工程监理工作

本模块教学目标	
1. 了解建设工程监理项目机构的组织形式及人员配备；	
2. 理解建设工程监理组织协调；	
3. 熟悉建设监理的工作内容、基本原则、工作方法；	
4. 掌握建设工程监理程序，建设监理目标控制的原理及方法，建设工程监理管理的内容及方法。	

主要学习内容	主要知识与技能
1. 建设工程监理的工作内容、基本原则和工作方法； 2. 建设工程监理程序、目标控制和监理管理； 3. 建设工程监理组织协调。	1. 熟悉建设工程监理的工作内容和工作方法； 2. 具有对建设工程监理项目实施质量、进度和投资控制的能力； 3. 能对建设工程监理项目进行合同管理、安全管理、信息管理及文明施工的管理。
监理员岗位资格考试要求	1. 熟悉建设工程监理的工作内容、基本原则和工作方法； 2. 掌握建设工程监理程序，建设监理目标控制的原理及方法，建设工程监理管理的内容及方法。

项目一　建设工程监理项目部机构

建立精干、高效的项目监理机构并使之正常运行，是实现建设工程监理目标的前提条件。组织的基本原理是监理工程师必备的理论知识。组织结构学侧重组织的静态研究，目的是建立一种精干、合理、高效的组织结构；组织行为学侧重组织的动态研究，目的是建立良好的组织关系。

任务一　组织的基本原理

现代建设工程离不开人与人、组织与组织之间的互相合作，想要达到预期的目的就必须建立精干、合理、高效的组织结构，并进行有效的管理与实施。工程监理企业与建设单位签订委托监理合同后，由企业法定代表人任命总监理工程师，总监理工程师根据监理大纲和委托监理合同的内容，负责组建项目监理机构，并对建设工程项目的工程质量、进度和投资三个目标进行全面控制和管理。因此，监理工程师应懂得有关组织理论知识。

一、组织与组织结构

所谓组织，就是为了使系统达到它的特定的目标，使全体参加者经分工与协作以及设置不同层次的权利和责任制度而构成的群体以及相应的机构。正是由于人们聚集在一起，协同合作，共同从事某项活动，才产生了组织。

组织概指静态的社会实体单位，又指动态的组织活动过程。因此，组织理论分为组织结构学和组织行为学两个相互联系的分支学科。组织结构学侧重于建立精干、合理、高效的组织机构；组织行为学侧重研究组织在实现目标活动过程中所表现出的行为，包括其取得成功的行为能力、社会公众形象、良好的人际关系等。

组织结构就是组织内部各构成部分和各部分间所确立的较为稳定的相互关系和联系方式。组织结构可以用系统科学来研究，系统是人们对客观事物观察的一种方式。系统由多个相互关联的元素构成。它可大可小，最大的系统是宇宙，最小的系统是粒子，主要取决于人们如何对其观察。

就监理组织而言，其组织理论主要从两个方面来体现：

1. 监理组织论

（1）组织结构模式，主要反映的是一套命令系统、指挥系统。

（2）一个组织系统里的任务分工，主要反映的是工程项目的目标控制的分工及落实情况。

（3）管理职能分工，即在项目实施工程中，对突出问题、规划、决策、执行、检查等职能的分工。

2. 工程监理学

（1）主要研究项目在实施阶段的思想、组织、方法和手段。

（2）研究的对象是项目总目标的控制科学。

（3）研究的任务是协调建设、设计、施工等单位的相互关系和内部关系，即对建设、设计、施工等单位采取相应措施，控制投资、进度、质量，管理合同和信息，以使项目总目标最优的实现。

二、组织设计的原则

组织设计是对组织结构和组织活动的设计过程，是一种把目标、任务、责任、权力和利益进行有效组合与协调的活动。组织设计的结构是按照职责分工明确、指挥灵活统一、信息灵敏准确和精兵简政的要求，合理设置机构，配置人员，并建立以责任制为中心的、科学的、严格的规章制度，且使组织具有思想活跃、信息畅通、富有弹性和追求高效率的特点，最大限度地激发人的积极性、主动性和创造性，最大限度地发挥组织的集体功能，更好地实现组织目标，使组织更具有适应生存并日益发展的生命力。所以有效的组织设计在提高组织活动效能，即对项目管理的成败起着决定性作用。

项目监理机构的组织设计应遵循以下几个基本原则：

1. 分工与协作

就项目监理机构而言，分工就是按照提高监理工作专业化程度和监理工作效率的要求，把监理目标分成各级、各部门、各工作人员的目标和任务。对每一位工作人员的工作做出严密的分工，有利于个人扬长避短、提高监理工作质量和效率。组织设计时尽量按照专业化分工的要求组建项目监理机构，同时兼顾物质条件、人力资源和经济效益。

有分工就有协作。项目监理机构内部门与部门之间、部门内工作人员之间是密切联系、相互依赖的，因此，要求彼此之间做到相互配合、协作一致。组织设计时尽可能考虑到自动协调，并要提出具体可行的协调配合方法，否则分工难以取得整体的最佳效益。

2. 集权与分权

在项目监理机构设计中，集权就是总监理工程师决定一切监理事项，其他监理人员只是执行命令；分权则是总监理工程师将一部分权力下放给总监理工程师代表和专业监理工程师，总监理工程师主要把握重大决策，起协调作用。

项目监理机构中集权和分权程度如何，要综合考虑工程项目的特点，决策问题的重要性，监理人员的精力、能力、工作经验等因素而定。分权尤其应注意明确个人权力的大小、界限。

3. 管理跨度与管理层次

管理跨度是指一个上级管理者直接管理的下级人数。管理跨度越大，管理者需要协调的工作量越大，管理难度越大，因而必须确定合理的管理跨度。管理跨度与工作性质和内容、管理者素质、授权程度等因素有关。

管理层次是指从组织的最高管理者到基层工作人员之间的等级层次数量。从最高管理者到基层工作人员权责逐层递减，人数却逐层递增。在项目监理机构中，管理层次分为三个层次：

（1）决策层，由总监理工程师及其助手组成，要根据工程项目的监理活动特点与内容进行科学化、程序化决策。

（2）中间控制层（协调层和执行层），由专业监理工程师或子项目监理工程师组成，具体负责监理规划的落实、目标控制及合同实施管理，属承上启下管理层次。

（3）作业层（操作层），由监理员、检测员等组成，具体负责监理工作的操作。

管理跨度与管理层次成反比关系。即管理跨度加大，管理层次就减少；缩小管理跨度，管理层次就增加。项目监理机构设计应通盘考虑，确定管理跨度之后，再确定管理层次。

4. 才职相称与责权一致

项目监理机构的管理跨度和管理层次确定之后，应根据每位工作人员的能力安排职位，明确责任，并授予相应的权力。

项目监理机构中每个工作岗位都对其工作者提出了一定的知识和技能要求，只有充分考察个人的学历、知识、经验、才能、性格、潜力等，因岗设人，才能做到才职相称、人尽其才、才得其用、用得其所。

在项目监理机构中应明确划分职责、权力范围，做到责任与权力一致。组织结构中的责任和权力是由工作岗位决定的，不同的岗位职务有着不同的责任和权力。既不能权大于责，也不能责大于权，只有责权一致，才能充分发挥人的积极性、主动性和创造性，增强组织的活力。

5. 效率与适应性原则

项目监理机构设计应将高效率放在重要地位。以能实现项目要求的工作任务为原则，尽量简化机构、减少层次，做到精干高效。要以较少的人员、较少的层次达到管理的效果，减少重复和扯皮。同时，一个项目监理机构既要有一定的稳定性，还要有随着组织内部、外部条件和环境的变化而做出相应调整，确保组织管理目标实现的适应性。

三、组织活动的基本原理

1. 要素有用性原理

运用要素有用性原理，首先应看到人力、物力、财力等因素在组织活动过程中的有用性，充分发挥各要素的作用，根据各要素作用的大小、主次、好坏进行合理安排、组合使用，做到人尽其才、物尽其用，尽最大可能提高各要素的利用率。

2. 动态相关性原理

组织系统内部各要素之间既相互联系，又相互制约，既相互依存，又相互排斥，这种相互作用推动组织活动的进步与发展。相互作用的因素也称相关因子，充分发挥相关因子的作用，是提高组织管理效应的有效途径。整体效应不等于其各局部效应的简单相加，各局部效应之和与整体效应不一定相等，这就是动态相关性原理。

3. 主观能动性原理

人是生产力中最活跃的因素，组织管理者的重要任务就是要把人的主观能动性发挥出来，当主观能动性发挥出来的时候就会取得很好的效果。

4. 规律效应性原理

规律就是客观事物内部的、本质的、必然的联系。组织管理者在管理过程中要掌握规律，按规律办事，把注意力放在抓事物内部的、本质的、必然的联系上，以达到预期的目标，取得良好的效应。一个成功的管理者只有懂得努力揭示规律，才有取得效应的可能，而要取得好的效应，就要主动研究规律，按规律办事。

任务二　建设工程监理机构的组织形式

一、建立建设工程监理组织机构的步骤

监理单位在组织项目监理机构时，一般按以下步骤进行，如图4-1所示。

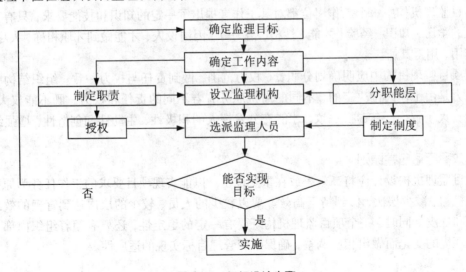

图4-1　组织设计步骤

1. 确定建设监理目标

建设监理目标是项目监理组织设立的前提，应根据建设工程监理合同中确定的监理目标，明确划分为分解目标。

2. 确定工作内容

根据监理目标和委托监理合同中规定的监理任务，明确列出监理工作内容，并进行分类归并及组合，这是一项重要的组织工作。对各项工作进行归并及相应组合，以便于监理目标控制为目的，并考虑监理项目的规模、性质、工期、工程复杂程度，以及监理单位自身技术业务水平、监理人员数量、组织管理水平等。

3. 组织结构设计

（1）确定组织结构形式

由于工程项目规模、性质、建设阶段等不同，可以选择不同的监理组织结构形式以适应监理工作需要。结构形式的选择，应考虑是否有利于项目合同管理，是否有利于控制目标，是否有利于决策指挥，是否有利于信息沟通。

（2）合理确定管理层次

管理层次可分为三个层次，即决策层、协调层（执行层）、操作层。决策层的任务是确定管理组织的目标和大政方针以及实施计划，必须精干、高效；协调层的任务主要是参谋、咨询职能，其人员应有较高的业务工作能力，执行层的任务是直接协调和组织人财物等具体活动内容，其人员应有实干精神并能坚决贯彻管理指令；操作层的任务是从事操作和完成具体任务，其人员应有熟练的作业技能。

从组织的最高管理者到最基层的实际工作人员权责逐层递减，而人数却逐层递增。组织缺乏足够的管理层次将使其运行陷于无序的状态，组织必须形成必要的管理层次；不过，管理层次也不宜过多，否则会造成资源和人力的浪费，也会使信息传递慢、指令走样、协调困难。

（3）制定岗位职责

岗位职务及职责的确定，要有明确的目的性，不可因人而设。根据责权一致的原则，应进行适当的授权，以承担相应的职责。

（4）选派监理人员

根据监理工作的任务，选择相应的各层次人员，除应考虑监理人员的个人素质外，还应考虑总体的合理性与协调性。

4. 指定工作流程和考核标准

为使监理工作科学、有序进行，应按监理工作的客观规律制定工作流程，规范化地开展监理工作，并应确定考核标准，对监理人员的工作进行定期考核，包括考核内容、考核标准及考核时间。

二、项目监理机构的组织形式

监理组织形式应根据工程项目的特点、工程项目承发包模式、建设单位委托的任务以及监理单位自身情况而确定。常用的监理组织形式如下：

1. 直线制监理组织形式

这种组织形式是最简单的，其特点是组织中各种职位是按垂直系统直线排列的，它可以适用于监理项目能划分为若干相对独立子项的大中型建设项目，如图4-2所示。总监理工程师负责整个项目的规划、组织和指导，并着重整个项目规范内各方面的协调工作。子项目监理组分别负责子项目的目标值控制，具体领导现场专业或专项监理组的工作。

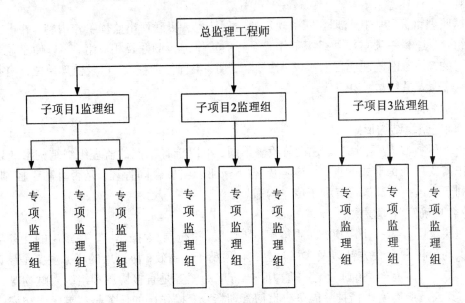

图4-2　按子项目分解的直线制监理组织形式

还可以按建设阶段分解设立直线制监理组织形式，如图4-3所示。此种形式适用于大中型以上项目，且承担包括设计和施工的全过程建设工程监理任务。

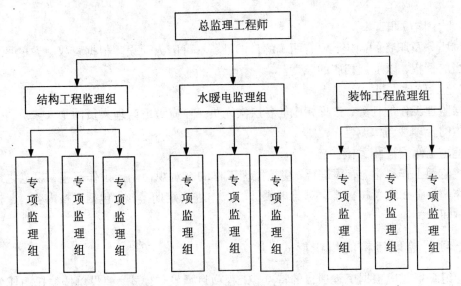

图4-3　按专业内容分解的直线制监理组织形式

这种组织模式的主要优点是机构简单、权力集中、命令统一、职责分明、决策迅速、隶属关系明确,缺点是实行没有智能机构的"个人管理",这就要求总监理工程师通晓各种业务和多种知识技能,成为"全能"式人物。

2.职能制监理组织形式

职能制监理组织形式是总监理工程师下设一些职能机构,分别从职能角度对基层监理组进行业务管理,这些职能机构可以在总监理工程师授权的范围内,就其主管的业务范围,向下下达命令和指示,如图4-4所示。这种形式适用于工程项目在地理位置上相对集中的工程。

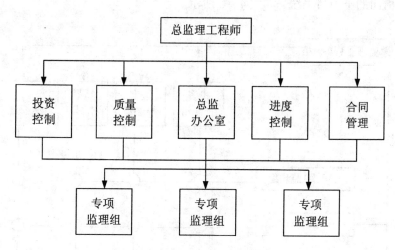

图4-4　职能制监理组织形式

这种组织形式的主要优点是目标控制分工明确,能够发挥职能机构的专业管理作用,转嫁参加管理,提高管理效率,减轻总监理工程师负担;缺点就是多头领导,易造成职责不清。

3.直线职能制监理组织形式

直线职能制监理组织形式是吸收了直线制和职能制组织形式的优点而构成的一种组织形式,如图4-5所示。

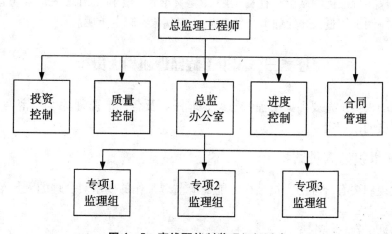

图4-5　直线职能制监理组织形式

其指挥系统呈线性，在一个指挥层上配有相应的职能顾问，他们为同层级的主管当参谋，无权向下一级主管直接发布命令和指挥。例如，二滩水电站现场监理组织机构基本上采用这种形式。

这种模式的主要优点是集中领导、职责清楚，有利于提高办事效率；缺点是职能部门与指挥部门易产生矛盾，信息传递路线长，不利于互通信息。

4. 矩阵制监理组织形式

矩阵制监理组织是由纵横两套管理系统组成的矩阵形组织结构，一套是纵向的职能系统，另一套是横向的子项目系统，如图4-6所示。

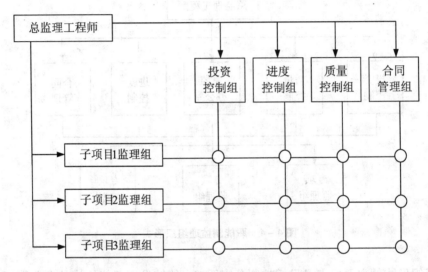

图 4-6 矩阵制监理组织形式

这种形式适用于大中型项目的管理，同时有若干个子项目要完成，而每个项目又需具有不同专业或专长的人共同完成。如三峡永久船闸工程现场监理组织机构就是矩阵组织结构。

这种形式的优点是加强了各职能部门的横向联系，具有较大的机动性和适应性，把上下左右集权与分权实行最优的结合，有利于解决复杂难题，有利于监理人员业务能力的培养，缺点是横纵向协调工作量大，处理不当会造成扯皮现象，产生矛盾。

任务三　建设工程监理机构人员

监理组织的人员配备要根据工程特点、监理任务及合理的监理深度与密度，优化组合，形成整体高素质的监理组织。

一、监理组织的人员结构

项目监理组织要有合理的人员结构才能适应监理工作的要求。合理的人员结构包括以下两方面的内容。

1. 要有合理的专业结构

即项目监理组应由监理项目的性质(如工业项目、民用项目、专业性强的生产项目)及建设单位对项目监理的要求(是全过程监理,或是某一阶段如设计阶段或施工阶段的监理,还是投资、质量、进度的多目标控制,或是某一目标的控制)相称职的各专业人员组成,也就是各专业人员要配套。

一般来说,监理组织应具有与所承担的监理任务相适应的专业人员。但是,当监理项目局部具有某些特殊,或建设单位提出某些特殊的监理要求而需要采用某种特殊的监控手段时,如局部的钢结构、网架、罐体等质量监控需采用无损探伤、X光及超声探测仪,水下及地下混凝土桩基需采用遥测仪器探测等,此时,将这些局部的、专业性很强的监控工作另行委托给相应资质的咨询监理机构来承担,也应视为保证了人员合理的专业机构。

2. 要有合理的技术职务、职称结构

监理工作虽是一种高智能的技术性劳务服务,但绝非不论监理项目的要求和需要,追求监理人员的技术职务、职称越高越好。合理的技术职称结构是指高级职称、中级职称和初级职称应按监理工作要求有相称的比例。

一般来说,决策阶段、设计阶段的监理,具有中级或中级以上职称的人员在整个监理人员构成中应占绝大多数,初级职称人员仅占少数。施工阶段的监理,应有较多的初级职称人员从事实际操作,如旁站、填写日志、现场检查、计量等。这里所说的初级职称指助理工程师、助理经济师、技术员、经济员,还可包括具有相应能力的实践经验丰富的工人(应要求这部分人员能看懂图纸、能正确填报有关原始凭证)。

二、项目监理机构监理人员数量的确定

影响项目监理机构监理人员数量的主要因素有:

1. 建设工程强度

建设工程强度是指单位时间内投入的建设工程资金的数量。即建设工程强度 = $\dfrac{投资}{工期}$,其中,投资和工期均指由项目监理机构所承担的那部分工程的建设投资和工期。一般投资费用可按工程估算、概算或合同价计算,工期来自进度总目标及其分目标。显然,建设工程强度越大,投入的监理人员应越多。

2. 工程复杂程度

根据一般工程的情况,可将工程复杂程度按以下各项考虑:设计活动多少、工程地点位置、气候条件、地形条件、工程地质、施工方法、工程性质、工期要求、材料供应、工程分散程度等。

根据工程复杂程度的不同,可将各种情况的工程分为若干级别,不同级别的工程需要配备的人员数量有所不同。例如,将工程复杂程度按五级划分:简单、一般、一般复杂、复杂、很复杂。显然简单级别的工程需要的监理人员少,而复杂的项目就要多配置监理人员。

工程复杂程度可采用采样定量方法,将构成工程复杂程度的每一因素划分为各种不同情况,根据工程实际情况予以评分,累积平均后看分值大小以确定它的复杂程度等级。如按10分制计评,则平均分值1~3分者为简单工程,平均分值3~5分、5~7分、7~9分者依次为一般工程、一般复杂工程、复杂工程,9分以上为很复杂工程。

3. 项目承包商队伍的情况

承包商队伍的技术水平、项目管理机构的质量管理体系和技术管理体系。质量保证体系

较完善，相应监理工作量就较小一些，监理人员配备可少一些；反之，要增加监控力度，监理人员要多一些。

4. 工程监理企业的业务水平

每个工程监理企业的业务水平各不相同，人员素质、专业能力、管理水平、工程经验、设备手段等方面的优异都直接影响监理效率的高低。高水平的工程监理企业可以投入较少人力完成一个工程项目的监理工作，而一个经验不多或管理水平不高的工程监理企业则需要投入较多的人力。因此，各工程监理企业应当根据自己的实际情况制定监理人员需要量定额。

5. 项目监理机构的组织结构和职能分工

项目监理机构的组织结构情况关系到监理人员的数量。

表4-1　监理人员需要量定额　　[单位：人/(年·百万美元)]

工程复杂程度	监理工程师	监理员	行政、文秘人员
简单工程	0.20	0.75	0.10
一般工程	0.25	1.00	0.10
一般复杂工程	0.35	1.10	0.25
复杂工程	0.50	1.50	0.35
很复杂工程	>0.50	>1.50	>0.35

例： 某工程合同总价为5000万美元，工期为40个月，经专家对构成工程复杂程度的因素进行评估，工程为一般复杂程度等级，则

工程建设强度 = 5000÷40×12 万美元/年 = 15(百万美元/年)

由表4-1可知，相应监理机构所需监理人员为工程师0.35，监理员1.10，行政文秘人员0.25，则各类监理人员数量为：

工程师：0.35×15 = 5.25人，取5人；

监理员：1.10×15 = 16.5人，取17人；

行政文秘人员：0.25×15 = 3.8人，取4人。

以上人员数量为估算，实际工作中，可以以此为基础，根据监理机构设置和工程项目具体情况加以调整。

任务四　建设工程监理程序及基本原则

一、建设工程监理实施程序

下面以新建、扩建、改建建设工程施工、设备采购和制造的监理工作为例，说明工程监理单位实施监理工作的程序。

1. 任命总监理工程师，组建项目监理机构

工程监理单位根据建设单位的规模、性质、建设单位的要求，任命称职的人员担任项目总监理工程师。总监理工程师全面负责建设工程监理的实施工作，是实施监理工作的核心人

员。总监理工程师往往由主持监理投标、拟定监理大纲、与建设单位商签委托监理合同等工作的人员担任。

总监理工程师在组建项目监理机构时，应符合监理大纲和委托监理合同中有关人员安排的内容，并在今后实施监理工作的过程中进行必要的调整。

工程监理单位应于委托监理合同签订 10 日内将项目监理机构的组织形式、人员构成及对总监理工程师的任命书面通知建设单位。

2. 编制建设工程监理规划

监理规划是指导项目监理机构全面开展监理工作的指导性文件，具体内容详见后面模块五。

3. 编制各专业监理实施细则

监理实施细则是根据监理规划，针对工程项目中某一专业或某一方面的监理工作编写的操作性文件，具体内容详见后面模块五。

4. 规范化地开展监理工作

规范化是指在实施监理时，各项监理工作都应按一定的逻辑顺序先后开展；每位工作人员既有严密的职责分工，又精诚协作；每一项监理工作都有实现确定的具体目标和工作时限，并能对工作成效进行检查和客观公正的考核。

5. 参与验收，签署建设工程监理意见

建设工程施工完成后，由总监理工程师组织有关人员进行竣工预验收，发现问题及时要求承包单位整改。整改完毕由总监理工程师签署工程竣工报验单，并提出工程质量评估报告。

项目监理机构应参加由建设单位组织的竣工验收，并提供相关监理资料。对验收中提出的整改问题，项目监理机构应要求承包单位进行整改。工程质量符合要求，由总监理工程师会同参加验收的各方签署竣工验收报告。

6. 向建设单位移交建设工程监理档案资料

项目监理机构应设专人负责监理资料的收集、整理和归档工作。工程监理企业应在工程竣工验收前按委托监理合同或协议规定的时间、套数移交工程档案，办理移交手续。项目监理机构一般应移交设计变更、工程变更资料，监理指令性文件，各种签证资料等档案资料。

7. 监理工作总结

完成监理工作后，项目监理机构一方面要及时向建设单位做监理工作总结，主要总结委托监理合同履行情况、监理目标完成情况等内容；另一方面要向本监理单位移交工作总结，主要总结监理工作的经验和监理工作中存在的不足及改进的建议。

二、建设工程监理实施的原则

监理单位受建设单位的委托对建设工程实施监理时，应遵守以下原则：

1. 公正、独立、自主的原则

建设单位与承包商虽然都是独立运行的经济主体，但他们追求的经济目标有差异，因此，监理工程师必须坚持公正、独立、自主的原则，尊重科学、尊重事实，在按合同约定的权、责、利关系的基础上，协调双方的一致性，维护有关各方的合法权益。

2. 权责一致的原则

监理工程师承担的职责应与建设单位授予的权限相一致。监理工程师的监理职权,依赖于建设单位的授权。这种权力的授予,除体现在建设单位与监理单位之间签订的委托监理合同之外,还应作为建设单位与承包单位之间签订建设合同的合同条件,监理工程师据此才能开展监理活动。

3. 总监理工程师负责的原则

总监理工程师是工程监理全部工作的负责人。要建立和健全总监理工程师负责制,就要明确权、责、利的关系,健全项目监理机构,具有科学的运行机制及现代化的管理手段,形成以总监理工程师为首的高效能的决策指挥体系。

总监理工程师负责制的内涵包括:

(1)总监理工程师是工程监理的责任主体。责任是总监理工程师负责制的核心,它构成了对总监理工程师的工作压力与动力,也是确定总监理工程师权力和利益的依据。所以总监理工程师应是向建设单位和监理单位所负责任的承担者。

(2)总监理工程师是工程监理的权力主体。根据总监理工程师承担责任的要求,总监理工程师全面领导建设工程的监理工作,包括组建项目监理机构,主持编写建设工程监理规划,组织实施监理活动,对监理工作进行总结、监督和评价。

4. 严格监理、热情服务的原则

严格监理,就是各级监理单位人员严格按国家政策、法规、规范、标准和合同,控制建设工程目标,依照既定的程序和制度,认真履行职责,对承包单位进行严格监理。

监理工程师还应为建设单位提供热情的服务,运用合理的技能,谨慎而勤奋地工作。由于建设单位一般不熟悉建设工程管理的技术业务,监理工程师应按照合同的要求多方位、多层次地为建设单位提供良好的服务,维护建设单位的正当权益。但是,也不能因此一味地向各承建单位转嫁风险而损害承包单位的正当经济利益。

5. 综合效益的原则

建设工程监理活动既要考虑建设单位的经济效益,也必须考虑社会效益和环境效益的有机统一。建设工程监理活动虽经建设单位的委托和授权才得以进行,但监理工程师应首先严格遵守国家的建设管理法律、法规、标准等,以高度负责的态度和责任感,既对建设单位负责,谋求最大的经济效益,又要对国家和社会负责,取得最佳的社会效益。

任务五　建设工程监理工作方法

监理工程师在对建设工程实施施工监理时,主要的工作方法有巡视、平行检查和旁站监理等。巡视就是监理人员对正在施工的部位或工序在现场进行的定期或不定期的监督活动;平行检查就是监理方受建设单位的委托,在施工单位自检的基础上,按照一定的比例,对工程项目进行独立检查和验收,对同一被检验项目的性能在规定的时间里进行的两次检查验收;旁站监理是指在项目施工过程中,监理人员在一旁守候、监督施工操作的做法,是监理企业进行质量控制的一个重要手段。

(1)实施建筑工程监理前,建设单位应当将委托的工程监理单位、监理的内容及监理权限,书面通知被监理的建筑施工企业。

（2）编制建设工程监理规划，按建设工程进度分专业编制建设工程监理细则，对中型及中型以上或专业性较强的工程项目，项目监理机构应编制建设工程监理实施细则。

（3）工程监理人员认为工程施工不符合工程设计要求、施工技术标准和合同约定的，有权要求建筑施工企业改正。工程监理人员发现工程设计不符合建筑工程质量标准或者合同约定质量要求的，应当报告建设单位要求设计单位改正。

（4）旁站监理规定的房屋建筑工程的关键部位、关键工序，在基础工程方面，包括土方回填，混凝土灌注桩浇筑，地下连续墙、土钉墙、后浇带及其他结构混凝土、防水混凝土浇筑，卷材防水层细部构造处理，钢结构安装；在主体结构工程方面，包括梁柱节点钢筋隐蔽过程，混凝土浇筑，预应力张拉，装配式结构安装，钢结构安装，网架结构安装，索膜安装。

（5）施工企业根据监理企业制定的旁站监理方案，在需要实施旁站监理的关键部位、关键工序进行施工前24小时，应当书面通知监理企业派驻工地的项目监理机构。项目监理机构应当安排旁站监理人员按照旁站监理方案实施旁站监理。

项目二 建设工程监理工作内容

建设工程监理业务随着社会经济的发展，不断得到充实完善，逐渐成为建设程序的组成部分和工程实施惯例。推行建设工程监理制度的目的是确保工程建设质量和安全，提高工程建设水平，充分发挥投资效益。我国的建设工程监理主要包括五个阶段的工作内容：勘察设计阶段、施工准备阶段、施工阶段、竣工验收阶段和工程质量保修阶段。

任务一 建设工程勘察设计阶段监理工作

一、勘察设计监理的意义

勘察设计是工程建设的先行工作，是保证项目建设安全、顺利、成功的重要环节。实施勘察设计监理对工程建设具有十分重要的意义。

我国传统的建设管理体制，建设单位无明确的经济责任，又缺少工程建设的专家，对工程勘察、设计不能进行有效的监督，致使许多工程项目设计水平不高，甚至存在着隐患和严重的浪费现象。

实施勘察设计监理的意义在于：

1. 能够发挥专家群体智慧，保障业主决策正确

由于监理单位是工程建设专业化的咨询监理机构，能够发挥专家的群体智慧。监理单位可向业主就建设地址选择、工程规模、采用的设计标准、使用功能要求和相应的投资规模，以及设计单位和设计方案等重大问题，提供科学的建议，保障业主决策的正确性，避免其决策的盲目性。

2. 有利于工程质量控制

要把好勘察、设计质量关，光靠勘察、设计单位内部的审核是不够的。工程的设计质量直接影响建筑产品的质量。根据我国对建筑工程质量事故的调查结果分析，其中由于设计责任导致工程出现质量事故的占40.1%，而由于设计者责任心不强或缺乏经验，造成工程造价

过高、严重浪费的实例也较多。此外，设计费是按工程造价为基数计取，某些设计单位为了自身利益，提高设计标准，甚至把工程设计成肥梁胖柱，从而增加造价，既获利又省事。监理单位可帮助勘察、设计单位避免勘察、设计工作中可能出现的失误和浪费，优化工程设计，最终达到保证工程项目可靠、提高其适用性和经济性的目的。

3. 有利于工程投资控制

项目的勘察、设计阶段虽投资费用较少，但节约投资的潜力极大，约占总节约投资潜力的90%。由此可见，实施勘察、设计监理有利于工程的投资控制。许多实例表明，经监理工程师认真论证后向设计单位提出若干修改方案，通过审查和经济比较后都得到了更正，从而避免和减少了损失，节约了投资。

4. 有利于设计市场管理

实施勘察设计阶段的第三方监理，可以杜绝无证设计、越级设计乃至出卖设计资质等不良现象，促进设计市场管理的规范化。

二、工程勘察监理

工程勘察是为建设项目查明建设场地的地形地貌、工程地质、水文地质条件而进行的测量、测绘、测试、勘探，并进行综合评定和可行性研究的工作，其目的是为建设地址的选择及工程设计和施工提供必要的第一手资料。

为了叙述工程勘察监理，有必要先简单介绍工程勘察的主要内容。

1. 工程勘察的主要内容

工程勘察包括工程测量和工程地质勘察两大方面。

（1）工程测量的主要内容

工程测量主要是为建设项目表明建设场地的地形、地貌而进行的测量、测绘。有以下几项工作：

①实地测量，测绘地形图

测定所测对象坐标控制点的平面位置和高程位置，将测量范围内的地物、地貌按比例绘制成地形图。如果工程现场有现成的符合规划、设计要求的地形图，则应实地复测平面及高程位置，特别是相邻有关征地红线的平面位置及坐标点。

②定位测量

把图纸上规划设计好的建筑物的位置在地面上标定出来，作为施工的依据。定位测量需经规划部门认可。

此外，还可以在建设过程中和建成后对建筑物进行沉降、倾斜、裂缝观测，及时发现危害性沉降；掌握建筑物的倾斜情况，观测变化趋势，以便确定处理措施；根据观测结果，分析裂缝原因、特征及趋势，判定建筑物能否正常使用。

（2）工程地质勘探的主要内容

工程地质勘探是为建设项目查明建设场地的工程地质、水文地质条件而进行的测试、勘探，并进行综合评定和可行性研究的工作。工程地质勘探分为地址勘察、设计勘察和施工勘察等几个阶段。

①选址勘察

搜集、分析备选区域的地形、地质、地震等资料；进行现场地质调查，测绘工程地质平面图；通过测绘，认为有重要的地质因素可能影响方案评价时，可进一步布置勘探工作予以查明。一般情况下，此阶段不做勘探工作，最后编制选址勘察和工作地质报告。

②勘察设计

设计勘察根据设计深度的不同可分为初步设计勘察和详细勘察两种。

a. 初步设计勘察

主要查明地层、构造、岩石和土壤的物理力学性质，地下水情况及冰冻深度；场地不良地质现象的成因、分布范围及对场址稳定性的影响与发展趋势；对设计抗震设防裂度为 7 度或 7 度以上建筑物要测定场地和地基的地震效应。

b. 详细勘察

详细勘察是为施工图设计提供依据。它的主要内容为：查明建筑物范围内的地层结构，岩石和土壤的物理力学性质，并对地基的稳定性及承载力做出评价；提供不良地质现象及防治工程所需的计算指标和资料；查明地下水的埋藏条件和侵蚀性及地层渗透性，水位变化幅度与规律；判定地基岩、土壤和地下水对建筑物施工与使用的影响。

③施工勘察

施工勘察主要是对施工中遇到的地质问题而进行的勘察工作。有施工验槽、深基础施工勘察和桩应力测试、地基加固处理勘察和加固效果检验、施工完成后的沉陷监测工作及其他有关环境工程地质的监测工作。

2. 勘察阶段监理的工作内容与方法

在工程勘察的各个阶段或全工程中，监理单位受业主委托，可进行以下工作：

(1)编审勘察任务书

业主可委托监理单位会同设计单位提出勘察任务书，并进行最后的审查。

①委托规划、设计单位编制勘察任务书，拟订勘察工作计划，也可通过委托设计任务，将编制勘察任务书作为设计前期工作一并委托；

②根据项目建设计划和设计进度计划拟订勘察进度计划；

③审查勘察任务书，主要审查工程名称、项目概况、拟建地点、勘察范围要求、提交成果的内容和时间。

(2)授予或委托勘察任务

业主可委托监理单位物色勘察单位或进行勘察任务招标，进行资格审查，授予勘察任务，签订勘察合同，支付定金。具体工作有：

①拟定勘察招标文件；

②审查勘察单位的资质、信誉、技术水平、经验、设备条件，以及对拟勘项目的工作方案设想；

③拟定合同条件；

④参与合同谈判；

⑤确定分包商；

⑥在协议签订后提请业主向承包商支付30%的定金。

(3)做勘察前的准备

根据勘察工作的进程，监理单位应协助建设单位在勘察前做好以下准备工作：

①现场勘察条件准备。

②勘察队伍的生活条件准备。

③提前准备好基础资料，并审查资料的可靠性。

④审查勘察纲要是否符合合同规定，能否实现合同要求。大型或复杂的工程勘察纲要可会同设计单位进行审核，即对其方案的合理性、手段的有效性、设备的适用性、试验的必要性、进度的时间性进行审核。

（4）现场勘察监理

监理单位在现场勘察期间监督勘察进度和质量，及时将勘察报告交设计、施工单位使用；沟通设计、施工单位与勘察单位的联系，协调他们的关系；发出补勘指令。具体有以下工作：

①进度监理。督促人员、设备按时进场；记录进场时间；根据实际勘察速度预测勘察进度，必要时应及时通知承包商予以调整。

②质量监理。检查勘察项目是否完全；勘察点线有无偏、错、漏；操作是否符合规范；钻探深度取样位置及样品保护是否得当。对大型或复杂的工程，还要对其内业工作进行监理（试验条件、试验项目、试验操作等）。检查勘察报告的完整性、合理性、可靠性和实用性，以及对设计施工要求的满足程度。

③审核勘察费的结算。根据勘察进度，按合同规定签发支付费用的通知。

④签发补勘通知书。在设计、施工过程中若需要某种在勘察报告中没有反映，在勘察任务书中没有要求的勘察资料时，需另行签发补充勘察任务通知书，其中要写明预计商定并经业主同意的增加费额。

⑤协调勘察单位与设计、施工单位的配合。及时将勘察报告提交设计或施工单位，作为设计和施工的依据。工程勘察的深度应与设计深度相适应。

三、工程设计监理

工程设计是指工程项目建设决策完成后，对工程项目的工艺、土建、配套工程设施等进行综合规划设计及技术经济分析，并提供设计文件和图纸等工程建设依据的工作。

工程设计阶段一般是指工程项目建设决策完成，即设计任务书下达之后，从设计准备开始到施工图结束这一时间段。

为了叙述工程设计监理，有必要先简单介绍工程设计的主要内容。

1. 工程设计的主要内容

工程设计按工作进程和深度的不同，一般分为方案设计、初步设计、技术设计和施工图设计（包括施工期间的设计变更）。不同的工程项目，其设计阶段的划分也有所不同。如对大型复杂的工程项目，首先要进行方案选优，再进行初步设计、技术设计、施工图设计；小型工程项目则可以以方案设计代替初步设计，而后直接进行施工图设计。各设计阶段的主要内容简述如下：

（1）方案设计

一般大型民用建筑工程设计，在初步设计之前应进行方案设计（或采用设计方案竞赛）。小型工程以此代替初步设计。方案设计的具体内容为：

①设计依据说明。设计依据说明应写明所依据的批准文号、可行性研究报告、土地使用合同书、规划设计要点、设计任务书等。此外，对总图设计、建筑设计、结构设计及水、暖、

电等专业设计分别简要说明设计条件、依据、设计特点等。

②建筑方案设计图纸。建筑方案设计图纸包括总平面图和单位建筑平面图。总平面图中要标明用地红线、建筑物位置，并计算总平面图设计技术经济指标。单位建筑平面图除做细部设计外，还应根据需要制作建筑模型或绘制透视图、鸟瞰图等。

③工程估算。大型及重要工程项目应编制工程估算书并附加说明。

(2)初步设计

初步设计是根据选定的设计方案进行更具体、更深入的设计。在论证技术可行性、经济合理性的基础上，提出设计标准、基础形式、结构方案以及水、电、暖通等各专业的设计方案。设计文件由设计总说明书、设计图纸、主要设备和材料表、工程概算四部分组成。

初步设计的深度应满足土地使用、投资目标的确定、主要设备和材料订货、施工图设计和施工组织规划的编制、施工准备和生产准备等要求。

施工设计批准后，是编制技术设计和施工图设计的依据，也是确定建设项目总投资、编制建设计划和投资计划、组织主要设备材料订货、进行生产和施工准备等的依据。经批准的初步设计，一般不得随意修改、变更。如有重大变化时，须报原审批者重新批准。

(3)技术设计

技术设计是针对技术复杂或有特殊要求而又缺乏设计经验的建设项目而增加的一个阶段设计，用以进一步解决初步设计阶段一时无法解决的一些重大问题。如初步设计中采用特殊工艺流程须经试验研究，新型设备须经试验及确定，大型建筑物、构筑物的关键部位或特殊结构须经试验研究落实，建设规模及重要的技术经济指标须经进一步论证等。

技术设计根据批准的初步设计进行，其具体内容视工程项目的具体情况、特点和要求确定，其深度以能解决重大技术问题、指导施工图设计为原则。

在技术设计阶段，应在初步设计总概算的基础上编制出修正总概算。技术设计文件要报主管部门批准。

(4)施工图设计

施工图设计是在初步设计、技术设计的基础上进行的详细、具体的设计，以指导建筑安装工程的施工，以及非标准设备的加工制造。因此，必须把工程和设备各构成部分的尺寸、布置和主要施工做法等绘制成完整详细的建筑详图和安装详图，并加上必要的文字说明。其主要内容包括：

①全项目性文件，包括设计总说明、总平面布置图及说明、各专业全项目说明及室外管线图、工程总预算等。

②各建筑物、构筑物的设计文件，包括建筑、结构、水暖通、电气等专业图纸及说明，公用设施、工艺设计和设备安装，非标准设备制造详图，单项工程预算等。

2. 设计阶段监理的工作内容与方法

监理单位在接受设计监理任务委托阶段，应先了解业主的投资意图，与业主洽谈监理意向，并介绍监理单位的监理经历、经验。在决定接受监理委托后与业主签订监理合同，分析监理任务，明确监理范围。监理单位成立项目监理组，确定各专业负责人和监理人员，明确分工；确定监理工作方式和监理重点，制订设计监理工作计划和设计进度计划。具体开展的监理工作包括：

(1)设计准备阶段

①协助申请领取规划设计条件通知书

向城市规划管理部门申请规划设计条件通知书（在申请书中要简述建设的意图、构想，并附建设项目批文、用地许可证、拟建地址、地形图）；向城市规划部门提出规划设计条件咨询意见表；向有关部门咨询能否提供或有无能力承担该项目的配套建设及意见；领取城市规划部门根据咨询意见表综合整理后发出的规划设计条件通知书（内含工程项目建设位置、用地面积、各单项工程面积、高度和层数、高度限额及容积率限额、绿化面积比例限额、停车场及其他规划设计条件、注意事项等）。

②编制设计要点（或称设计纲要）

依据已经批准的可行性研究报告和选址报告编制设计纲要，其内容包括：a. 阐明项目使用目的和建设依据。b. 详述项目确切的设计要求，如是生产项目，则应包括建设的规模，产品方案和产品生产纲领，生产方法和工艺原则，矿产资源、水文、地质和原材料、燃料、动力、供水、运输等协作配合条件，资源综合利用和"三废"治理的要求，占用土地的估算，防灾、抗灾等要求，建设工期，要求达到的经济效益和技术水平等。对改、扩建的大中型项目设计纲要，还应包括原有固定资产的利用程度和现有生产潜力的发挥情况。自筹资金的大中型项目设计纲要，还应注明资金、材料、设备的来源，并附有同级财政和物资部门签署的意见。c. 介绍项目与其他项目、社会、环境的关系以及政府有关部门对项目的限制条件。d. 业主财务计划限制。e. 设计的范围与深度。f. 设计进度要求。g. 交付设计资料的要求。

③协助业主优选设计单位

如果业主已直接指定设计单位，协助业主与设计单位明确设计要求，洽谈设计条件，参与合同谈判与签订。

如果采用设计方案竞赛，监理机构应拟定竞赛规划，编写竞赛文件，参与组织竞赛和设计方案评选；与优秀方案设计单位洽谈委托设计事宜，并参与设计合同的谈判与签订。

如采用公开招标选定设计单位，确定招标方式，制定招标细则，拟定并发出招标通知或招标广告，编写招标文件，确定评标组成人员与评标标准，审查招标单位资格，组织踏勘现场和招标文件答疑；协助组织评标、决标；拟定设计合同，参与合同谈判与签订；协助确认分包设计单位；编制勘察任务书。

④准备基础资料

监理单位应向设计单位提供基础资料。这些资料包括：经批准的设计任务书、规划设计通知书；规划部门核准的地形图；建筑总平面图和现状图；原有管线及新签订的协议书；当地气象、风向、风荷、雪荷及地震级别；水文地质和工程地质勘察报告；对采光、照明、供气、供热、给排水、空调、电梯的要求；建筑构配件的适用要求；各类设备选型、生产厂和设备构造及设备安装图纸；建筑物的装饰标准及要求；对"三废"处理的要求；其他要求与限制（如地区规划、机场、港口、文物保护等）。

（2）设计阶段

①参与设计单位的设计方案比选

监理单位应参与设计方案的比选工作，促进优化设计，积极主动与设计单位进行技术磋商，共同确定控制设计标准和主要技术参数。参与主要工艺路线的确定，主要设备、材料的选型。

②提供基础性资料，协调设计单位与政府部门的关系

监理单位应在初步设计前提供工程初勘资料，在施工图设计前提供工程详勘资料，在分段委托设计时提供初步设计文件。

监理单位要及时沟通设计单位与政府有关部门的联系，尽可能争取认可和通融，主要有消防、人防、防汛、供电、供水、供气等部门。

③协调各设计单位各专业间的关系

当分段设计招标或分项、分专业设计招标时，监理单位要定期召集协调会，及时做好各阶段设计之间的协调工作。

④设计进度控制

监理单位应与设计单位商定出图进度计划，核查设计力量是否能切实保证，并进行各专业之间的进度协调。

⑤工程投资控制

监理单位要按专业或分项工程确定投资分配比例，以便控制总投资。调查当地造价水平和类似工程的成本资料，预计工程造价与材料价格的走势，并在审查项目的独特问题后估算造价。审查核算并与造价估算进行比较。在各设计阶段完成后签发支付设计费通知（初步设计完成付30%，施工图设计完成付50%）。

⑥设计质量控制

监理单位应分析、检验各专业之间设计成果的配套情况，从建筑形体、工艺路线、设备选型、施工组织等方面综合评价所采用的设计成果。检查图纸质量并审查各阶段设计文件。审查内容包括：依据资料的可靠性，数据的正确性，与国家规范、标准的相容性，设计深度是否与设计阶段相适应等。

⑦设计合同履行

监理单位应按设计合同的内容检查设计成果、设计深度、设计质量和设计进度是否与合同要求相符合，督促设计单位履行设计合同。

⑧设计变更管理

监理单位要审核设计变更的必要性及其在费用、时间、质量、技术等方面的可行性，并审核设计变更必需的设计费用。

（3）设计文件验收

设计文件验收的主要工作是检查设计单位提交的各阶段设计文件组成是否齐全。所有文件都应有设计单位各专业主要设计、审核人员的签字盖章。监理单位在验收时，按交图目录和规定的份数逐一检查清点，代业主签收。

施工图纸一般还要经过会审（或交底），经总监理工程师签认后，方可交施工单位依图施工。作为设计监理的延续，监理单位还应组织设计交底和图纸会审。

3.监理工程师在设计监理阶段的三大控制

工程项目设计阶段是质量、投资控制的关键阶段，必须处理好质量和投资两者间的关系。质量和投资两者之间，质量是核心，投资是由质量决定的。首先应使项目的质量在符合现行规范和标准的条件下，满足业主所需的功能和使用价值，此外，也不能不顾及投资的限制而过分地追求功能齐全、质量标准高。合理的投资，是指满足业主所需功能条件下，所付出的费用最小。设计监理的目的，也正是要通过对项目质量目标和水平的控制，进而达到对项目投资的控制。以下简述监理工程师在设计监理阶段的三大控制要点。

(1)监理工程师在设计阶段的投资控制要点

①设计阶段投资控制的主要任务

在设计阶段，监理单位投资控制的主要任务是：通过收集类似的建筑工程投资数据和资料，协助业主制定建设工程投资目标规划；开展技术经济分析等活动，协调和配合设计单位，力求使设计投资合理化；审核概(预)算，提出改进意见，优化设计，最终满足业主对建设工程投资的经济性要求。

②设计阶段投资控制的主要工作

设计阶段投资控制的主要工作包括：对建设工程总投资进行论证，确认其可行性；组织设计方案竞赛或设计招标，协助业主确定对投资控制有利的设计方案；伴随着各阶段设计成果的输出，制定建设工程投资目标分系统，为本阶段和后续阶段投资控制提供依据；在保障设计质量的前提下，协助设计单位开展限额设计工作；编制本阶段资金使用计划，并进行付款控制；审查工程概算、预算，在保证建设工程具有安全可靠性、适用性的基础上，概算不超估算，预算不超概算；进行计划挖潜，节约投资；对设计进行技术经济分析、比较、论证，寻找一次性投资少而寿命长、经济效益好的设计方案等。

(2)监理工程师在设计阶段的进度控制要点

①设计阶段进度控制的主要任务

在设计阶段，监理单位进度控制的主要任务是：根据建设工程总工期要求，协助业主确定合理的设计工期要求；根据设计的阶段性输出，由"粗"而"细"地制订建设工程总进度计划，为建设工程进度控制提供前提和依据；协调各设计单位一体化开展设计工作，力求使设计能按进度计划要求进行；按合同要求及时、准确、完整地提供设计所需要的基础资料和数据；与外部有关部门协调相关事宜，保障设计工作顺利进行。

②设计阶段进度控制的主要工作

设计阶段进度控制的主要工作包括：对建设工程进度总目标进行论证，确认其可行性；根据方案设计、初步设计和施工图设计，制订建设工程总进度计划、建设工程总控制性进度计划和本阶段实施性进度计划，为本阶段和后续阶段进度控制提供依据；审查设计单位设计进度计划，并监督执行；编制业主方材料和设备供应进度计划，并实施控制；编制本阶段工作进度计划，并实施控制；开展各种组织协调活动等。

(3)监理工程师在设计阶段的质量控制要点

①设计阶段质量控制的主要任务

设计阶段质量控制的主要任务是：了解业主建设需求，协助业主制定建设工程质量目标规划(如设计要求文件)；根据合同要求及时、准确、完善地提供设计工作所需的基础数据和资料；配合设计单位优化设计，并最终确认设计符合有关法规要求，符合技术、经济、财务、环境条件要求，满足业主对建设工程的功能和使用要求。

②设计阶段质量控制的主要工作

设计阶段质量控制的主要工作包括：建设工程总体质量目标论证；提出设计要求文件，确定设计质量标准；利用竞争机制选择并确定优化设计方案；协助业主选择符合目标控制要求的设计单位；进行设计过程跟踪，及时发现质量问题，并及时与设计单位协调解决；审查阶段性设计成果，并根据需要提出修改意见；对设计提出的主要材料和设备进行比较，在价格合理的基础上确认其质量符合要求；做好设计文件验收工作等。

任务二　建设工程施工准备阶段监理工作

施工准备工作的成效将直接影响施工全过程的管理成效，因此，圆满地做好开工前的准备工作是十分必要的。应该认识到，对于监理工程师来讲，开工准备工作内容不仅仅是项目开工条件的准备，更重要的是如何组织协调，把将要运行的现场各方工作程序协调统一；沟通各方工作方式并得到认可；必要的现场管理工作，制度的建立等诸多内容在内。所以，监理机构在施工准备期间，除了积极参与准备工作活动外，应尽早地通过监理规划、监理实施细则、发通知、召开会议等条件，将自己的人员责任范围、内部工作制度、管理工作程序通报给参建各方，以达到工作的协调一致。

一、组织监理机构人员参加设计交底和图纸会审

设计交底应由建设单位组织和主持，施工单位(必要时包括分包单位)、监理机构、设计单位、有时包括勘察单位共同参加的技术会议。

监理机构参加设计交底应考虑两项工作内容：提前学习图纸，建立起工程质量控制的要点，从施工管理和施工质量控制角度出发，发现设计不到位的问题；图纸会审中与设计人员共同解决问题。

1. 熟悉图纸

总监理工程师进场后，首先应该组织监理人员熟悉监理委托合同、施工承包合同文件和施工图纸。通过学习图纸来尽快熟悉、了解、掌握工程的特点，包括工程现场的自然状况、地形地貌、水文地质情况、环保要求，尽量理解设计意图，从中发现图纸交代不明白和各专业设计不交圈的问题等，对发现的问题形成书面材料，通过建设单位转交设计单位(如可能时将施工单位的问题一并整理送设计单位)。与此同时，应结合施工合同对号定位应使用的施工验收规范、标准，为如何管理工程施工并最终形成监理规划做好铺垫。

2. 进行设计交底与图纸会审

设计交底应由建设单位组织主持，总监理工程师要组织相关的专业监理工程师参加会议，通过设计交底会议进一步了解(也是设计交底的主要内容)建设单位对设计的要求，设计的主导思想，建筑艺术构思和要求，抗震烈度设置，设计安全等级选取与确定，装修及材料的要求，设备选型要求，解决建设单位、施工单位、监理机构发现的设计问题。

设计交底与图纸会审是施工技术资料的第一部分，应在会后立即组织各参会方草签纪要(可能时可以一次签署正式纪要)，会后再补签正式记录。参加会议的各方均应有代表签字并加盖章。会签后的图纸会审记录应与施工图等同执行。

二、审查核实施工单位项目管理机构的质量管理、技术管理和质量保证体系

所谓质量保证体系，就是为了实现质量保证而建立起来的一整套组织形式和运行制度。施工单位健全的质量保证体系是取得良好的施工效果的首要条件，所以监理机构在进场开始就应该检查、督促施工单位健全完善质量、技术保证体系。《建筑工程施工质量验收统一标准》(GB50300—2001)规定的第一张用表"附录 A.0.1"，就是施工现场质量管理检查用表，应该由施工单位填写并报监理机构进行审查，按照国家规范规定，应由总监理工程师组织

检查。

一般来说，一个标段或一个单位工程填报和检查一次，要在开工之前进行，情况特殊时也可以分段检查，主要目标是从管理的源头上对工程质量进行控制。

《建筑工程施工质量验收统一标准》针对施工现场提出了四项要求：一是要有相应的技术标准，即操作依据，可以是企业标准、施工工艺、工法、操作规程等，这些都是保证国家标准贯彻落实的基础，所以这些企业标准必须高于国家标准、行业标准；二是有健全的质量管理体系，按照质量管理规范建立必要的机构、制度，并赋予应有的权力、责任，保证质量控制措施的落实；三是有施工质量检验制度，包括材料、设备的进场验收检验，施工过程的试验、检验，竣工后的抽查检测，要有具体的规定，明确检验项目和制度等，重点是竣工后的抽查检测，检测项目、检测时间、检测人员应具体落实；四是提出了综合施工质量水平评定考核制度，通过对企业资质、人员素质、工程实体质量等的综合评价，不断地提高施工管理水平。

三、施工组织设计的审查

工程开工前，施工单位应在承包合同约定的时间内完成施工组织设计的编制、自审工作，并填"施工组织设计（方案）报审表"，报监理机构审批；监理机构应在承包合同约定的时间内审批完毕。经审定的施工组织设计应通过监理机构报建设单位一份，监理机构自留一份备查，剩余的返回施工单位。经审定的施工组织设计应认真执行，监理机构应经常检查执行情况和效果，如果需要变动应重新履行审批手续。

应该注意到，施工组织设计一般来说在施工承包合同协议条款中都有约定，因此，施工组织设计是一项很重要的综合性的文件资料。它应该包含有施工管理制度、工作程序、施工条件创立、技术标准的采用、主要工序的施工方法以及主要分项工程保证质量的技术措施和必要的补充施工设计等诸多内容。很多内容将与合同协议内容相关。所以，从某种意义上讲，施工组织设计一旦经建设单位和施工单位双方确认，应该视为承包合同的延续。监理机构审批施工组织设计应该引起足够的重视。审查中的工作尺度也是非常重要的，也就是要分清合同各方的权利和义务。监理工程师审查施工组织设计时可粗可细，但是，再粗不能忽略建设单位合同内应该享有的权力和利益，再细再严格不能超越建设单位的授权范围，要牢记监理工程师是代表合同的一方办事。

施工组织设计又是施工单位施工活动的指导性技术经济文件，也是施工单位履行合同、实现设计意图的总体规划。因此，项目工程开工前，施工单位工程项目管理机构必须编制施工组织设计。关键应注意"设计"，一个建筑物或者说一个建筑作品是由设计者和施工者共同合作的产品，从某种意义上来说，施工组织设计既是合同的延续，也是施工图设计的延续。要从合同的承诺出发，为了充分实现设计意图，施工单位应组织完成包括施工图设计细化在内的施工技术、施工组织、施工管理程序等全面的规划和设计。所谓"设计"，就是通过构思、设想、规划以至于测算、比较等手段做出最后决定实施方案。施工组织设计一般应包括编制依据、工程概况及主要实物量，工程项目管理机构设置及人员分工，施工总平面布置设计，建安工程的总进度计划和单位工程的综合进度计划，质量和安全保证体系，拟采用的主要施工方法，施工技术措施、安全措施、应急预案，主要建筑材料、构配件、半成品、非标准设备、劳动力、施工机具等计划，工程分包管理，与建设、设计及监理单位的配合协调等内容。

四、审查分包单位资格

对于工程的分包，一般可能有三种情况：

(1)工程总承包合同中已经确定分包部位、项目，并已指定分包单位。这种情况应按正常审查施工单位进入现场的质量、技术保证体系以及进场人员资质程序进行即可。

(2)在总承包合同中已经确定分包范围，对此，总承包单位应填"分包单位资格报审表"报监理机构，监理机构主要通过施工单位报出的资料查验分包单位的营业执照、资质证书、社会信誉、工作业绩、质量、技术保证体系、人员上岗证等。对分包单位进行资质审查，如果必要时还要到实地考察。

经过审查合格的，总监理工程师应在报审表上签认。需审查的相关资料，监理机构应查看原件，同时要求承包单位提供复制件存档备查。

(3)当承包合同中没有约定项目分包，总包单位应先报出申请，列出将要分包的项目。总监理工程师应审查可否分包，认为可以时，请建设单位认可后签认分包申请。总承包单位重新履行第二条程序。

五、场地的移交和测量成果审核

施工场地的移交应包括两大部分内容：一是施工场地包括房屋等设备在内的移交，二是测量放线的控制桩的移交与复核。

1. 场地移交

场地移交应与施工总平面图统一考虑，移交与审批总平面图的时间顺序可能不一定，但是监理机构在处理这一问题时，一定要注意的是统一考虑，要注意办好移交时的文字手续。移交时应注意解决处理的问题有：

(1)移交的起止时间，即施工单位对施工现场的管理责任时间；

(2)场地的区域范围，要与施工总平面图的标识尺寸相一致；

(3)建设单位提供的水源、电源等位置、数量看护责任界线，包括表上数字等。

2. 放线控制桩的移交与测量成果审查

设计院在交出图纸时，应把全部控制测量标识，准确、完整地移交给建设单位、监理单位和施工单位。但实际上移交过程中很可能由监理机构来组织完成，移交的程序应该是：

(1)设计院应到现场逐点向建设单位、监理工程师(如能同施工单位共同接受就更加理想了)交桩，并交代清楚各桩点坐标和标高等数据资料。

(2)监理机构和建设单位共同将桩点移交给施工单位。

(3)施工单位应组织复测，承包人接桩后应根据施工需要在现场加密测量控制点，如建筑群或桥梁施工应增加控制网，道路施工需加密导线点和测设转点、交点等。承包单位完成上述工作后应向监理机构现场交验各桩点(用表可使用"报验申请表")，并提交各桩点的测量数据以及测量的原始记录、平差计算书等全部资料，监理机构核验确认无误后予以签认。监理机构复核时应注意核查测量精度是否满足规范要求，坐标数据是否与设计相符，规划红线是否有误。控制桩移交后应由施工单位负责保护，直到工程竣工。

施工测量成果经监理机构签认后应返还施工单位整理归档，监理机构留一份复制件备查。

六、审查开工申请

承包单位认为施工准备工作已经完成，具备开工条件时，应向监理机构报送"工程开工/复工报审表"，申请开工。

项目监理机构应按以下内容进行审查：

(1)建设单位的施工准备工作是否完成；

(2)施工组织设计(施工方案)是否已经项目监理机构审定；

(3)测量放线是否已经通过核验；

(4)施工人员是否已按计划到位，施工设备、料具是否按需要进场；

(5)将要使用的材料是否检验合格；

(6)施工图纸是否满足施工需要。

上述条件经专业监理工程师核查，具备开工条件时报总监理工程师，由总监理工程师签认"工程开工报审表"，并报送建设单位备案。如委托监理合同约定需建设单位批准时，项目监理机构审核后报建设单位批准，但开工令仍须总监理工程师签发。工程工期自总监理工程师批准之日计算。

开工报告应以单位工程为单元填表报审，也可分工序进行，但应在规划和细则中约定，并事先与施工单位沟通，督促施工承包单位按期开工。

七、参加第一次工地会议

第一次工地会议应由建设单位负责召集主持，参加的人员应该有建设单位代表、承包单位项目经理部以及有关的职能人员、项目监理机构总监理工程师以及主要监理人员，如有可能应有分包单位的主要负责人，可邀请设计人员代表参加。第一次工地会议召开时间应尽量提前，以便各方尽早沟通和了解情况。

八、施工准备阶段监理机构应积累的内业资料

随着施工准备阶段监理工作的完成，监理机构应有如下项目内容内业资料，监理机构应有专人负责分类整理建档。

1.监理依据性文件

(1)委托监理合同，施工承包合同(如有分包，应包括分包合同)，(建设单位供货的)材料、设备采购供应合同。

(2)设计文件类。

2.规划管理类文件

(1)监理大纲、监理规划、监理实施细则(如果有)；

(2)经监理机构审定的施工组织设计(施工方案)；

(3)各方的授权书类文件，包括：总监理工程师授权书、总监理工程师对专业监理工程师分工以及岗位责任的通知、施工单位对项目经理部内主要人员的授权书等函件；

(4)经监理机构审核确认的资质证件的复印件。

3.其他已经形成的会议纪要和来往函件也应分类整理建档

任务三　建设工程施工阶段监理工作

一、施工阶段监理工作

工程施工阶段是建设工程最终的实施阶段，是形成建筑产品的最后一步。施工阶段各方面工作的好坏对建筑产品优劣的影响是难以更改的。所以，这一阶段的监理工作至关重要。

施工阶段监理包括施工招标阶段监理、施工过程监理和竣工后工程保修阶段监理三个阶段。由于保修阶段的监理性质比较特殊，本节将着重讨论前两阶段的监理。

施工阶段监理是项目全过程监理的重要组成部分。施工阶段监理的任务仍然是有效地实施"三大控制"。施工阶段的"三大控制"有以下特点：

1. 质量控制方面

施工阶段是项目质量的实际形成阶段，项目的质量很大程度上决定于施工阶段监理工作的质量。施工阶段的质量控制是整个项目进度控制的重点控制阶段，其任务就是通过健全有效的质量监督工作体系来确保工程质量达到预定的标准和等级要求。

2. 进度控制方面

施工阶段是工程实体的形成阶段，项目的建设工期和进度取决于施工阶段工期的长短和进度。施工阶段的进度控制是整个项目进度控制的重点控制阶段，其任务就是通过完善以事前控制为主的进度控制工作体系来实现项目的工期或进度目标。

3. 投资控制方面

施工阶段是资金投放量最大的阶段，业主对项目建设所需资金的筹措和运用，与施工阶段的全面策划和进度安排息息相关。施工阶段投资控制的任务不同于承包单位控制成本，而是在形成合理的合同价款的基础上，着力控制施工阶段可能发生的新增工程费用，以及正确地处理索赔事宜，以达到对工程实际投资额的有效控制。

二、施工阶段质量控制

施工阶段质量控制是工程项目全过程质量控制的关键环节。工程质量很大程度上取决于施工阶段的质量控制。监理工程师在此阶段的中心任务是通过建立健全有效的质量监督工作体系来确保工程质量达到合同规定的标准和等级要求。

根据工程实体质量形成的时间阶段，施工阶段的质量控制又可分为事前控制、事中控制和事后控制。其中，工作的重点应是质量的事前控制。

1. 事前质量控制

所谓事前质量控制，是指在施工前进行的质量控制。事前质量控制包括施工招标阶段的质量控制工作和施工准备阶段的质量控制工作。

(1)施工招标阶段的质量控制

项目总监理工程师应组织有关专业监理工程师熟悉施工图及设计技术说明，准备并发送招标文件，协助评审招标书，提出决标意见，协助建设单位与承建单位签订承包合同。如承包单位需要将工程的某部分委托分包单位施工时，项目总监理工程师应协同建设单位对分包单位进行资格审查和认可。

（2）施工准备阶段的质量控制

施工准备阶段工作的主体是施工单位。监理单位应积极配合施工单位，共同确定一个最佳的施工组织方案。为此，监理单位要做好如下几项工作：

①进行施工场地的质检验收与交接

首先应进行现场障碍物拆除、迁建及清除后验收，其次进行现场定位轴线及高程标桩的测设、验收。在验收完成后尽快向施工单位办理交接。

②组织好图纸会审与技术交流

施工图纸是项目建设的合法依据，必须严格按图示尺寸要求施工。因此，熟悉图纸内容、理解设计意图、搞清结构布局是监理单位和施工单位的首要任务。由于一个大型工程项目的施工图纸有数百张，涉及建筑、结构、水、电、暖、消防、煤气、通信、装修、绿化等十余个工种，加之设计人员在素质上的差异，设计图纸中难免出现这样或那样的问题，故应于施工前进行施工图纸会审，尽早发现图纸中的差错与不足，以减少不必要的浪费与损失。

③审查施工单位提交的施工组织设计或施工方案

施工组织设计是组织实施一个工程项目建设的纲领性文件，是施工准备阶段最主要、最关键的施工准备工作。一般分为施工组织总设计、单位工程施工组织设计和分部分项工程施工组织设计，分别针对一个建设项目或建设群、一个单位工程和一个分部分项工程。这里所讨论的是针对一个单位工程的施工组织设计。监理单位对施工组织的审查，应要求施工单位提交保证工程质量的可靠技术和组织措施。

④审核材料、半成品和设备的质量

监理工程师应严格督促有关方面按照合同规定的质量标准组织材料、半成品的订货和收购，并严格按标准进行检查和验收。

⑤采用有效措施改善生产、管理环境

施工作业所处的环境条件对于保证工程施工的顺利进行和工程质量有着重要影响，为此，监理工程师在施工前应事先对施工环境条件及相应的准备工作进行检查和控制。

⑥把好开工关

监理工程师对现场各项准备工作检查合格后，方可发布书面的开工指令。对于已停工程，则需有监理工程师的复工指令始能复工。对于合同中所列工程及工程变更的项目，开工前承包商必须提交"开工申请单"，经监理工程师审查前述各方面条件具备并予以批准后，施工单位才能开始正式施工。

2. 事中质量控制

施工过程是形成工程项目质量的重要环节，也是监理工程师控制质量的重点。监理工程师应严格按照质量计划目标的要求，加强施工工艺管理，督促施工单位认真执行工艺操作标准和操作规程，以保证施工质量的稳定性。具体的工作内容主要有：

（1）加强工序质量控制

工程质量是在工序中产生的，工序控制对工程质量起着决定性的作用。应把影响工序质量的因素都纳入管理体系中，建立质量控制点，及时检查和审核施工单位提交的质量统计分析资料和质量控制图表。

（2）严格执行工序间的交接检查

坚持上道工序不经检查验收不准进行下道工序的原则。上道工序完成后，先由施工单位进行自检、专职检，认为合格后再通知现场监理工程师或其代表会同检验，认可后才能进行下道工序。主要工序作业(包括隐蔽作业)需按有关验收规定经现场监理人员检查，签字验收。

(3)对重要工程部位进行必要的试验复核

监理工程师还应对重要的工程部位或专业工程亲自进行试验或技术复核。对于重要材料、半成品，可自行组织材料试验工作。

(4)审核工程变更

广义的工程变更包括由业主提出的设计变更和由施工单位提出的工程变更，不管何种变更，均须经监理工程师审核，并由监理工程师发出有关工程变更指示。

(5)行使质量监督权，下达停工令

按监理合同要求，监理工程师拥有质量监督权和质量否决权。为了保证工程质量，在下述情况下，监理工程师有权下达停工令：

①施工中出现质量异常，经提出后未采取改进措施，或采取的改进措施不力，还未使质量状况发生好转趋势；

②隐蔽作业未经现场监理人员查验而自行封闭、掩盖；

③对已发生的质量事故未进行处理和提出有效的改进措施就继续作业；

④擅自变更设计图纸进行施工；

⑤使用没有技术合格证的工程材料，或者擅自替换、变更工程材料；

⑥未经技术资质审查的人员进入现场施工。

(6)对已完成工程进行质量验收

对已完成的分项分部工程，监理工程师要按相应的质量评定标准和办法进行检查、验收，并予以签字认可。

此外，监理工程师应组织定期或不定期的现场会议，及时分析、通报工程质量状况，并注意督促施工单位服从政府质量监督机构的质量监督，为其工作提供方便。

(7)处理已发生的质量缺陷或质量事故

根据我国有关质量、质量管理和质量保证方面的国家标准的定义，凡工程产品质量没有满足某个规定的要求，就称之为质量不合格；而没有满足某个预期的使用要求或合理的期限(包括与安全性有关的要求)，则称之为质量缺陷。在建设工程中通常所称的工程质量缺陷，一般是指工程不符合国家或行业现行有关技术标准、设计文件及合同中对质量的要求。

由于工程质量不合格和质量缺陷而造成或引发经济损失、工期延误或危及人的生命和社会正常秩序的事件，称为工程质量事故。

由于影响工程质量的因素很多而且复杂多变，难免会出现某种质量事故或不同程度的质量缺陷，因此，处理好工程的质量事故，认真分析原因，改进质量管理与质量保证体系，使工程质量事故减少到最低程度，是质量监理的一个重要内容和任务。监理工程师应当重视工程质量不良可能带来的严重后果，切实加强对质量风险的分析，及早制定对策和措施，重视对质量事故的防范和处理，避免已发事故的进一步恶化和扩大。

工程质量事故发生后，事故处理主要应搞清原因、落实措施、妥善处理、消除隐患、界定责任。其核心及关键是搞清原因。

工程质量事故发生的原因是多方面的，有技术上失误的原因，也有由于违反建设程序或法律法规的原因；有设计、施工的原因，也有由于管理方面或材料方面的原因。监理工程师一旦发现工程中出现了质量缺陷，首先要以"质量通知单"的形式通知施工单位，并要求停止有质量缺陷部位和有关联的部位及下一道工序的施工，必要时还应要求施工单位采取防护措施。

施工单位接到质量通知单后，应向监理工程师提出工程质量缺陷的报告，说明以下方面的详细情况：

①质量缺陷的详细情况，诸如质量缺陷发生的时间、地点、部位、性质、现状及发展变化情况等；

②造成质量缺陷的原因；

③提出修补缺陷的具体方案；

④保证质量的技术措施。

监理工程师对施工单位的质量缺陷报告要进行调查和研究，并提出对缺陷的处理决定。

发生的质量事故，不论是否是由于施工单位方面的责任、原因造成的，质量缺陷的处理通常都是由施工单位负责实施。如果发生的质量事故不是由于施工单位方面的责任、原因造成的，则处理质量缺陷所需的费用或延误的工期，应给予施工单位补偿。

在质量缺陷处理完毕后，监理工程师应组织有关人员对处理结果进行严格的检查、鉴定和验收，写出"质量事故处理报告"，提交业主，并上报有关主管部门。

3. 事后质量控制

事后质量控制是指完成施工过程并形成产品后的质量控制，是围绕过程验收和工程质量评定为中心进行的。其具体工作内容有：

(1)分部分项工程的验收。

一项分部分项工程完成后，施工单位应对其先进行自检，确认合格后，再向监理工程师提交一份"中间(中期)交工证书"，请求监理工程师予以检查、确认。监理工程师可按合同文件的要求，根据施工图纸及有关文件、规范、标准等，从产品外观、几何尺寸以及内在质量等方面进行检查、审核。如确认其质量符合要求，则签发"中间交工证书"予以验收；如有质量缺陷，则指令施工单位进行处理，待质量符合要求后再予以验收。

(2)组织联动试车或设备的试运转。

(3)参与单位工程或整个工程项目的竣工验收。

在一项单位工程完工后或整个工程项目完成后，施工单位应先进行竣工自验，自验合格后，向监理工程师提出竣工验收申请。监理工程师应对施工单位提交的竣工图和质量检验报告及有关的技术性文件进行审核，对拟验收项目初验合格后，上报业主。由业主组织施工单位、设计单位和政府质量监督部门等参加正式验收。

三、施工阶段的进度控制

建设项目施工阶段进度控制的最终目标，是保证建设项目按期建成，交付使用。工期不能按期竣工，将造成重大经济损失，项目的预期效益得不到及时发挥。此外，由于仓促抢工期增加额外投资并降低工程质量，也是不可取的。制订一个科学、合理的工程项目进度计划，是监理工程师实现进度控制的首要前提。计划工期确定后，监理工程师应根据进度计划确定实施方案。施工进度计划在执行工程中呈现如下特点：

(1)计划的被动性。由于工程施工主要是按照工程设计要求进行的,施工进度计划必须满足项目总进度计划的要求,这就使得施工进度计划具有被动性。

(2)计划的多变性。由于工程施工受外加自然条件影响较大,不可预见因素多,因此施工进度计划的相对稳定性小,具有复杂的多变性。

(3)计划的不均衡性。由于工程施工受开工、竣工时间和季节性施工以及施工过程中各阶段工作面大小不一的影响,使得施工进度计划难以达到理想的均衡程度,因此,施工阶段监理工程师的进度控制应加强预见性和及时性,采取变被动为主动的动态进度控制。

施工阶段进度控制的主要内容包括事前、事中和事后的进度控制。

1.进度的事前控制

进度的事前控制是指工期的预控。其具体内容有:

(1)编制施工阶段进度控制的工作细则

施工阶段进度控制工作细则是监理工作计划在内容上的进一步深化和补充,它是施工阶段监理人员实施进度控制的指导性文件。

(2)编制或审核施工总进度计划

施工阶段监理的主要任务是保证施工任务按期完成。对于大型群体工程项目,由于施工周期长,工作内容多,当施工任务由若干个平行的施工单位承建时,监理人员也可能负责施工总进度计划的编制,以便对各项施工任务做出时间上的安排。其作用在于确定各单位工程与全工地性工程的衔接关系。当采用施工总承包形式时,施工总进度计划也可由总承包单位编制,此时,监理工程师要审核施工总承包单位编制的施工总进度计划,主要审核其是否符合总工期控制目标的要求及计划的合理性。

(3)审核单位工程施工进度计划

监理工程师一般不负责单位工程施工进度计划的编制,但必须对施工单位提交的施工进度计划进行审核,经认可后方可执行。监理工程师根据工程特点、合同条件、工期目标等审查施工方法、施工顺序、各阶段材料、人工、机械的投入情况,资金供应情况及运用情况等,提出建设性意见供承包商考虑修改,如无问题,则予以确认(审批),付诸实施。

(4)进行进度计划系统的综合

监理工程师对施工单位提交的施工进度计划进行审核后,往往要把若干个相互关联的处于同一层次或不同层次的施工进度计划综合成一个多阶群体的施工总进度计划,以利于进度总体控制。

(5)编制年度、季度、月度工程进度计划

进度控制人员应以施工总进度计划为基础编制年度工程进度计划,安排年度工程投资额,控制单项工程项目的形象进度和各种所需资源(包括资金、设备材料和施工力量),做好综合平衡,相互衔接。年度计划作为建设单位拨付工程款和备用金的依据。此外,还需编制季度和月度工程进度计划,作为施工单位近期执行的指令性计划,以保证施工总进度计划的实施。最后适时发布开工令。

2.进度的事中控制

进度的事中控制是指项目在实施过程中进行的进度控制,这是施工进度计划能否付诸实施的关键过程。进度控制人员一旦发现实际进度与目标偏离,必须及时采取措施来纠正这种偏差。同时,应及时进行过程计量,这也是为向施工单位支付工程进度款提供进度方面的依据。事中进度控制的具体内容包括：

（1）建立反映工程进度状况的监理日志

逐日如实记载每日形象部位及完成的实物工程量。同时，如实记载影响工程进度的内、外、人为和自然的各种因素。暴雨、大风、现场停水、现场停电等应注明起止时间（小时、分钟）。

（2）工程进度的检查

审核施工单位每半月、每月提交的工程进度报告。重点审核：①进度计划与实际进度的差异；②形象进度、实物工程量与工作量指标完成情况的一致性。

（3）工程计量验收、签证

进度、计量方面的签证是支付工程进度款、计算索赔、延长工期的重要依据。按合同要求，监理工程师应及时进行工程计量验收。同时，还需和质量监察部门协调，进行质量监察验收。对已完工程量核实后签署支付工程进度款的认证意见。

（4）工程进度的动态管理

实际进度与进度计划发生差异时，监理工程师应分析产生的原因，并提出进度调整的措施和方案，同时调整相应的材料、资金等计划，组织现场协调会，必要时调整工期目标。

监理工程师应针对影响施工进度计划实施的各种因素采取相应措施，减小各种干扰因素对施工进度的影响。影响施工进度的因素主要有：

①参加工程建设的各相关单位的配合

包括规划部门、建设主管部门、设计部门、材料供应部门、构件供应单位、贷款银行、运输单位、供电单位等，克服这些部门产生的阻力的主要办法是充分发挥监理的作用，协调进度，加强协作，并相互监督，坚持按合同办事，安排必要的机动时间，使计划留有余地。

②物资供应对施工进度的影响

可能产生供应时间拖后或供应物资的质量不符合要求，监理工程师要严格把关。

③资金的影响

对施工单位来说，资金的影响主要来自业主，或是不及时给足预付款，或是拖欠工程款，这都会影响施工单位流动资金的周转，进而殃及进度。解决的办法是：a.进度计划安排与基金供应状况进行平衡；b.想办法及时收取工程进度款；c.对占用资金的各要素进行计划投放。监理工程师确定进度目标要根据业主资金提供能力及资金到位速度确定，以免因资金供应不足拖延进度，导致工期索赔。

④设计变更的影响

设计变更是难免的现象，可能是因为原设计有问题，也可能是业主提出了新的要求。除了加强图纸会审、洽商外，监理工程师应从这些变更对进度、质量、投资影响的角度进行核审，严格控制随意变更，特别应对业主的变更要求进行制约。

⑤施工条件的影响

主要是气候、水文、地质、现场条件等不利因素的影响，承包商应利用自身的技术组织能力予以克服。监理单位要对承包商不能自行解决的问题，协调疏通关系，积极创造解决问题、克服困难的条件。

⑥各种风险因素的影响

风险因素包括政治上的，如战争、制裁等；经济上的，如延迟付款、分包商违约等；技术上的，如工程事故、实验失败、标准变化等。必须有控制风险、减少风险损失对进度影响的措施。监理单位要加强风险管理，对已发生的风险事故给予恰当处理。

⑦自身管理失误的影响

如组织不力所产生的影响，包括方案不当、计划不周、管理不善、解决问题不及时等。应当通过总结分析，吸取教训，及时改进，并通过接受监理来改善工作。

此外，监理工程师应当定期向业主汇报工程实际进展状况，按期提供必要的进度报告。

3. 进度的事后控制

当实际施工发生拖延时，监理单位有权要求承包单位采取措施追赶进度。再经过一段时间后，如实际进度没有明显的改进，仍然与计划进度有较大差距，且显然将影响到工程按时竣工，监理人员应要求承包单位修改计划进度，并提交监理工程师重新确认。若造成拖延的原因为承包商，虽然监理工程师确认了经修改而仍使工期有所推迟的进度计划，但承包方仍不能解除应负的一切责任，则要承担赶工的全部额外开支和误期损失赔偿。若造成拖延的原因不属承包方，则监理工程师确认的新进度计划中拖延的时间就是批准工期的延长或延期，时间应作为合同工期的一部分，即从发布开工令时起，原定合同工期加上批准的工程延期时间，是新的竣工时间。

四、施工阶段的投资控制

为控制项目投资，监理工程师必须编制资金使用计划，确定建设项目在施工阶段的投资控制目标值，包括项目的总目标值、分目标值、各细目标值。在项目施工过程中采取有效措施，控制投资的支出，将实际支出值与投资控制的目标值进行比较，并做出分析及预测，加强对各种干扰因素的控制，及时采取措施，确保项目投资控制目标的实现。同时，根据实际情况，允许对投资控制目标进行必要的调整，调整的目的是使投资控制目标始终处于最佳状态且切合实际。但应注意，调整既定目标应严肃对待并按规定程序进行。

施工阶段投资控制主要采用经济措施、技术措施和合同措施，确保投资控制目标的实现。

1. 施工阶段投资控制的经济措施

监理单位对施工图预算、进度款及结算的审核是投资控制的重要工作。审核施工图预算是对项目的预控，审核进度款是控制阶段拨款，审核结算是最终核定项目的实际投资。施工阶段的重点是审核结算，具体工作有：

(1)认真办理现场经济技术签证工作

现场经济技术签证是指事前不能确定而需按实结算的一部分工作量。它涉及的面较宽，如隐蔽工程、材料代换、施工条件变化、停水停电、设计变更等等。由于这一部分工程比较琐碎，常常被监理工程师疏忽。有时不经亲自核验就签字认账，给业主增加不必要的额外支出。如某人工挖孔桩工程，遇到了沙层，出现了流沙，其处理费依合同规定应按实计算。个别监理人员偷懒怕脏，不下井进行实地量测，仅依据施工单位的申报就签字认账，结果仅此一项签证就达 60 万元之多，占桩基工程造价的 32%，引起业主强烈不满。

(2)严格执行工程价款计量支付程序和规则

依据合同规定，控制好已完工程价款的计量与支付，是监理工程师控制项目投资的最重要手段。首先要认真做好已完工程量的验方计量工作。对于承包商申报的已完工程量，要严格按照招标书、合同规定的套用定额、计算规则和标准，去核验、复算申报工程量的数量是否正确无误，所申报各分项子目是否与标书工程量清单子目一致，工程质量是否符合规定，是否已由监理工程师签字确认。不符的子目、未完的分项和质量达不到合同标准的，不能进行支付，这样做的目的是为了避免因计算方法的改变而引起工程量的增加，避免资金的过早投入，减少利息支付。

如某一路基挖石方项目，在工程清单说明中是这样定义的："凡需进行爆破，或者要使用金属插楔或大铁锤，或该材料的移动除需要使用空气压缩机钻外，不能用带有单个尾装重型松土器的，至少应为112.5 kW 的拖拉机所松翻。"这是确定挖方是土方还是石方的定义依据。凡符合上述定义的为石方，否则为土方。但承包商在实施中，向监理工程师提交了一个鉴定石方的新方法，该方法是一项新的技术发明，其可靠性毋庸置疑，而且操作简便，监理工程师采纳使用了这一方法，结果使实际结算石方量较定义鉴定石方量多出了 20 万 m³，给业主造成二三百万元的经济损失。

又如，在同一项目上，对挖石方的工作内容这样规定：①爆破石方；②将石方解小至块径不大于 90 cm；③将石块移至指定地点堆放。但承包商未将石块解小即申报计量支付，监理工程师无经验，只看到路垒已形成且符合质量要求，石块已移至指定地点堆放，即签发了计量证书，结果使业主后来使用石料时，不得不再请人进行石块解小，又多支付了一笔费用。

监理工程师要严格按照约定与规定进行计量，不论实际情况如何，都不能自作主张，否则就会引起费用的加大。

(3)做好预(结)算的审核工作

与计量支付相对应的还有预(结)算的审核，这对于实行预(结)算办法的工程十分重要。目前有不少承包商出于个人利益的考虑，或由于竞争报价太低，难以保本，往往采取虚估冒算、重复多算、改变计算规则等办法来增加收入，有时这笔费用还十分可观，对此监理工程师不能掉以轻心。如渤海铝二期工程，监理工程师对八项土建工程施工图进行了逐项复核，核减了300 多万元。北京五环监理公司在对某一工程的概预算进行审核中，发现虚估冒算、重复多算等现象均有发生。如竖向钢筋搭接长度倍数承包商按64 d 计算；又如剪力墙内暗柱部分的墙筋本应扣除，但却重算；洞口加筋、腰筋等均有冒算现象。经监理工程师审核，仅主楼钢筋就核减了 3000 t 以上，另一地下室工程也核减了钢筋 1101 t，占总配筋量的33%，核减工程款达到 1086 万元之多。

竣工结算工作同样十分重要，除正常的预算额外，还涉及变更、签索赔等方方面面，出入较大，水分也多。据近几年有关审查工程结算的积累数据表明，平均核减幅度在 7% 左右。

2.施工阶段投资控制的技术措施

施工阶段投资控制中采用的技术措施主要有以下几方面：

(1)用经济技术的观点，从优化的角度评定完善施工方案

一个先进可行的施工方案是项目目标实现的基本保证。不同的施工方案，又对应着不同的费用成本。除固定成本外，可变成本更是如此。如施工技术措施费，降水、支护、四邻建筑物和道路的加固保护等，不同的方法将会有不同的费用支出。以深基坑支护方案为例，采用悬臂桩加锁口梁方案与非封闭环拱对口撑的方案相比，前者费用要比后者高20%以上。同样，在施工技术上，若推广可靠的新技术、新材料、新工艺，也可大大降低成本。

(2)对设计变更部分进行技术经济比较，严格控制设计变更

设计变更会引起造价的增减，会发生对原已施工部分的处理和拆除，打乱原有的施工计划和秩序，出现待工、窝工现象，延误工期。有时又可能诱发承包商的索赔事件，增加额外支出，故应慎重处理，从严控制。非变更不可的，要尽量缩小变更范围，并争取尽早变更，因为变更越早影响越小；可变可不变的就要坚持不变。如京津唐高速公路徐庄互通式立交桥，因设计变更，承包商增加报价 2000 多万元，经监理工程师认真审核，做耐心仔细的解释工作，将费用增加额度减至 860 万元。

（3）继续寻求通过设计的修正挖潜节约投资的可能

监理工程师通过认真会审图纸，可发现图纸中存在的错、漏等毛病，消除质量隐患，减少设计变更，为施工顺利进行奠定基础。同时，通过审图，提出设计修改建议，节约投资。如湖北隔河岩水利枢纽工程，监理工程师通过审图，提出 81 项修改建议，经设计认可实施，节约投资 746.88 万元，仅围堰工程一项修改设计，就减小混凝土量 2.37 万 m^3。

3. 施工阶段投资控制的合同措施

施工阶段投资控制中采用的合同措施，主要有以下几方面：

（1）协助业主签订有利的合同

协助业主签订一个有利的合同，是控制好项目投资的基础。

合同一经双方签字生效，就成为约束双方当事人在工程实施中的行为的最高法律文件。它的每一项条款，都与双方的经济利益紧密相关，它深刻地影响双方的成本、费用和收入。有人说"合同字字值千金"，就是这个意思。所以，监理工程师应协助业主签订一个有利的合同。

首先，应利用起草合同的便利，将招标文件中业主已确定的主要合同条款，投标人在标函中的承诺，对业主有利的方面尽可能地写入合同。但一定要公正、公平，不得采用欺诈哄骗手段，同时要注意合同的结构完整、合理和易于操作。应特别注意以下几点：

①内容齐全、条款完整，不能漏项。对合同履行中可能出现的各种情况，正常的或不正常的都要尽量做出定量的表述。针对各种情况的具体处理办法要书写清楚，尽量不留活口，以免执行中争执扯皮，浪费时间和精力。

②定义要清楚、严格、准确，责任界限要明确，不得含糊。定义清楚指双方要有一种认同的解释，否则会引来意外的麻烦。如深圳某工程在委托地下连续墙施工合同中，将地下连续墙定义为：a. 作为地下室施工期间的挡土止水结构；b. 作为地下室的结构墙体。地下连续墙施工完成暴露之后，发现多处渗漏，表面凹凸不平，业主认为不符合地下室墙体的质量要求，承包方则说地下连续墙原本就是如此，双方因认识上的不同而产生争执。

③内容具体详尽。合同内容要尽量具体、细致，不要笼统，不要怕条文多。

④坚持原则。合同应体现双方平等互利、公平、公正的原则。

（2）加强合同管理，减少业主额外费用的支出

目前，建筑市场"僧多粥少"，竞争激烈。承包商为了得到工程，会运用很多策略、手法，如压低报价，这对于业主来说就是一些风险或"陷阱"，处理不好，业主就要增加费用支出。监理工程师要从加强合同管理的角度出发，对承包商的"预谋"进行识别、评估，制定出相应的防范方案，以应不测。

（3）签署前对合同条文进行再审查

正式合同交付签署之前，监理工程师应对合同条文进行一次认真仔细的审查校核，特别

要注意对方对合同条件有无增删，合同条文有无含糊不清的概念，如有易于引起争执和理解不一致的地方，最好双方先协调清楚，做出备忘录，以免影响今后合同的履行。

(4) 随时检查合同执行情况，及时纠正偏差

监理工程师要随时注意主要合同目标的执行情况，发现偏离要及时指令纠正，这是业主的根本利益所在。同时，也要经常提醒业主履行合同的责任与义务，避免不必要的违约事件，减少索赔支出。

(5) 及时、合理地处理索赔

索赔是指在工程承包合同履行中，当事人一方因对方不履行或不完全履行既定的义务，或者由于双方的行为使权利人受到损失，要求对方补偿损失的权利。索赔是工程承包中经常发生并随时可见的正常现象。由于施工现场条件、气候条件的变化，施工进度、物价的变化，以及合同条款、规范、标准文件和施工图纸的变更、差异、延误等因素影响，使得工程承包中不可避免地出现索赔。

尽管监理工程师受雇于业主，但遇到索赔事件时，必须以完全独立的身份，站在客观公正的立场上审查索赔要求的正当性。监理工程师必须对合同条件、协议条款等有详细的了解，以合同为依据来公平处理对方的利益纠纷。

索赔发生后，监理工程师必须依据合同的准则及时对索赔进行处理。如果承包商的合理索赔要求长时间得不到解决，积累下来可能会影响其资金周转，从而影响整个工程的进度。监理工程师处理索赔时必须注意双方计算索赔的合理性。如由于业主的原因造成工程停工，承包商提出索赔，机械停工损失按机械台班单价计算，人工窝工按日工资单价计算，这显然是不合理的。机械停工由于不发生进行的费用，应按折旧费加以补偿；同样，对人工窝工，承包商可以考虑将人工调到别的工作岗位，实际补偿的应是工人由于更换工作地点及工种造成的工作效率的降低而发生的费用。

此外，由于建筑市场竞争激烈，有的承包商为了能够承接到任务，采取"低报价、高索赔"的经验策略，把索赔作为保本求利的重要手段。对此，监理工程师应当予以充分的注意和警觉。对待索赔应持积极主动的态度，加强合同意识。对于承包商的违约事件，要准确掌握数据，做好反索赔的准备工作。对于可能诱发承包商的索赔事件，要预先做好防范，制定可行的预控方案和应对策略，确保业主的合法权益不受损害。

任务四　建设工程竣工验收及保修阶段监理工作

一、建设工程竣工验收阶段监理工作

监理工程师在工程竣工验收阶段要充分利用自身优势和经验，当好建设单位的参谋和助手，协助建设单位完成竣工阶段的各项工作。

(一) 协助建设单位制定验收方案

1. 监理单位对项目工程量的检查、确认

总监理工程师应组织专业监理工程师，依据有关法律、法规、工程建设强制性标准、设计文件及施工合同，对承包单位报送的竣工资料进行审查。并对工程质量进行检查，确认是否已完成工程设计和合同约定的各项内容，达到竣工标准；对存在的问题，应及时要求承包

单位整改。整改完毕由总监理工程师签署工程竣工报验单。

2. 监理单位对施工单位的施工质量和质量文件进行检查确认

施工单位在工程完工后，对工程质量进行全面的检查，确认工程质量符合法律、法规、工程建设强制性标准规定，符合设计文件及合同要求。监理单位应按有关规定在施工单位的质量验收文件和试验、检测资料上签字认可。

3. 监理单位对勘察、设计单位的设计变更单、联系单等设计有关文件进行检查确认

勘察设计单位对勘察、设计文件及实施过程中由设计单位参加签署的变更原设计的资料进行检查，确认勘察、设计符合国家规范、标准要求，施工单位的工程质量达到设计要求。监理单位应对施工过程中发生形成的设计文件资料根据设计合同、国家规范、标准进行平行检查，确认文件符合规定，工程质量达到设计要求。

4. 监理单位对工程项目质量合格等级的核定

监理单位在施工单位自评合格，勘察、设计单位认可的基础上，对竣工工程质量进行检查并核定合格质量等级，并应在此基础上向建设单位提出工程质量评估报告。工程质量评估报告应经过总监理工程师和监理单位技术负责人审核签字，并加盖公章。

5. 协助建设单位查阅工程项目全过程竣工档案资料

工程项目全过程档案资料包括：

（1）建设单位施工前期资料（项目审批、受监及工程建设参与各方有关合同等）；

（2）施工阶段工程建设参与各方的档案资料；

（3）建设行政主管部门出具的认可文件；

（4）建设行政主管部门及其委托的监督机构出具的整改问题的消号情况。

6. 配合建设单位确认工程量、工程质量、支付工程款

工程项目竣工验收前，监理单位应配合建设单位确认工程量、工程质量，为建设单位及时支付工程款提供依据。建设单位在工程竣工验收前应按合同规定支付工程款，有工程款支付证明。

7. 监理单位和建设单位合同约定工程质量保修期监理的责任

施工单位和建设单位签署了工程质量保修书，监理单位和建设单位已合同约定工程质量保修期监理的责任年限、范围、内容和权限。

8. 建设行政主管部门及其委托的建设工程质量监督机构等有关部门要求整改的问题

项目监理机构应要求承包单位进行整改的工程质量符合要求，由监理工程师会同参加验收的各方签署整改完成报验单消号。

（二）监理单位协助建设单位完成竣工验收条件

1. 组成验收组，制定验收方案

工程完工，建设单位收到施工单位的工程质量竣工报告，勘察、设计单位的工程质量检查报告，监理单位的质量评估报告后，对符合竣工验收要求的工程，应组织勘察、设计、施工、监理等单位和其他有关方面的专家组成验收组。

2. "建设工程竣工验收备案表"和"建设工程竣工验收报告"的申领

监理单位应协助建设单位在工程竣工验收 7 日前，向建设工程质量监督机构申领"建设工程竣工验收备案表"和"建设工程竣工验收报告"，并同时将竣工验收时间、地点及验收组名单书面通知建设工程质量监督机构。

3. 建设工程质量监督机构应审查工程竣工验收十项条件和资料是否符合要求

符合要求的发给建设单位"建设工程竣工验收备案表"和"建设工程竣工验收报告"，不符合要求的，通知建设单位整改，并重新确定竣工验收日期。

（三）监理单位协助建设单位完成竣工验收的实施

（1）监理单位应协助建设单位做好竣工验收各项工作；

（2）建设、勘察、设计、施工、监理单位分别汇报工程合同履约情况和在工程建设各环节执行法律、法规和工程建设强制性标准的情况；

（3）验收人员审阅建设、勘察、设计、施工、监理单位的工程档案资料；

（4）实地查验工程质量；

（5）对工程勘察、设计、施工、监理单位各管理环节和工程实物质量等方面做出全面评价，形成验收组人员签署的工程竣工验收意见。

（四）竣工验收意见不一致时的解决方法

参与工程竣工验收的建设、勘察、设计、施工、监理等各方不能形成一致意见时，应当协商提出解决的方法，待意见一致后，重新组织工程竣工验收，当不能协商解决时，由建设行政主管部门或者其委托的建设工程质量监督机构裁决。

（五）监理单位竣工验收备案工作

工程竣工验收合格后，监理单位应在"房屋建筑工程和市政基础设施工程竣工验收备案表"竣工验收意见栏监理意见一项中填写对工程质量验收的意见，并填上工程核定质量等级，填写完毕，由总监理工程师和企业法定代表人分别签字并加盖监理单位企业公章。

二、建设工程保修阶段监理工作

《中华人民共和国建筑法》、《建筑工程质量管理条例》明确规定，建筑工程实行质量保修制度；2000 年 6 月建设部颁布实施的《房屋建筑工程质量保修办法》更加对保修的内容、期限和责任进行了明确的规定。

《房屋建筑工程质量保修办法》中，对于在保修阶段建设单位与施工单位如何做好保修阶段的工作以及相互责任都有具体的说明，而对于监理单位在工程保修的工作及责任没有明确规定；但是建筑工程监理合同、《建筑工程监理规范》（GB50319—2000）中明确将工程质量保修阶段的监理工作列入施工阶段的监理内容。

（一）协助业主确定合理的保修期限

《建筑工程质量管理条例》规定，建设工程的保修期，自竣工验收合格之日起计算。《房屋建筑工程质量保修办法》规定，在正常使用下，房屋建筑工程的最低保修期限为：

（1）地基基础工程和主体结构工程，为设计文件规定的该工程的合理使用年限；

（2）屋面防水工程、有防水要求的卫生间、房间和外墙面的防渗漏，为 5 年；

（3）供热与供冷系统，为 2 个采暖期、供冷期；

（4）电气管线、给排水管道、设备安装为 2 年；

（5）装修工程为 2 年。

随着社会经济的发展，建筑工程的复杂程度越来越高，分工越来越细，系统越来越多，如综合建筑的智能化系统、医院工程的中心给氧与吸引系统、手术室等等，这些都需要现场监理人员协助建设单位确定工程的合理保修期限，在工程保修书中明确。

　　需要强调的是，在现场监理工作中，有许多业主由于竣工验收需要支付给各施工单位工程款等各种原因，在工程没有通过最终的竣工验收，只是由监理单位组织工程预验收的基础上就提前使用工程；使用后，工程的竣工验收往往没有人重视，验收一拖再拖，并且认为工程没有竣工验收，工程中的一切问题由施工单位负责，相应的管理人员不能到位，仍然要求施工人员进行运行管理。依据《合同建筑施工合同（示范文本）》中通用条款，工程未经竣工验收或竣工验收未通过的，发包人不得使用。发包人强行使用时，由此发生的质量问题及其他问题，由发包人承担责任。

　　所以在发生上述情况时，监理单位应及时提醒业主在使用该工程时，建筑工程已经进入工程保修阶段，开始计算保修期。

（二）保修期的监理工作

　　主要是针对在保修期出现的工程质量问题的处理进行，不同于施工阶段监理工作的是，它主要对已成工程质量事实的处理，包括进行原因调查与分析、责任划分、整改（返修）检查和验收。若涉及非承包单位原因造成的工程质量缺陷的修复，监理人员应核实修复工程的费用，签署工程款支付证书。

　　1. 协助业主制订保修计划

　　保修期开始，监理单位应依据工程的特点，派驻现场监理人员；现场监理人员应根据工程的特点，协助业主制订工程的保修计划；确定各施工单位保留熟悉整个建设过程的有关人员的名单、数量及联系方式等资料；配置一定数量的保修用备品备件；确定保修响应的时间、质量缺陷责任认定的程序、保修费用的支付程序等。合理严谨的保修计划能够保证保修工作的高效开展，减少由于工程存在的质量缺陷对业主造成的影响及损失。

　　2. 客观公正地开展监理工作

　　在工程保修阶段，监理的主要工作是质量缺陷的原因分析、维修方案的审核及维修工作的验收。

　　（1）质量缺陷的原因分析

　　工程出现质量缺陷，监理人员首先应依据业主与施工单位签订的工程质量保修书，正确区分缺陷责任是由于承包人自身原因还是由于业主使用不当的原因，这一点对于业主及承包人都很重要；即使是由于业主使用不当造成的质量缺陷，承包人同样有义务进行维修，发生的费用由业主负责，结算可以参照工程变更的价款结算办法进行。对于缺陷责任认定不清的，应要求承包人及时进行维修，同时监理人员会同相关人员进行原因分析，最终依据责任划分确定是否产生维修费用。

　　（2）维修方案的审核

　　在维修方案审核过程中，监理人员应全面考虑工程正在使用，从全局角度出发，确定合理的维修方案，尽量避免由于维修工作对业主带来的影响和损失。较小的质量缺陷，可及时进行抢修。但对较大的质量缺陷和功能障碍，必须要求承包单位先编制施工方案，尽量避免对工程在使用过程中，因维修带来不必要的损失和因此引发更多的纠纷。审查这类施工方案，须与建设单位密切配合，须在其与工程的现时使用者协调有关细节后，并将这些细节告之施工单位，在施工、建设单位、现时使用者之间达成一致意见后才能批准施工方案。施工方案的技术性方面的处理措施，监理人员应根据实际维修环境、环节，认真审查其周密性，保证维修质量,避免维修对工程造成其他的损害及污染。

(3)维修工作的验收

维修工作一旦结束,监理人员应对其认真验收,对于条件允许的缺陷,必要时采取一些试验,保证维修工作满足使用要求。

若出现工程质量缺陷,施工单位没有在规定时间内进场维修,监理可以建议业主委托其他有资质的人员进行维修,发生的费用,监理人员认真计量审核,作为结算的依据,若属施工单位原因造成的,则发生的维修费用从施工单位的保修金中扣除。

在工程保修期将到期的前 1-2 个月,由监理人员组织业主方以及承包商共同对工程进行全面目测检查。

(三)做好保修阶段监理的意义

监理单位依据工程的具体特点,安排相应的监理人员承担保修期的监理工作,根据监理合同,完成监理任务,具有十分重要的意义。

(1)得到业主的认可,提升自己的品牌。

由于工程质量的检查验收,并不是对每一个点和每一个细部都可能检查到位,所以,在工程使用初期,往往会暴露出许多的工程质量缺陷和一些工程功能障碍。但是由于建设单位、施工单位代表利益的不同,往往对于出现的质量缺陷的处理方案、责任划分存在分歧;监理单位作为工程建设的第三方,参与了工程全过程的施工管理,对于缺陷处理方案的确定、缺陷责任的划分起着十分重要的作用。

监理单位对保修阶段的监理也要像施工阶段那样重视,想用户所想,急用户所急。搞好保修阶段监理工作,也是监理单位提高资信度,保持监理行业形象,创监理品牌的重要方面。

(2)有利于监理费用的结算及支付。

监理费用在监理合同中一般以建设单位提供的工程概算价格计算,要求工程结束后依据实际的工程总造价进行结算;而在监理费结算过程中,由于工程已经结束,有不少的建设单位不愿意按实结算或者故意减少监理费用,如结算过程中,将电梯的设备费用、空调主机费用等不计入工程总造价中,理由是设备的生产监理单位没有监理等,给监理单位造成了不少的损失。

在保修阶段,工程结算已经审计完成;监理单位积极主动地参与工程保修阶段的监理,能够实时掌握工程的实际造价,有利于监理费的结算。

(3)监理单位作为工程建设的公正的第三方,对于保修阶段出现的缺陷争议时,监理应如实做好记录,作为今后通过法律方式解决该纠纷的原始记录之一。

项目三　建设工程监理目标控制

建设工程监理目标控制是监理工作的一项重要内容,是保证建设工程质量、进度、投资达到预期目标的重要举措,监理工程师在监理活动中必须认真制订目标控制计划,并严格实施。

任务一　建设工程目标控制概述

一、控制的概念

控制是建设工程监理的重要管理活动。在管理学中，控制通常是指管理人员按计划标准来衡量所取得的成果，纠正所发生的偏差，使目标和计划得以实现的管理活动。管理首先开始于确定目标和制订计划，继而进行组织和人员配备，并进行有效的领导，一旦计划付诸实施或运行，就必须进行控制和协调，检查计划实施情况，找出偏离目标和计划的误差，确定应采取的纠正措施，以实现预定的目标和计划。

二、控制的程序和基本环节

1. 控制的程序

不同的控制系统都有区别于其他系统的特点，但同时又都存在许多共性。建设工程目标控制的程序可以用图 4 - 7 表示。

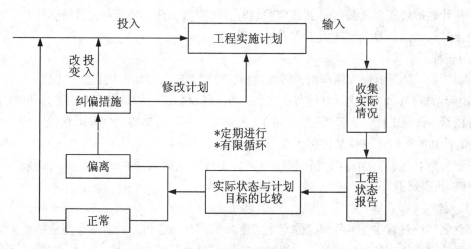

图 4 - 7　控制程序图

由于建设工程的建设周期长，在工程实施过程中所受到的风险因素很多，因而实际状况偏离目标和计划的情况经常发生，往往出现投资增加、工期拖延、工程质量和功能未达到预定要求等问题。这就需要在工程实施过程中，通过对目标、过程和活动的跟踪，全面、及时、准确地掌握有关信息，将工程实际状况与目标和计划进行比较。如果实际偏离了目标和计划，就需要采取纠正措施，或改变投入，或修改计划，使工程能在新的计划状态下进行。而任何控制措施都不可能一劳永逸，原有的矛盾和问题解决了，还会出现新的矛盾和问题，需要不断地进行控制，这就是动态控制原理。上述控制流程是一个不断循环的过程，直至工程建成交付使用，因而建设工程的目标控制是一个有限循环过程，而且一般表现为周期性的循环过程。通常，在建设工程监理的实践中，投资控制、进度控制和常规质量控制问题的控制周期按周或月计，而严重的工程质量问题和事故，则需要及时加以控制。目标控制也可能包含着对已采取的目标控制措施的调整或控制。

2.控制的基本环节

图4-7所示的控制程序可以进一步抽象为投入、转换、反馈、对比、纠正五个基本环节，如图4-8所示。

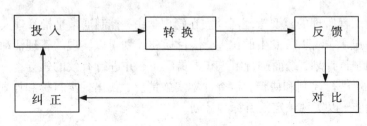

图4-8 控制流程的基本环节

（1）投入

控制程序的每一循环始于投入。投入首先涉及的是传统的生产要素，包括人力（管理人员、技术人员、工人）、建筑材料、工程设备、施工机具、资金等；此外还包括施工方法、信息等。要使计划能够正常实施并达到预定的目标，就应当保证将质量、数量符合计划要求的资源按规定时间和地点投入到建设工程实施过程中去。

（2）转换

所谓转换，是指由投入到产出的转换过程，通常表现为劳动力（管理人员、技术人员、工人）运用劳动资料（如施工机具）将劳动对象（如建筑材料、工程设备等）转变为预定的产品。如设计图纸、分项工程、分部工程、单位工程、单项工程，最终输出完整的建设工程。在转移过程中，计划的运行往往受到许多因素干扰，同时，由于计划本身不可避免地存在一些问题，从而造成实际状况偏离预定的目标和计划。对于可以及时解决的问题，应及时采取纠偏措施，避免"积重难返"。

（3）反馈

在计划实施过程中，实际情况的变化是绝对的，不变是相对的，每个变化都会对目标和计划的实施带来一定的影响。所以，控制部门和控制人员需要全面、及时、准确地了解计划的执行情况及其结果，而这就需要通过反馈信息来实现。为此，需要设计信息反馈系统，预先确定反馈信息的内容、形式、来源、传递等，使每个控制部门和人员都能及时获得他们所需要的信息。信息反馈方式可分为正式和非正式两种。对非正式信息反馈也应当予以足够的重视，非正式信息反馈应当适时转化为正式信息反馈。

（4）对比

对比是将目标的实际值与计划值进行比较，以确定是否发生偏离。在对比工作中，要注意以下几点：一是明确目标实际值与计划值内涵。从目标形成的时间来看，在前者为计划值，在后者为实际值；二是合理选择比较的对象，常见的是相邻两种目标值之间的比较；三是建立目标实际值与计划值之间的对应关系；四是确定衡量目标偏离的标准。

（5）纠正

对于目标实际值偏离计划值的情况要采取措施加以纠正（又称纠偏）。根据偏离的具体情况，可以按以下三种情况进行纠偏：一是直接纠偏。指在轻度偏离的情况下，不改变原定目标的计划值，基本不改变原定的实施计划，在下一个控制周期内，使目标的实际值控制在计划值范围内；二是不改变总目标的计划值，调整后期实施计划，这是在中度偏离情况下所采取的对策；三是重新确定目标的计划值，并据此重新制订实施计划，这是在重度偏离情况下所采取的对策。

三、控制的类型

根据划分依据的不同，可将控制分为不同的类型。例如，按照控制措施作用于控制对象的时间，可分为事前控制、事中控制和事后控制；按照控制信息的来源，可分为前馈控制和反馈控制；按照控制过程是否形成闭合回路，可分为开环控制和闭环控制；按照控制措施制定的出发点，可分为主动控制和被动控制。控制类型的划分是人为的（主观的），是根据不同的分析目的而选择的，而控制措施本身是客观的。因此，同一控制措施可以表述为不同的控制类型，或者说，不同划分依据的不同控制类型之间存在内在的同一性。

1. 主动控制

主动控制是在预先分析各种风险因素及其导致目标偏离的可能性和程度的基础上，拟订和采取有针对性的预防措施，从而减少乃至避免目标偏离。主动控制也可以表述为其他不同的控制类型。

主动控制是一种事前控制。它必须在计划实施之前就采取控制措施，以降低目标偏离的可能性或其后果的严重程度，起到防患于未然的作用。主动控制是一种前馈控制。根据已建同类工程实施情况的综合分析结果，结合拟建工程的具体情况和特点，用以指导拟建工程的实施，起到避免重蹈覆辙的作用。主动控制是一种面对未来的控制，他可以解决传统控制过程中存在的时滞影响，尽最大可能避免偏差已经成为现实的被动局面，降低偏差发生的概率及其严重程度，从而使目标得到有效控制。

2. 被动控制

被动控制是从计划的实际输出中发现偏差，通过对产生偏差原因的分析，研究制定纠偏措施，以使偏差得以纠正，工程实施恢复到原来的计划状态，或虽然不能恢复到计划状态但可以减少偏差的严重程度。

被动控制是一种事中控制和事后控制。在计划实施过程中对已经出现的偏差采取控制措施，虽不能降低目标偏离的可能性，但可以降低目标偏离的严重程度，并将偏差控制在尽可能小的范围内。被动控制是一种反馈控制。根据本工程实施情况（即反馈信息）的综合分析结果进行的控制，其控制效果在很大程度上取决于反馈信息的全面性、及时性和可靠性。被动控制是一种面对现实的控制。虽然偏差已成事实，但仍可能使工程实施恢复到计划状况，至少可以减少偏差的严重程度。

3. 主动控制与被动控制的关系

在建设工程实施过程中，如果仅仅采取被动控制措施，难以实现预定的目标。但是，仅仅采取主动控制措施却是不现实的，或者说是不可能的。对建设工程目标控制来说，主动控制和被动控制两者缺一不可，都是实现建设工程目标所必须采取的控制方式，应将主动控制与被动控制紧密结合起来，要做到主动控制与被动控制相结合，关键在于处理好以下两方面问题：一是要扩大信息来源，即不仅要从本工程获得实施情况的信息，而且要从外部环境获得有关信息，包括已建同类工程的有关信息，这样才能对风险因素进行定量分析，使纠偏措施有针对性；二是要把握好输入这个环节，即要输入两类纠偏措施，不仅有纠正已经发生的偏差的措施，而且有预防和纠正可能发生的偏差的措施，这样才能取得较好的控制效果。需要说明的是，虽然在建设工程实施过程中仅仅采取主动控制是不可能的，有时是不经济的，但不能因此而否定主动控制的重要性。实际上，牢固确立主动控制的思想，认真研究并制定多种主动控制措施，尤其要重视那些基本上不需要耗费资金和时间的主动控制措施，如组织、经济、合同方面的措施，并力求加大主动控制在控制过程中的比例。

四、控制的措施

1. 组织措施

所谓组织措施，是从目标控制的组织管理方面采取的措施，如落实目标控制的组织机构和人员，明确各级目标控制人员的任务和职能分工、权力和责任、改善目标控制的工作流程等。组织措施是其他各类措施的前提和保证，而且一般不需要增加什么费用，运用得当可以收到良好的效果。尤其是对由于业主原因所导致的目标偏差，这类措施可能成为首选措施，故应予以足够的重视。

2. 技术措施

技术措施不仅对解决建设工程实施过程中的技术问题是不可缺少的，而且对纠正目标偏差亦有相当重要的作用。任何一个技术方案都有基本确定的经济效果，不同的技术方案就有不同的经济效果。因此，运用技术措施纠偏的关键，一是要能提出多种不同的技术方案，二是要对不同的技术方案进行技术经济分析。在实践中，要避免仅从技术角度上选定技术方案而忽视对其经济效果的分析论证。

3. 经济措施

经济措施是最易为人接受和采用的措施。需要注意的是，经济措施决不仅仅是审核工程量及相应的付款和结算报告，还需要从一些全局性、总体性的问题上加以考虑，往往可以取得事半功倍的效果。另外，不要仅仅局限在已发生的费用上。通过偏差原因分析和未完工程投资预测，可发现一些现有和潜在的问题将造成未完工程的投资增加，对这些问题应以主动控制为出发点，及时采取预防措施。

4. 合同措施

由于投资控制、进度控制和质量控制均要以合同为依据，因此合同措施就显得尤为重要。对于合同措施要从广义上理解，除了拟订合同条款、参加合同谈判、处理合同执行过程中的问题、防止和处理索赔等措施之外，还要协助业主确定对目标控制有利的建设工程组织管理模式和合同结构，分析不同合同之间的相互联系和影响，对每一个合同做总体和具体分析等。这些合同措施对目标控制更具有全局性的影响，其作用也就更大。另外，在采取合同措施时要特别注意合同中所规定的业主和监理工程师的义务和责任。

任务二　建设工程目标系统

一、建设工程目标的确定

1. 建设工程目标确定的依据

建设工程的目标并不是一经确定就不再改变的。由于建设工程不同阶段所具备的条件不同，目标确定的依据自然也就不同。一般来说，在施工图设计完成之后，目标规划的依据比较充分，目标规划的结果也比较准确和可靠。但是，对于施工图设计完成以前的各个阶段来说，建设工程数据库具有十分重要的作用，应予以足够的重视。

建设工程的目标规划总是由某个单位编制的，如设计院、监理公司或其他咨询公司。这些单位都应当把自己承担过的建设工程的主要数据存入数据库。若某一地区或城市能建立本地区或本市的建设工程数据库，则可以在大范围内共享数据，增加同类建设工程的数量，从而大大提高目标确定的准确性和合理性。建立建设工程数据库，至少要做好以下几方面工作：

（1）按照一定的标准对建设工程进行分类。一般按使用功能分类较为直观，也易为人接受和记忆。例如，将建设工程分为道路、桥梁、房屋建筑等，房屋建筑还可进一步分为住宅、学校、医院、宾馆、办公楼、商场等。

（2）对各类建设工程所可能采用的结构体系进行统一分类。例如，根据结构理论和我国目前常用的结构形式，可将房屋建筑的结构体系分为砖混结构、框架结构、框剪结构、筒体结构等。

（3）数据既要有一定的综合性，又要能足以反映建设工程的基本情况和特征。例如，除了工程名称、投资总额、总工期、建成年份等共性数据外，房屋建筑的数据还应有建筑面积、层数、柱距、基础形式、主要装修标准和材料等。工程内容最好能分解到分部工程，有些内容可能分解到单位工程。投资总额和总工期也应分解到单位工程或分部工程。

建设工程数据库对建设工程目标确定的作用，在很大程度上取决于数据库中与拟建工程相似的同类工程的数量。因此，建立和完善建设工程数据库需要经历较长的时间，在确定数据库的结构之后，数据的积累、分析就成为主要任务，也可能在应用过程中对已确定的数据库结构和内容还要做适当的调整、修正和补充。

2. 建设工程数据库的应用

要确定某一拟建工程的目标，首先必须大致明确该工程的基本技术要求，如工程类型、结构体系、基础形式、建筑高度、主要设备、主要装饰要求等。然后，在建设工程数据库中检索并选择尽可能相近的建设工程，将其作为确定该拟建工程目标的参考对象。由于建设工程具有多样性和单件生产的特点，有时很难找到与拟建工程基本相同或相似的同类工程，因此，在应用建设工程数据库时，往往要对其中的数据进行适当的综合处理，必要时可将不同类型工程的不同分部工程加以组合。例如，若拟建造一座多功能综合办公楼，根据其基本的技术要求，可能在建设工程数据库中选择某银行的基础工程、某宾馆的主体结构工程、某办公楼的装饰工程和内部设施作为确定其目标的依据。

同时，要认真分析拟建工程的特点，找出拟建工程与已建类似工程之间的差异，并定量分析这些差异对拟建工程目标的影响，从而确定拟建工程的各项目标。另外，建设工程数据库中的数据都是历史数据，由于拟建工程与已建工程之间存在"时间差"，因而对建设工程数据库中的有些数据不能直接应用，而必须考虑时间因素和外部条件的变化，采取适当的方式加以调整。例如，对于投资目标，可以采用线性回归分析法或加权移动平均法进行预测分析，还可能需要考虑技术规范的发展对投资的影响；对于工期目标，需要考虑施工技术和方法以及施工机械的发展，还需要考虑法规变化对施工时间的限制，如不允许夜间施工等；对于质量目标，要考虑强制性标准的提高，如城市规划、环保、消防等方面的新规定。

由以上分析可知，建设工程数据库中的数据表面上是静止的，实际上是动态的，是不断得到充实的；表面上是孤立的，实际上内部有着非常密切的联系。因此，建设工程数据库的应用并不是一项简单的复制工作。要用好、用活建设工程数据库，关键在于客观分析拟建工程的特点和具体条件，并采用适当的方式加以调整，这样才能充分发挥建设工程数据库对合理确定拟建工程目标的作用。

二、建设工程目标的分解

1. 目标分解的原则

（1）能分能合。这要求建设工程的总目标能够自上而下逐层分解，也能够根据需要自下而上逐层综合。这一原则实际上是要求目标分解要有明确的依据并采用适当的方式，避免目标分解的随意性。

（2）按工程部位分解，而不按工种分解。这是因为建设工程的建造过程也是工程实体的形成过程，这样分解比较直观，而且可以将投资、进度、质量三大目标联系起来，也便于对偏差原因进行分析。

（3）区别对待，有粗有细。根据建设工程目标的具体内容、作用和所具备的数据，目标分解的粗细程度应当有所区别。例如，在建设工程的总投资构成中，有些费用数额大，占总投资的比例大，而有些费用则相反。从投资控制工作的要求来看，重点在于前一类费用。因此，对前一类费用应当尽可能分解得细一些、深一些；而对后一类费用则分解得粗一些、浅一些。另外，有些工程内容的组成非常明确而具体，所需要的投资和时间也较为明确，可以分解得很细；而有些工程内容则比较笼统，难以详细分解。因此，对不同工程内容目标分解的层次或深度，不必强求一致，要根据目标控制的实际需要和可能来确定。

（4）有可靠的数据来源。目标分解本身不是目的而是手段，是为目标控制服务的。目标分解的结果是形成不同层次的分目标，这些分目标就成为各级目标控制组织机构和人员进行目标控制的依据。如果数据来源不可靠，分目标就不可靠，就不能作为目标控制的依据。因此，目标分解所达到的深度应当以能够取得可靠的数据为原则，并非越深越好。

（5）目标分解结构与组织分解结构相对应。如前所述，目标控制必须要有组织加以保障，要落实到具体的机构和人员，因而就存在一定的目标控制组织分解结构。只有使目标分解结构与组织分解结构相对应，才能进行有效的目标控制。当然，一般而言，目标分解结构较细、层次较多，而组织分解结构较粗、层次较少，目标分解结构在较粗的层次上应当与组织分解结构一致。

2. 目标分解的方式

建设工程的总目标可以按照不同的方式进行分解。对于建设工程投资、进度、质量三个目标来说，目标分解的方式并不完全相同，其中，进度目标和质量目标的分解方式较为单一，而投资目标的分解方式较多。

按工程内容分解是建设工程目标分解最基本的方式，适用于投资、进度、质量三个目标的分解，但是，三个目标分解的深度不一定完全一致。一般来说，将投资、进度、质量三个目标分解到单项工程和单位工程是比较容易办到的，其结果也是比较合理和可靠的。在施工图设计完成之前，目标分解至少都应当达到这个层次。至于是否分解到分部工程和分项工程，一方面取决于工程进度所处的阶段、资料的详细程度、设计所达到的深度等，另一方面还取决于目标控制工作的需要。建设工程的投资目标还可以按总投资构成内容和资金使用时间（即进度）分解。

三、建设工程目标的管理

目标管理是 20 世纪 60 年代兴起的一种现代管理方法，其基本点是以被管理的活动目标为中心，通过把社会经济活动的任务转换为具体的目标，以及目标的制定、实施和控制来实现社会经济活动的最终目的。根据目标管理的定义，项目目标管理的程序大体可划分为以下阶段：

（1）确立项目具体的任务及项目内各层次、各部门的任务分工。

（2）把项目的任务转换为具体的指标或目标。

目标管理中，指标应符合以下条件：

①指标必须能够比较全面真实地反映出项目任务的基本要求，并能够成为评价考核项目任务完成情况的最重要、最基本的依据，因为目标管理中的指标是用来具体落实和评价考核项目任务的手段。但指标又只能从某一侧面反映项目任务的主要内容，还不能代替项目任务本身，因此还不能用目标管理代替其对项目任务的全面管理，除了要完成目标外，还必须全面地完成项目任务。

②指标是可以测定和计量的，这样才能为落实指标、考核指标提供可行的基础标准。

③指标必须在目标承担者的可控范围之内，这样才能保证目标能够真正执行并成为目标承担者的一种自我约束。

指标作为一种管理手段应该具有层次性、优先次序性和系统性。层次性是指上一级指标一般都可分解为下一级的几个指标，下一级指标又可再分解为更多的更下一级指标，以便把指标落实到最基层的管理主体。优先次序性是指项目的若干指标及各层次、各部门的若干指标都不是并列的，而是有着不同的重要程度，因而在管理上应该首先确定各指标的重要程度并据之进行管理。系统性是指项目内各种指标的设置都不是孤立的，而是有机结合的一个体系，它从各个方面全面地反映项目任务的基本要求。

目标是指标的实现程度的标准，它反映在一定时期某一主体活动达到的指标水平。同样的指标体系，由于对其具体达到的水平要求不同就可构成不同的目标。对于企业来说，其目标水平应该是逐步提高的，但其基本指标可能长期保持不变。

（3）落实和执行项目所制定的目标。

制定了项目各层次、各部门的目标后就要把它具体地落实下去，其中应主要做好如下工作：

①要确定目标的责任主体，即谁要对目标的实现负责，负主要责任还是一般责任；

②要明确目标责任主体的权力、利益和责任；

③要确定对目标责任主体进行检查、监督的上一级责任人和手段；

④要落实实现目标的各种保证条件，如生产要素供应、专业职能的服务指导等。

（4）对目标的执行过程进行调控。

首先要监督目标的执行过程，从中找出需要加强控制的的重要环节和偏差；其次分析目标出现偏差的原因并及时进行协调控制；同时对于按目标进行的主体活动要进行各种形式的激励。

（5）对目标完成的结果进行评价。

即要考察经济活动的实际效果与预定目标之间的差别，根据目标实现的程度进行相应的奖惩。一方面要总结有助于目标实现的实际有效的经验，另一方面要找出还可以改进的方面，并据此确立新的目标水平。

目标管理要通过目标的层层分解，把项目的目标转化为其内部具体单位和个人的目标，从而使它们自主实现自己目标的行为成为实现项目目标的行为，这样就调动了项目内各方面的积极性而来参与项目的目标管理，并最大限度地达到项目的目标水平。因此，工程项目目标管理本质上是一种现代参与管理、自主管理方法，而不是一种上下级的监督控制方法。

四、建设工程三大目标之间的关系

建设工程投资、进度、质量三大目标两两之间存在既对立又统一的关系。对此，首先要弄清在什么情况下表现为对立的关系，在什么情况下表现为统一的关系。从建设工程业主的角度出发，往往希望该工程的投资少、工期短、质量好。如果采取某种措施可以同时实现其中两个要求（如既投资少又工期短），则该两个目标之间就是统一的关系；反之，如果只能实现其中一个要求（如工期短），而另一个要求不能实现（如质量差），则该两个目标（即工期和质量）之间就是对立的关系。以下就具体分析建设工程三大目标之间的关系。

1. 建设工程三大目标之间的对立关系

建设工程三大目标之间的对立关系比较直观，易于理解。一般来说，如果对建设工程的功能和质量要求较高，就需要采用较好的工程设备和建筑材料，就需要投入较多的资金；同时，还需要精工细作，严格管理，不仅增加人力的投入（人工费相应增加），而且需要较长的建设时间。如果要加快进度、缩短工期，则需要加班加点或适当增加施工机械和人力，这将直接导致施工效率下降，单位产品的费用上升，从而使整个工程的总投资增加；另一方面，加快进度往往会打乱原有的计划，使建设工程实施的各个环节之间产生脱节现象，增加控制和协调的难度，不仅有时可能"欲速不达"，而且会对工程质量带来不利影响或留下工程质量隐患。如果要降低投资，就需要考虑降低功能和质量要求，采用较差或普通的工程设备和建筑材料；同时，只能按费用最低的原则安排进度计划，整个工程需要的建设时间就较长。应当说明的是，在这种情况下的工期其实是合理工期，只是相对于加快进度情况下的工期而言，显得工期较长。

以上分析表明，建设工程三大目标之间存在对立的关系。因此，不能奢望投资、进度、质量三大目标同时达到"最优"，即既要投资少，又要工期短，还要质量好。在确定建设工程目标时，不能将投资、进度、质量三大目标割裂开来，分别孤立地分析和论证，更不能片面强调某一目标而忽略其对其他两个目标的不利影响，而必须将投资、进度、质量三大目标作为一个系统统筹考虑,反复协调和平衡,力求实现整个系统目标。

2. 建设工程三大目标之间的统一关系

对于建设工程三大目标之间的统一关系,需要从不同的角度分析和理解。例如,加快进度、缩短工期虽然需要增加一定的投资,但是可以使整个建设工程提前投入使用,从而提早发挥投资效益,还能在一定程度上减少利息支出,如果提早发挥的投资效益超过因加快进度所增加的投资额度,则加快进度从经济角度来说就是可行的。如果提高功能和质量要求,虽然需要增加一次性投资,但是可能降低工程投入使用后的运行费用和维修费用,从全寿命费用分析的角度则是节约投资的;另外,在不少情况下,功能好、质量优的工程投入使用后的收益往往较高;此外,从质量控制的角度,如果在实施过程中进行严格的质量控制,保证实现工程预定的功能和质量要求,则不仅可减少实施过程中的返工费用,而且可以大大减少投入使用后的维修费用。另一方面,严格控制质量还能起到保证进度的作用。如果在工程实施过程中发现质量问题及时进行返工处理,虽然需要耗费时间,但可能只影响局部工作的进度,不影响整个工程的进度;或虽然影响整个工程的进度,但是比不及时返工而酿成重大工程质量事故对整个工程进度的影响要小,也比留下工程质量隐患到使用阶段才发现而不得不停止使用进行维修所造成的时间损失要小。

在确定建设工程目标时,应当对投资、进度、质量三大目标之间的统一关系进行客观且尽可能定量的分析。在分析时要注意以下几方面问题:

(1)掌握客观规律,充分考虑制约因素。一般来说,加快进度、缩短工期所提前发挥的投资效益都超过加快进度所需要增加的投资,但不能由此导出工期越短越好的错误结论,因为加快进度、缩短工期会受到技术、环境、场地等因素的制约,不可能无限制地缩短工期。

(2)对未来可能的收益不宜过于乐观。通常,当前的投入是现实的,其数额也是较为确定的,而未来的收益却是预期的、不很确定的。例如,提高功能和质量要求所需要增加的投资可以很准确地计算出来,但今后的收益却受到市场供求关系的影响,如果届时同类工程供大于求,则预期收益就难以实现。

(3)将目标规划和计划结合起来。如前所述,建设工程所确定的目标要通过计划的实施才能实现。如果建设工程进度计划制定得既可行又优化,使工程进度具有连续性、均衡性,则不但可以缩短工期,而且有可能获得较好的质量且耗费较低的投资。从这个意义上讲,优化的计划是投资、进度、质量三大目标统一的计划。

在对建设工程三大目标对立统一关系进行分析时,同样需要将投资、进度、质量三大目标作为一个系统统筹考虑,同样需要反复协调和平衡,力求实现整个目标系统最优,也就是实现投资、进度、质量三大目标的统一。

任务三　建设工程质量控制

一、建设工程质量控制的概念

建设工程质量(以下简称工程质量)是指工程满足业主需要的,符合国家法律、法规、技术规范标准、设计文件及合同规定的特性综合。建设工程作为一种特殊的产品,除具有一般产品共有的质量特性,如性能、寿命、可靠性、安全性、经济性、适用性外,还具有特定的内涵。建设工程质量的特性主要表现在以下六个方面：

（1）适用性。即功能，是指工程满足使用目的的各种性能。

（2）耐久性。即寿命，是指工程在规定的条件下，满足规定功能要求使用的年限，也就是工程竣工后的合理使用寿命周期。

（3）安全性。是指工程建成后在使用过程中保证结构安全、保证人身和环境免受危害的程度。

（4）可靠性。是指工程在规定的时间和规定的条件下完成规定功能的能力。

（5）经济性。是指工程从规划、勘察、设计、施工到整个产品使用寿命周期内的成本和消耗的费用。

（6）与环境的协调性。是指工程与其周围生态环境协调，与所在地区经济环境协调以及与周围已建工程相协调，以适应可持续发展的要求。

上述六个方面的质量特性彼此之间是相互依存的，总体而言，适用、耐久、安全、可靠、经济、与环境适应性，都是必须达到的基本要求，缺一不可。但是对于不同门类的工程，如工业建筑、民用建筑、公共建筑、住宅建筑、道路建筑，可根据其所处的特定地域环境条件、技术经济条件的差异，有不同的侧重面。

二、建设工程质量控制的原理

建设工程质量控制是质量管理的一部分，建设工程质量控制活动分为三个阶段：预防阶段，即控制计划阶段；实施阶段，即操作和检验阶段；措施阶段，即分析差异、纠正偏差阶段。建设工程质量控制的工作内容包括作业技术和活动，也就是包括专业技术和管理技术两个方面。围绕产品形成全过程每一阶段的工作如何能保证做好，应对影响其质量的人、材料、机械、方法、环境因素进行控制，并对质量活动的成果进行分阶段验证，以便及时发现问题，查明原因，采取相应纠正措施，防止不合格的发生。因此，建设工程质量控制应贯彻预防为主与检验把关相结合的原则，并应贯穿在产品形成和体系运行的全过程。

工程质量控制是为了保证工程质量满足工程合同、规范标准所采取的一系列措施、方法和手段。工程质量应符合工程合同、设计文件、技术规范标准规定的质量标准。其控制主体包括以下四个方面：

（1）政府的工程质量控制。政府属于监控主体，它主要是以法律法规为依据，通过抓工程报建、施工图设计文件审查、施工许可、材料和设备准用、工程质量监督、工程竣工验收备案等主要环节进行。

（2）工程监理单位的质量控制。工程监理单位也属于监控主体，它是受建设单位的委托，代表建设单位对工程全过程进行质量监督和控制。

（3）勘察设计单位的质量控制。勘察设计单位属于自控主体，它是以法律、法规及合同为依据，对勘察设计的整个过程进行控制，以满足建设单位对勘察设计成果的质量要求。

（4）施工单位的质量控制。施工单位属于自控主体，它是以工程合同、设计图纸和技术规范为依据，对施工全过程的工作质量和工程质量进行的控制，以达到合同文件规定的质量要求。

三、建设工程质量的影响因素

建设工程质量的影响因素归纳起来主要有五个方面：人员素质、工程材料、机械设备、工艺方法、环境条件，通常简称4M1E因素。

1. 人员素质

人是生产经营活动的主体，也是工程项目建设的决策者、管理者、操作者，工程建设的全过程，如项目的规划、决策、勘察、设计和施工，都是通过人来完成的。人员的素质，即人的文化水平、技术水平、决策能力、管理能力、组织能力、作业能力、控制能力、身体素质及职业道德等，都将直接和间接地对规划、决策、勘察、设计和施工的质量产生影响，而规划是否合理、决策是否正确、设计是否符合所需的质量功能、施工能否满足合同、规范、技术标准的需要等，都将对工程质量产生不同程度的影响，所以人员素质是影响工程质量的一个重要因素。因此，建筑行业实行经营资质管理和各类专业从业人员持证上岗制度是保证人员素质的重要管理措施。

2. 工程材料

工程材料泛指构成工程实体的各类建筑材料、构配件、半成品等，它是工程建设的物质条件，是工程质量的基础。工程材料选用是否合理、产品是否合格、材质是否经过检验、保管使用是否得当等等，都将直接影响建筑工程的结构刚度和强度，影响工程外表及观感，影响工程的使用功能，影响工程的使用安全。

3. 机械设备

机械设备可分为两类：一是指组成工程实体及配套的工艺设备和各类机具，如电梯、泵机、通风设备等，它们构成了建筑设备安装工程或工业设备安装工程，形成完整的使用功能；二是指施工过程中使用的各类机具设备，包括大型垂直与横向运输设备、各类操纵工具、各种施工安全设施、各类测量仪器和计量器具等，简称施工机具设备，它们是施工生产的手段。机具设备对工程质量也有重要的影响。工程所用机具设备，其产品质量优劣将直接影响工程使用功能质量。施工机具设备的类型是否符合工程施工特点、性能是否先进稳定、操纵是否方便安全等，都将会影响工程项目的质量。

4. 工艺方法

工艺方法是指施工现场采用的施工方案，包括技术方案和组织方案。前者如施工工艺和作业方法，后者如施工区段空间划分及施工流向顺序、劳动组织等。在工程施工中，施工方案是否合理、施工工艺是否先进、施工操作是否正确，都将对工程质量产生重大的影响。大力推进采用新技术、新工艺、新方法，不断提高工艺技术水平是保证工程质量稳定提高的重要因素。

5. 环境条件

环境条件是指对工程质量特性起重要作用的环境因素，包括：工程技术环境，如工程地质、水文、气象等；工程作业环境，如施工环境作业面大小、防护措施、通风照明和通信条件等；工程管理环境，主要指工程实施的合同结构与管理关系的确定，组织体制及管理制度等；周边环境，如工程临近的地下管线、建（构）筑物等。环境条件往往对工程质量产生特定的影响。加强环境管理，改进作业条件，把握好技术环境，辅以必要的措施，是控制环境对质量影响的重要保证。

四、建设工程质量控制

(一) 工程施工质量控制

目前，我国的监理工作主要是施工阶段的监理，而且施工阶段的质量控制也是工程项目质量控制的重点。监理工程师对工程施工的质量控制，就是按合同赋予的权力，围绕影响工程质量的各种因素，采取各种措施和手段，对工程项目的施工进行有效的监督和管理。

1. 施工质量控制的系统过程

由于施工阶段是使工程设计意图最终实现并形成工程实体的阶段，所以施工阶段的质量控制是一个由对投入的资源和条件的质量控制，进而对生产过程及各环节质量进行控制，直到完成对工程产出品的质量检验与控制为止的全过程的系统控制过程。按工程实体质量形成过程可分为施工准备控制、施工过程控制、竣工验收控制三个阶段。

2. 施工质量控制的依据

(1) 工程合同文件

(2) 设计文件

(3) 政府有关部门颁布的有关质量管理方面的法律、法规性文件。

(4) 有关质量检验与控制的专门技术法规性文件。这类文件一般是针对不同行业、不同的质量控制对象而制定的技术法规性文件，包括各种有关的标准、规范、规程或规定。

3. 施工准备的质量控制要点

(1) 施工承包单位资质的核查

(2) 施工组织设计的审查

施工组织设计是施工准备和施工全过程的指导性文件。施工组织设计中必须有质量目标、质量管理及质量保证措施等内容。监理单位必须按以下程序和原则进行审查。

施工组织设计审查的程序：

①在工程项目开工前约定的时间内，承包单位必须完成施工组织设计的编制及内部自审批准工作，填写施工组织设计(方案)报审表报送项目监理机构。

②总监理工程师在约定的时间内，组织专业监理工程师审查，提出意见后，由总监理工程师审核签认，需要承包单位修改时，由总监理工程师签发书面意见，退回承包单位修改后再报总监理工程师重新审查。

③已审定的施工组织设计由项目监理机构报送建设单位。

④承包单位应按审定的施工组织设计文件组织施工。如需对其内容做较大的变更，应在实施前将变更内容书面报送项目监理机构审核。

⑤规模大、结构复杂或属新结构、特种结构的工程，项目监理机构对施工组织设计审查后，还应报送监理单位技术负责人审查，提出审查意见后由总监理工程师签发，必要时与建设单位协商，组织有关专家会审。

⑥规模大、工艺复杂的工程，群体工程或分期出图的工程，经建设单位批准可分阶段报审施工组织设计；技术复杂或采用新技术的分项、分部工程，承包单位还应编制该分项、分部工程的施工方案，报项目监理机构审查。

审查施工组织设计时应掌握的原则：

①施工组织设计应符合国家的技术政策，充分考虑承包合同规定的条件、施工现场条件

及法规条件的要求，突出"质量第一、安全第一"的原则。

②施工组织设计应有针对性：承包单位是否了解并掌握了本工程的特点及难点，施工条件是否分析充分。

③施工组织设计的可操作性：承包单位是否有能力执行并保证工期和质量目标，该施工组织设计是否切实可行。

④技术方案的先进性：施工组织设计采用的技术方案和措施是否先进适用，技术是否成熟。

⑤质量管理和技术管理体系，质量保证措施是否健全且切实可行。

⑥安全、环保、消防和文明施工措施是否切实可行并符合有关规定。

⑦在满足合同和法规要求的前提下，对施工组织设计的审查，应尊重承包单位的自主技术决策和管理决策。

（3）现场施工准备的质量控制

①工程定位及标高基准控制。

工程施工测量放线是建设工程产品由设计转化为实物的第一步，施工测量的质量好坏，直接影响工程产品的综合质量，并且制约着施工过程中有关工序的质量。因此，在监理工作中，应由测盘作业监理工程师负责工程测量的复核控制工作。

②施工平面布置的控制。

③材料构配件采购订货的控制。

④施工机械配置的控制。

⑤设计交底与施工图纸的现场核对。

施工阶段，设计文件是监理工作的依据。因此，监理工程师应认真参加由建设单位主持的设计交底工作，以透彻地了解设计原则及质量要求；同时，要督促承包单位认真做好审核及图纸核对工作，对于审图过程中发现的问题，及时以书面形式报告给建设单位。

⑥严把开工关。

总监理工程师对于与拟开工工程有关的现场各项施工准备工作进行检查并认为合格后，方可发布书面的开工指令。对于已停工程，则需有总监理工程师的复工指令才能复工。对合同中所列工程及工程变更的项目，开工前承包单位必须提交工程开工报审表，经监理工程师审查，前述各方面条件具备并由总监理工程师予以批准后，承包单位才能开始正式进行施工。

在总监理工程师向承包单位发出开工通知书时，建设单位应及时按计划保证质量地提供承包单位所需的场地和施工通道，以及水、电供应等条件，以保证及时开工，防止承担补偿工期和费用损失的责任。

⑦监理组织内部的监控准备工作。

建立并完善项目监理机构的质量监控体系，做好监控准备工作。

4.施工过程质量控制

施工过程体现在一系列的作业活动中，因此，质量控制的重点是对作业活动的控制。为确保施工质量，监理工程师要对施工过程进行全过程、全方位的质量监督、控制与检查，就整个施工过程而言，可按事前、事中、事后进行控制，就一个具体作业而言，监理工程师控制管理仍涉及事前、事中和事后。

（1）作业技术准备状态的控制

作业技术准备状态是指各项施工准备工作在正式开展作业活动前，是否按计划落实，包括配置的人员、材料、机具、场所环境、通风、照明、安全设施等。主要有以下环节：

①质量控制点的设置

质量控制点是指为了保证作业过程质量而确定的重点控制对象、关键部位或薄弱环节。设置质量控制点是保证达到施工质量要求的必要前提。一般是选技术要求高、施工难度大的结构部位，或是影响质量的关键工序、操作或某一环节。质量控制点重点控制的对象主要是：人的行为，物的质量与性能，关键的操作，施工技术参数，施工顺序，技术间歇，新工艺、新技术、新材料的应用，产品质量不稳定点、易对工程质量产生重大影响的施工方法，特殊地基或特种结构。应事先针对所设置的质量控制点预先分析施工中可能发生的质量问题和隐患，分析可能产生的原因，并提出相应的对策，采取有效的措施进行预先控制，以防在施工中发生质量问题。

②作业技术交底的控制

每一分项工程实施前均要进行交底。作业技术交底是对施工组织设计或施工方案的具体化，是更细致明确、更加具体的技术实施方案，是工序施工的具体指导文件。技术交底的内容包括施工方法、质量要求和验收标准，施工过程中需注意的问题，可能出现意外的应急方案。技术交底要紧紧围绕和具体施工有关的操作者、机械设备，使用的材料、构配件、工艺、工法，施工环境和具体管理措施等方面进行，交底中要明确做什么、谁来做、如何做、作业标准和要求、什么时间完成等。

关键部位，或技术难度大、施工复杂的检验批，分项工程施工前承包单位的技术交底书（作业指导书）要报监理工程师。如果技术交底书不能保证作业活动的质量要求，承包单位要进行修改补充。没有做好技术交底的工序或分项工程不得进入正式实施。

③进场材料、构配件的质量控制

凡运到施工现场的原材料、半成品或构配件，进场前应向项目监理机构提交工程材料、构配件、设备报审表，同时附有产品出厂合格证及技术说明书，由施工承包单位按规定要求进行检验的检验报告或试验报告，经监理工程师审查并确认其质量合格后方准进场。如果监理工程师认为承包单位提交的有关产品合格证明文件以及施工承包单位提交的检验或试验报告，仍不足以说明到场产品的质量符合要求，监理工程师可以再进行复检或见证取样试验，确认其质量合格后方允许进场。进场后材料、构配件要按相关要求保管，防止出现损伤、变质、损坏，甚至不能使用。监理工程师对承包单位在材料、半成品、构配件的存放、保管条件及时间也应实行监控。

④进场施工机械设备性能及工作状态的控制

监理工程师要进行施工机械设备的进场检查，机械设备工作状态的检查，特种设备安全运行的检查。

⑤施工检测及计量器具性能、精度的控制

大型工程项目承包单位应建立试验室。如确因条件限制，不能建立试验室，则应委托具有相应资质的专门试验室作为检测单位；如果是新建的试验室，应按国家有关规定，经计量主管部门进行认证，取得相应资质；如果是本单位中心试验室的派出部分，则应有中心试验室的正式委托书。工地计量器具要经常检查，应重点检查测量仪器，如经纬仪、水准仪的精度，钢尺的误差等。

⑥施工现场劳动组织及作业人员上岗资格的控制

劳动组织涉及作业活动的操作者及管理者，以及相应的各种制度，操作工人应有上岗证书。

（2）作业技术活动运行过程的控制

工程施工质量是在施工过程中形成的，而不是最后检验出来的，施工过程是由一系列相互联系与制约的作业活动所构成的。因此，保证作业活动的效果与质量是施工过程质量控制的重点。

①承包单位自检与专检工作的监控

承包单位是施工质量的直接实施者和责任者。监理工程师的质量监控任务之一就是检查承包单位是否建立起完整的质量自检体系，是否正常运转。监理工程师的质量检查与验收，是对承包单位作业活动质量的复核与确认，监理工程师的检查绝不能代替承包单位的自检，而且，监理工程师的检查必须是在承包单位自检并确认合格的基础上进行的，专职质检员没有检查或检查不合格不能报监理工程师。不符合上述规定，监理工程师一律拒绝进行检查。

②技术复核工作监控

凡涉及施工作业技术活动基准和依据的技术工作，都应该严格进行专人负责的复核性检查，以避免基准失误给整个工程质量带来难以补救的或全局性的危害。

③见证取样送检工作的监控

见证是指由监理工程师现场监督承包单位某工序全过程完成情况的活动。见证取样则是指对工程项目使用的材料、半成品、构配件的现场取样实施见证。为确保工程质量，建设部规定，在市政工程及房屋建筑工程项目中，对工程材料、承重结构的混凝土试块、承重墙体的砂浆试块、结构工程的受力钢筋（包括接头）实行见证取样。

④工程变更的监控

施工过程中，由于前期勘察设计的原因，或由于外界自然条件的变化，施工工艺方面的限制、建设单位要求的改变，均会涉及工程变更。做好工程变更的控制工作，也是作业过程质量控制的一项重要内容。工程变更的要求可能来自建设单位、设计单位或施工承包单位。为确保工程质量，在不同情况下，工程变更的实施，设计图纸的澄清、修改，具有不同的工作程序。

a.施工承包单位的要求及处理

在施工过程中，承包单位提出的工程变更要求可能是要求做某些技术修改或做设计变更。总监理工程师在签发工程变更单之前应就工程变更引起的工期改变及费用的增减分别与建设单位和承包单位进行协商，力求达成双方均能同意的结果。这种变更，一般均会涉及设计单位重新出图的问题。如果变更涉及结构主体及安全，该工程变更还要按照有关规定报送施工图原审查单位进行审核，否则变更不能实施。

b.设计单位提出变更的处理

设计单位首先将设计变更通知及有关附件报送建设单位。建设单位会同监理、施工承包单位对设计单位提交的设计变更通知进行研究。总监理工程师签发工程变更单，并将设计单位发出的设计变更通知作为该工程变更单的附件，施工承包单位按照新的变更图实施。

c.建设单位（监理工程师）要求变更的处理

建设单位（监理工程师）将变更的要求通知设计单位，如果在要求中包括有相应的方案或建议，则应一并报送设计单位。设计单位对工程变更单进行研究。如果在变更要求中附有建议或解决方案时，设计单位应对建议或解决方案的所有技术方面进行审查，然后书面通知建设单位，说明设计单位对该变更的意见，并将与该修改变更有关的图纸、文件清单返回给建设单位。根据建设单位的授权，监理工程师研究设计单位所提交的建议设计变更方案或其对变更要求所附方案的意见，必要时会同有关的承包单位和设计单位一起进行研究。建设单位做出变更的决定后由总监理工程师签发工程变更单，指示承包单位按照变更的决定组织施工。

⑤见证点的实施控制

"见证点"属于质量控制点，只是由于它的重要性或其质量后果影响程度不同于一般质量控制点，所以在实施监督控制时的运作程序和监督要求与一般质量控制点有区别。

凡是列为见证点的质量控制对象，在规定的关键工序施工前，承包单位应提前通知监理人员在约定的时间内到现场进行见证和对其施工实施监督。如果监理人员未能在约定的时间内到现场见证和监督，则承包单位有权进行该点的相应的工序操作和施工。

⑥级配管理质量监控

建设工程中，不同材料的混合拌制，均会涉及材料的级配。如混凝土工程中，砂、石骨料本身的组分级配，混凝土拌制的配合比；交通工程中路基填料的级配、配合及拌制。由于不同原材料的级配、配合及拌制后的产品对最终工程质量有重要的影响，因此，监理工程师要做好相关的质量控制工作。

⑦质量记录资料的监控

质量记录资料是施工承包单位进行工程施工或安装期间，实施质量控制活动的记录，还包括监理工程师对这些质量控制活动的意见及施工承包单位对这些意见的答复，它详细地记录了工程施工阶段质量控制活动的全过程。因此，它不仅在工程施工期间对工程质量的控制有重要作用，而且在工程竣工和投入运行后，对查询和了解工程建设的质量情况以及工程维修和管理也能提供大量有用的资料和信息。施工质量记录资料应真实、齐全、完整，相关各方人员的签字齐备、字迹清楚、结论明确，与施工过程的进展同步。在对作业活动效果的验收中，如缺少资料或资料不全，监理工程师应拒绝验收。

⑧工地例会的管理

工地例会是施工过程中参加建设项目各方沟通情况、解决分歧、达成共识、做出决定的主要渠道，也是监理工程师进行现场质量控制的重要场所。通过工地例会，监理工程师检查分析施工过程的质量状况，指出存在的问题，承包单位提出整改的措施，并做出相应的保证。

⑨停、复工令的实施

a. 工程暂停令的下达

为了确保作业质量，根据委托监理合同中建设单位对监理工程师的授权，出现下列情况需要停工处理时，应下达停工指令：施工中出现质量异常情况，承包单位未采取有效措施，或措施不力；隐蔽作业未经依法查验确认合格，而擅自封闭；已发生质量问题却迟迟未按照监理工程师要求进行处理；擅自变更设计或修改图纸进行施工；技术资质审查不合格的人员进入现场施工；使用的原材料、构配件不合格或未经检查确认者。

b. 复工令的下达

承包单位经过整改具备恢复施工条件时，总监理工程师应及时签署工程复工报审表，指令承包单位继续施工。总监理工程师下达停工指令及复工指令，宜事先向建设单位报告。

（3）作业技术活动结果的控制

作业技术活动结果，泛指作业工序的产出品，分项、分部工程的已完施工及已完准备交验的单位工程等。作业技术活动结果的控制是施工过程中间产品及最终产品质量控制的方式，只有作业活动的中间产品质量都符合要求，才能保证最终单位工程产品的质量，主要内容有：

①基槽（基坑）验收

基槽（基坑）开挖完成以后，建设单位、监理单位、施工单位应会同勘察、设计单位共同进行检查验收。

②隐蔽工程验收

隐蔽工程是指将被其后续工程所隐蔽的分项、分部工程。在隐蔽前所进行的检查验收，是对一些已完工的分项、分部工程质量的最后一道检查，由于检查对象就要被其他工程覆盖，给以后的检查整改造成障碍，故显得尤为重要，是质量控制的一个关键过程。

隐蔽工程验收程序如下：隐蔽工程施工完毕，承包单位按有关技术规程、规范、施工图纸先进行自检，自检合格后填写报验申请表，附上隐蔽工程检查记录及有关证明材料、试验报告，报送项目监理机构。监理工程师收到报验申请后，首先对质量证明材料进行审查，并在合同规定的时间内到现场检查（检测或核实），承包单位的专职质检人员及相关施工人员应随同一起到现场。经现场检查，如符合质量要求，监理工程师在报验申请表及工程检查证（或隐蔽工程检查记录）上签字确认，准予承包单位隐蔽、覆盖，进入下一道工序施工；如不合格，监理工程师签发不合格项目通知，指令承包单位整改，整改后自检合格再报监理工程师复查。

③工序交接验收

工序是指作业活动中一种必要的技术停顿、作业方式的转换及作业活动效果的中间确认。上道工序应满足下道工序的施工条件和要求。通过工序间的交接验收，使各工序间和相关专业工程之间形成一个有机整体。

④检验批、分项工程、分部工程的验收

检验批的质量应按主控项目和一般项目验收。

检验批（分项、分部工程）完成后，承包单位应首先自行检查验收，确认合格后再向监理工程师提交申请，由监理工程师检查、确认。监理工程师按合同文件的要求，根据施工图纸及有关文件、规范、标准等，从外观、几何尺寸、质量控制资料以及内在质量等方面进行检查、审核。如符合要求，则予以确认验收；如有质量问题则指令承包单位进行处理，待质量合乎要求后再予以检查验收，对涉及结构安全和使用功能的重要分部工程应进行抽检。

⑤联动试车或设备的试运转

⑥单位工程或整个工程项目的竣工验收

在一个单位工程完工后或整个工程项目完成后，施工承包单位应先进行竣工自检，自验收合格后，向项目监理机构提交工程竣工报验单，总监理工程师组织专业监理工程师进行竣工初验，其主要工作包括以下几方面：

a.审查施工承包单位提交的竣工验收所需的文件资料，包括各种质量控制资料、试验报告以及各种有关的技术性文件等。若所提交的验收文件、资料不齐全或有相互矛盾和不符之处，应指令承包单位补充、核实及改正。

b. 审核承包单位提交的竣工图，并与已完工程、有关的技术文件(如设计图纸、工程变更文件、施工记录及其他文件)对照进行核查。

c. 总监理工程师组织专业监理工程师对拟验收工程项目的现场进行检查，如发现质量问题应指令承包单位进行处理。

d. 对拟验收项目初验合格后，总监理工程师对承包单位的工程竣工报验单予以签认，并报建设单位，同时作出工程质量评估报告，由项目总监和监理单位技术负责人签署结论，如本工程项目(单位工程)是否达到合同约定，是否满足设计文件要求，是否符合国家强制性标准及条款的规定。

e. 参加由建设单位组织的正式竣工验收。

(4)施工阶段质量控制手段

①审核技术文件、报告和报表。具体内容如下：

a. 审查进入施工现场的分包单位的资质证明文件，控制分包单位的质量。

b. 审批施工承包单位的开工申请书，检查、核实与控制其施工准备工作质量。

c. 审批承包单位提交的施工方案、质量计划、施工组织设计或施工计划。

d. 审批施工承包单位提交的有关材料、半成品和构配件质量证明文件(出厂合格证、质量检验或试验报告等)，确保工程质量有可靠的物质基础。

e. 审核承包单位提交的反映工序施工质量的动态统计资料或管理图表。

f. 审核承包单位提交的有关工序产品质量的证明文件(检验记录及试验报告)、工序交接检查(自检)、隐蔽工程检查、分部分项工程质量检查报告等文件、资料，以确保和控制施工过程的质量。

g. 审批有关工程变更、修改设计图纸等。

h. 审核有关应用新技术、新工艺、新材料、新结构等的技术鉴定书，审批其应用申请报告，确保新技术应用的质量。

i. 审批有关工程质量事故或质量问题的处理报告，确保质量事故或质量问题得到恰当处理。

②指令文件与一般管理文书

指令文件是监理工程师运用指令控制权的具体形式。所谓指令文件，是表达监理工程师对施工承包单位提出指示或命令的书面文件，属要求强制性执行的文件，一般情况下是监理工程师从全局利益和目标出发，在对某项施工作业或管理问题，经过充分调研、沟通和决策之后，必须要求承包人严格按监理工程师的意图和主张实施的工作，对此承包人负有全面正确执行指令的责任，监理工程师负有监督指令实施的责任，因此，它是一种非常慎用而严肃的管理手段。监理工程师的各项指令都应是书面的或有文件记载方为有效，并作为技术文件资料存档。如因时间紧迫，来不及做出正式的书面指令，也可以用口头指令的方式下达给承包单位，但应及时补充书面文件，对口头指令予以确认。

③现场监督和检查

a. 现场监督和检查的内容

开工前的检查主要是检查开工前准备工作的质量能否保证正常施工及工程施工质量。工序施工中的跟踪监督、检查与控制，主要是监督、检查在工序施工过程中人员、施工机械设备、材料、施工方法及工艺或操作，以及施工环境条件等是否均处于良好的状态，是否符合保证工程质量的要求，若发现有问题，应及时纠偏和加以控制。对于重要的和对工程质量有重大影响的工序和工程部位，还应在现场进行施工过程的旁站监督与控制，确保使用材料及工艺过程的质量。

b. 现场监督和检查的方式

旁站与巡视。旁站是指在关键部位或关键工序施工过程中由监理人员在现场进行的监督活动。旁站的部位或工序要根据工程特点，承包单位质量管理水平及技术操作水平决定。一般而言，混凝土浇注、预应力张拉过程、软弱地基处理、复合地基施工、桩基的打桩过程、防水施工等要实施旁站。巡视是指监理人员对正在施工的部位或工序现场进行的定期或不定期的监督活动。巡视是一种"面"上的活动，它不限于某一部位或过程，而旁站则是"点"的活动，它是针对某一部位或工序。

平行检验。监理工程师利用一定的检查或检测手段在承包单位自检的基础上，按照一定的比例独立进行检查或检测的活动。它是监理工程师质量控制的一种重要手段，在技术复核及复验工作中采用，是监理工程师对施工质量进行验收的重要依据之一。

（二）设备采购与制造安装的质量控制

1. 设备采购的质量控制

设备的购置是直接影响设备质量的关键环节。设备能否满足生产工艺要求、配套投产、正常运转、充分发挥效能、确保精度和质量，设备技术是否先进、经济适用、操作灵活、安全可靠、维修方便、经久耐用，均与设备的购置密切相关。采购设备，应在调查研究的基础上采取市场采购、向制造厂商订货或招标采购等方式，采购质量控制主要是采购方案的审查及工作计划中明确的质量要求。

2. 设备制造的质量控制

设备的制造过程是形成设备实体并使之具备所需要的技术性能和使用价值的过程，设备的监造就是要督促和协调设备制造单位的工作，使制造出来的设备在技术性能和质量上全面符合订货的要求，使设备的交货时间和价格符合合同的规定，并为以后的设备运输储存与安装调试打下良好的基础。

3. 设备的检查验收

设备质量是设备安装质量的前提，为确保设备质量，监理工程师需做好设备检查验收的质量控制。设备的检查验收包括供货单位出厂前的自查检验及用户或安装单位在进入安装现场后的检查验收。

4. 设备安装的质量控制

设备安装要按设计文件实施，要符合有关的技术要求和质量标准，设备安装应从设备开箱起，直至设备的空载试运转，必须带负荷才能试运转的应进行负荷运转。在安装过程中，监理工程师要做好安装过程的质量监督和控制，对安装过程的每一分项、分部工程和单位工程进行检查质量验收。

（三）工程施工质量验收

工程施工质量验收是工程建设质量控制的重要环节，它包括工程施工质量的中间验收和工程的竣工验收两个方面，通过对工程建设中间产出品和最终产品的质量验收，从过程控制和终端把关两个方面进行工程项目的质量控制。应坚持"验评分离，强化验收，完善手段，过程控制"的指导思想。

1．施工质量验收的基本规定

(1)建筑工程施工质量应符合《建筑工程施工质量验收统一标准》和相关专业验收规范的规定。

(2)建筑工程施工质量应符合工程勘察、设计文件的要求。

(3)参加工程施工质量验收的各方人员应具备规定的资格。

(4)工程质量的验收应在施工单位自行检查评定的基础上进行。

(5)隐蔽工程在隐蔽前应由施工单位通知有关方进行验收，并应形成验收文件。

(6)涉及结构安全的试块、试件以及有关材料，应按规定进行见证取样检测。

(7)检验批的质量应按主控项目和一般项目验收。

(8)对涉及结构安全和使用功能的分部工程应进行抽样检测。

(9)承担见证取样检测及有关结构安全检测的单位应具有相应资质。

(10)工程的观感质量应由验收人员通过现场检查，并应共同确认。

2．建筑工程施工质量验收层次的划分

建筑工程施工质量验收涉及建筑工程施工过程控制和竣工验收控制，是工程施工质量控制的重要环节。由于建筑工程的规模大，施工周期长，因此合理划分建筑工程施工质量验收层次是非常必要的。施工质量验收时，验收层次可分为单位工程、分部工程、分项工程、检验批。

3．建筑工程施工质量验收

(1)检验批的质量验收

检验批质量合格的规定：①主控项目和一般项目的质量经抽样检验合格；②具有完整的施工质量检查记录。

检验批验收程序：①资料检查，质量控制资料必须完整、真实；②是主控项目和一般项目的检验；③最后形成检验批的质量验收记录。

检验批的质量验收记录由施工项目专业质量检查员填写，监理工程师(建设单位专业技术负责人)组织项目专业质量检查员等进行验收，并填写好记录。

(2)分项工程质量验收

分项工程质量验收合格的规定：①分项工程所含的检验批均应符合合格质量规定；②分项工程所含的检验批的质量验收记录应完整。

分项工程质量验收程序：由监理工程师(建设单位项目专业技术负责人)组织项目专业技术负责人等进行验收，并按表填写好记录。

(3)分部(子分部)工程质量验收

分部(子分部)工程质量验收合格的规定：①分部(子分部)工程所含分项工程的质量均应验收合格；②质量控制资料应完整；③地基与基础、主体结构和设备安装等分部工程有关安全及功能检验和抽样检测应符合有关规定；④观感质量验收应符合要求。

分部工程的验收在其所含各分项工程验收的基础上进行。分部工程的各分项工程必须已验收且相应的质量控制资料文件必须完整，这是验收的基本条件。此外，由于各分项工程的性质不尽相同，因此作为分部工程不能简单地组合而加以验收，尚需增加以下两类检查：

涉及安全和使用功能的地基基础、主体结构、有关安全及重要使用功能的安装分部工程，应进行有关见证取样送样试验或抽样检测。如建筑物垂直度、标高、全高测量记录，建筑物沉降观测测量记录，给水管道通水试验记录，暖气管道、散热器压力试验记录，照明动力全负荷试验记录等。

关于观感质量验收，这类检查往往难以定量，只能以观察、触摸或简单测量的方式进行，并由个人的主观印象判断，检查结果并不给出"合格"或"不合格"的结论，而是综合给出质量评价。评价的结论为"好"、"一般"和"差"三种，对于"差"的检查点应通过返修处理等进行补救。

分部(子分部)工程质量验收程序：由总监理工程师(建设单位项目专业负责人)组织施工项目经理和有关勘察、设计单位项目负责人进行验收。

(4)单位(子单位)工程质量验收

单位(子单位)工程质量验收合格的规定：①单位(子单位)工程所含分部(子分部)工程的质量应验收合格；②质量控制资料应完整，单位(子单位)工程所含分部工程有关安全和功能的检验资料应完整；③主要功能项目的抽查结果应符合相关专业质量验收规范的规定；④观感质量验收应符合要求。

单位工程质量验收也称质量竣工验收，是建筑工程投入使用前的最后一次验收，也是最重要的一次验收。验收合格的条件有五个，除构成单位工程的各分部工程应该合格，有关的资料文件应完整以外，还应进行以下检查：

涉及安全和使用功能的分部工程应进行检验资科的复查。不仅要全面检查其完整性(不得有漏检、缺项)，而且对分部工程验收时补充进行的见证抽样检验报告也要复核。

对主要使用功能还须进行抽查。使用功能的检查是对建筑工程和设备安装工程最终质量的综合检查，也是用户最为关心的内容。因此，在分项、分部工程验收合格的基础上，竣工验收时再做全面检查，抽查项目是在检查资料文件的基础上由参加验收的各方人员商定，并用计量、计数的抽样方法确定检查部位，检查要求按有关专业工程施工质量验收标准的要求进行。

单位(子工程)工程质量竣工验收记录由施工单位填写，验收结论由监理(建设)单位填写，综合验收结论由参加验收各方共同商定、建设单位填写，应对工程质量是否符合设计和规范要求及总体质量水平做出评价。

(5)工程施工质量不符合要求时的处理

一般情况下，不合格现象在检验批的验收时就应发现并及时处理，所有质量隐患必须尽快消灭在萌芽状态，否则将影响后续检验批和相关的分项工程、分部工程的验收。但非正常情况可按下述规定进行处理：

①经返工重做或更换器具、设备的检验批，应重新进行验收。这种情况是指主控项目不能满足验收规范规定或一般项目超过偏差限制的子项不符合检验规定的要求时，应及时进行处理的检验批。

②经有资质的检测单位鉴定达到设计要求的检验批，应予以验收。这种情况是指个别检验批发现试块强度等不满足要求等问题，难以确定是否验收时，应请具有资质的法定检测单位检测，当鉴定结果能够达到设计要求时，该检验批应允许通过验收。

③经有资质的检测单位鉴定达不到设计要求，但经原设计单位审核能满足结构安全和使

用功能的检验批，可予以验收。

④经返修或加固的分项、分部工程，虽然改变外形尺寸但仍能满足安全使用要求，可按技术处理方案和协商文件进行验收。

⑤通过返修或加固仍不能满足安全使用要求的分部工程、单位(子单位)工程，严禁验收。

(四)工程质量问题和质量事故的处理

凡工程产品质量没有满足某个规定的要求，就称之为质量不合格。凡是工程质量不合格，必须进行返修、加固或报废处理，由此造成直接经济损失低于5000元的称为质量问题；直接经济损失在5000元(含5000元)以上的称为工程质量事故。

1. 工程质量问题的成因

建筑工程工期较长，所用材料品种繁杂，在施工过程中，受社会环境和自然条件方面异常因素的影响，使产生的工程质量问题表现形式千差万别、类型多种，质量问题的成因也错综复杂，往往一项质量问题是由多种原因引起的。虽然每次发生问题的类型各不相同，但是通过对大量质量问题的调查与分析发现，其发生的原因有不少相同或相似之处，归纳起来其基本因素主要有：①违背建设程序；②违反法规行为；③地质勘察失真；④设计差错；⑤施工与管理不到位；⑥使用不合格的原材料；⑦自然环境因素；⑧使用不当。

2. 工程质量问题的处理

工程质量问题是由工程质量不合格或工程质量缺陷引起的，在工程施工过程中，由于种种原因，出现不合格项或质量问题往往难以避免。为此，作为监理工程师必须掌握如何防止和处理施工中出现的各种质量问题。对已发生的质量问题，应掌握其处理程序。

(1)处理方式

在各项工程的施工过程中或完工以后，现场监理人员如发现工程项目存在着不合格项或质量问题，应根据其性质和严重程度按如下方式处理：①当因施工而引起的质量问题在萌芽状态时，应及时制止，并要求施工单位立即更换不合格材料、设备或不称职人员，或要求施工单位立即改变不正确的施工工艺；②当因施工而引起的质量问题已出现时，应立即向施工单位发出监理通知，要求其对质量问题进行补救处理，并采取足以保证施工质量的有效措施后，填报监理通知回复单报监理单位；③当某道工序或分项工程完工以后，出现不合格项时，监理工程师应填写不合格项处置记录，要求施工单位及时采取措施予以整改，监理工程师应对其补救方案进行确认，跟踪处理过程，对处理结果进行验收，否则不允许进行下道工序或分项工程的施工；④在交工使用后的保修期内发现的施工质量问题，监理工程师应及时签发监理通知，指令施工单位进行修补、加固或返工处理。

(2)处理程序

当出现工程质量问题，监理工程师应按以下程序进行处理：

①当发生工程质量问题时，监理工程师首先应判断其严重程度。对可以通过返修或返工弥补的质量问题可签发监理通知，责成施工单位写出质量问题调查报告，提出处理方案，填写监理通知回复单，报监理工程师审核后，批复承包单位处理，必要时应经建设单位和设计单位认可，处理结果应重新进行验收。

②对需要加固补强的质量问题，或质量问题的存在影响下道工序和分项工程的质量时，应签发工程暂停令，指令施工单位停止有质量问题部位和与其有关联部位及下道工序的施

工，必要时，应要求施工单位采取防护措施，责成施工单位写出质量问题调查报告，由设计单位提出处理方案，并征得建设单位同意，批复承包单位处理，处理结果应重新进行验收。

③施工单位接到监理通知后，在监理工程师的组织参与下，尽快进行质量问题调查并完成报告编写。其内容包括：与质量问题相关的工程情况，质量问题发生的时间、地点、部位、性质、现状及发展变化等详细情况，调查中的有关数据和资料，原因分析与判断，是否需要采取临时防护措施，质量问题处理补救的建议方案，涉及的有关人员和责任及预防该质量问题重复出现的措施。

④监理工程师审核、分析质量问题调查报告，判断和确定质量问题产生的原因。

⑤在分析原因的基础上，认真审核签认质量问题处理方案。

⑥指令施工单位按既定的处理方案实施处理并进行跟踪检查。

⑦质量问题处理完毕，监理工程师应组织相关人员对处理的结果进行严格的检查、鉴定和验收，写出质量问题处理报告，报建设单位和监理单位归档。

3. 工程质量事故处理的依据

（1）质量事故的实况资料。

（2）有关合同及合同文件。

（3）相关的技术文件和档案。

（4）相关的建设法规。

4. 工程质量事故处理的程序

工程质量事故发生后，监理工程师可按以下程序进行处理：

（1）总监理工程师签发工程暂停令，停止进行质量缺陷部位和与其有关联部位及下道工序施工，应要求施工单位采取必要的措施，防止事故扩大并保护现场。同时，要求质量事故发生单位迅速按类别和等级向相应的主管部门上报，并于24小时内写出书面报告。

质量事故报告应包括：事故发生的单位名称、工程名称、部位、时间、地点，事故概况和初步估计的直接损失，事故发生原因的初步分析，事故发生后采取的措施，相关各种资料。

（2）监理工程师在事故调查组展开工作后，应积极协助，客观地提供相应证据。若监理方无责任，监理工程师可应邀参加调查组，参与事故调查；若监理方有责任，则应回避，但应配合调查组工作。

（3）当监理工程师接到质量事故调查组提出的技术处理意见后，可组织相关单位研究，并责成相关单位完成技术处理方案，并予以审核签认。质量事故技术处理方案，一般应委托原设计单位提出，由其他单位提供的技术处理方案应经原设计单位同意签认。技术处理方案的制定，应征求建设单位意见。技术处理方案必须依据充分，应在质量事故的部位、原因全部查清的基础上制定，必要时，应委托法定工程质量检测单位进行质量鉴定或请专家论证，以确保技术处理方案可靠、可行，保证结构安全和使用功能。

（4）技术处理方案核签后，监理工程师应要求施工单位制定详细的施工方案，必要时应编制监理实施细则，对工程质量事故处理进行监理，技术处理过程中的关键部位和关键工序应进行旁站，并会同设计、建设等有关单位共同检查认可。

（5）对施工单位完工自检后的报验结果，组织有关各方进行检查验收，必要时应进行处理结果签定，要求事故单位整理编写质量事故处理报告并审核签认，将有关技术资料归档。

5. 工程质量事故处理的鉴定和验收

(1) 检查验收

工程质量事故处理完成后，监理工程师在施工单位自检合格报验基础上，应严格按施工验收标准及有关规范的规定进行，结合监理人员的旁站、巡视和平行检验的结果，依据质量事故技术处理方案设计要求，通过实际测量，检查各种资料数据和进行验收，并应办理交工验收文件，组织各有关单位会签。

(2) 必要的鉴定

为确保工程质量事故处理的效果，凡涉及结构承载力等使用安全功能的处理，常需做必要的试验、检验和鉴定工作。常见的检验工作有：砼钻芯取样，用于检查密实性和裂缝修补效果，或检测实际强度，结构荷载试验，确定其实际承载力；超声波检测焊接或结构内部质量；池、罐、箱柜工程的渗漏检验等。检测、鉴定必须委托有资质的法定检测单位进行。

(3) 验收结论

对所有质量事故无论经过技术处理通过检查鉴定验收，还是不需专门处理的，均应有明确的书面结论，若对后续工程施工有特定要求或对建筑物使用有一定限制条件，应在结论中提出。

验收结论通常有以下几种：①事故已排除，可以继续施工；②隐患已消除，结构完全有保证；③经修补处理后，完全能够满足使用要求；④基本上满足使用要求，但使用时应有附加限制条件，例如限制荷载等；⑤对耐久性的结论；⑥对建筑物外观影响的结论。

对短期内难以做出结论的，可提出进一步观测检验意见。

对于处理后符合《建筑工程施工质量验收统一标准》规定的，监理工程师应予以验收、确认，并应注明责任方承担的经济责任。对经加固补强或返工处理仍不能满足安全使用要求的分部工程、单位(子单位)工程，应拒绝验收。

(五) 质量控制的统计分析方法

质量控制的统计分析方法，常用的有分层法、排列图法、直方图法、控制图法、因果分析图法等五种，其中分层法是质量控制统计分析方法中最基本的一种方法，其他统计方法一般都要与分层法配合使用，首先利用分层法将原始数据分门别类，然后再进行统计分析。

1. 分层法

分层法又叫分类法，是将调查收集的原始数据，根据不同的目的和要求，按某一性质进行分组、整理的分析方法。分层的结果使数据各层间的差异突显出来，层内的数据差异减少了。在此基础上再进行层间、层内的比较分析，可以更深入地发现和认识质量问题的原因。由于产品质量是多方面因素共同作用的结果，因而对同一批的数据，可以按不同性质分层，使我们能从不同角度来考虑、分析产品存在的质量问题和影响因素。

常用的分层标志有：①按操作班组或操作者分层；②按使用机械设备型号分层；③按操作方法分层；④按原材料供应单位、供应时间或等级分层；⑤按施工时间分层；⑥按检查手段、工作环境等分层。

例如某钢筋焊接质量的调查分析，共检查了 50 个焊接点，其中不合格 19 个，不合格率为 38%。存在严重的质量问题，试用分层法分析质量问题的原因。

现已查明这批钢筋的焊接是由 A、B、C 三个师傅操作的，而焊条是由甲、乙两个厂家提供的。因此，分别按操作者和焊条生产厂家进行分层分析，即考虑一种因素单独的影响，见

表 4 - 2 和表 4 - 3。

表 4 - 2　按操作者分层

操作者	不合格	合　格	不合格率/%
A	6	13	32
B	3	9	25
C	10	9	53
合　计	19	31	38

表 4 - 3　按供应焊条厂家分层

工　厂	不合格	合　格	不合格率/%
甲	9	14	39
乙	10	17	37
合　计	19	31	38

由表 4 - 2 和表 4 - 3 分层分析可见，操作者 B 的质量较好，不合格率 25%；而不论是采用甲厂还是乙厂的焊条，不合格率都很高且相差不大。为了找出问题之所在，再进一步采用综合分层进行分析，即考虑两种因素共同影响的结果，见表 4 - 4。

表 4 - 4　综合分层分析焊接质量

操作者	焊接质量	甲 厂		乙 厂		合 计	
		焊接点	不合格率/%	焊接点	不合格率/%	焊接点	不合格率/%
A	不合格	6	75	0	0	6	32
	合 格	2		11		13	
B	不合格	0	0	3	43	3	25
	合 格	5		4		9	
C	不合格	3	30	7	78	10	53
	合 格	7		2		9	
合 计	不合格	9	39	10	37	19	38
	合 格	14		17		31	

从表 4 - 4 的综合分层法分析可知，在使用甲厂的焊条时，应采用 B 师傅的操作方法为好；在使用乙厂的焊条时，应采用 A 师傅的操作方法为好，这样会使合格率大大的提高。

2. 排列图法

在质量管理工作中，无论是为了寻找提高产品质量的途径，还是追究造成废品损失的原因，其所涉及的有关因素都非常多。怎样寻找主要因素并有效地加以解决，是我们必须考虑的首要问题。生产实践告诉我们,对于一项特定的质量问题来说,虽然同时作用于它的因素很多,但是它们对质量问题的影响程度并不都是相等的。如果我们分因素统计它们发生的频数并按其发生的频数多少顺序排列,以直方块的形式画出来,即构成了排列图。

排列图法是利用排列图寻找影响质量主次因素的一种有效方法。排列图又叫帕累托图或主次因素分析图,它是由两个纵坐标、一个横坐标、几个连起来的直方形和一条曲线所组成。主次因素排列图的基本格式及其画法要点如下(见图4-9):

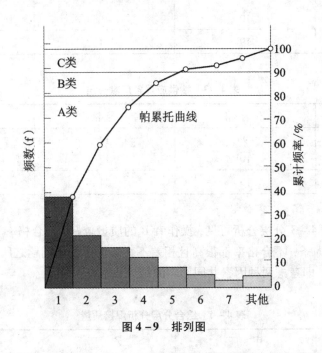

图4-9 排列图

(1)图中横坐标表示影响产品质量的因素或项目,一般以直方的高度表示各因素出现的频数,并从左到右按频数的多少,由大到小顺次排列;

(2)纵坐标一般设置两个:左端的纵坐标可以用事件出现的频数(如各因素造成的不合格品数)表示,或用不合格品损失金额来表示;右端的纵坐标用事件发生的频数占全部事件总数的比率表示;

(3)将各因素所占的频率(比率)顺次累加起来,即可得各因素的顺次累计频率(累计百分比)。然后将所得的各因素的顺次累计频率逐一点画在图中相应位置上,并将各点联接,即可得到帕累托曲线。

绘制帕氏图的目的主要是为了寻找影响某项产品质量的主要因素,为此,通常把影响因素分为三类:即把包括在累计频率0~80%范围的因素称为A类因素,即为影响产品质量的主要因素;其次,属于累计频率80~90%范围内的因素称为B类因素,即为次要因素;其余在累计频率90~100%范围内的因素称为C类因素,是一般因素。通常A类因素应为1~2个,最多不超过3个。为了有利于集中精力提高产品质量,首先应在规定时间内,着重解决影响产品质量的A类因素。

3.直方图法

在质量管理中,如何预测并监控产品质量状况?如何对质量波动进行分析?直方图就是把这些问题图表化处理的工具。它通过对收集到的貌似无序的数据进行处理，来反映产品质量的分布情况，判断和预测产品质量及不合格率。同时可通过质量数据特征值的计算，估算施工生产过程总体的不合格品率，评价过程能力等。

　　直方图法即频数分布直方图法，它是将收集到的质量数据进行分组整理，绘制成频数分布直方图，用以描述质量分布状态的一种分析方法，所以又称质量分布图法。它是根据从生产过程中收集来的质量数据分布情况，画成以组距为底边、以频数为高度的一系列连接起来的直方型矩形图（见图 4 - 10）。

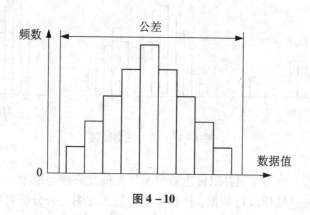

图 4 - 10

　　观察直方图的形状、判断质量分布状态。首先要认真观察直方图的整体形状，看其是否是属于正常型直方图。在生产正常情况下，直方图呈正态分布状，就是中间高，两侧低，左右接近对称的图形，如图 4 - 11(a) 所示。

　　如果根据实际资料绘出的图不是正态分布状直方图，而出现非正常型直方图时，表明生产过程或收集数据作图有问题，说明工序质量不稳定，易于出现不合格品。对每种异常直方图，就要求进一步分析判断，找出原因，从而采取措施加以纠正。凡属非正常型直方图，其图形分布有各种不同缺陷，归纳起来一般有五种类型，如图 4 - 11 所示。

　　(1) 折齿型[图 4 - 11 (b)]，是由于分组组数不当或者组距确定不当出现的直方图。

　　(2) 左(或右)缓坡型[图 4 - 11(c)]，主要是由于操作中对上限(或下限)控制太严造成的。

　　(3) 孤岛型[图 4 - 11(d)]，是原材料发生变化，或者临时他人顶班作业造成的。

　　(4) 双峰型[图 4 - 11 (e)]，是由于用两种不同方法或两台设备或两组工人进行生产，然后把两方面数据混在一起整理产生的。

　　(5) 绝壁型[图 4 - 11 (f)]，是由于数据收集不正常，可能有意识地去掉下限以下的数据，或是在检测过程中存在某种人为因素所造成的。

　　4. 控制图法

　　控制图法又称管理图，它是由休哈特于 1924 年首先提出，用于分析和判断工序是否处于稳定状态，且带有控制界限的图形。控制图的基本形式如图 4 - 12 所示。横坐标为样本(子样)序号或抽样时间，纵坐标为被控制对象，即被控制的质量特性值。控制图上一般有三条线：在上面的一条虚线称为上控制界限，用符号 UCL 表示；在下面的一条虚线称为下控制界限，用符号 LCL 表示；中间的一条实线称为中心线，用符号 CL 表示。中心线标志着质量特

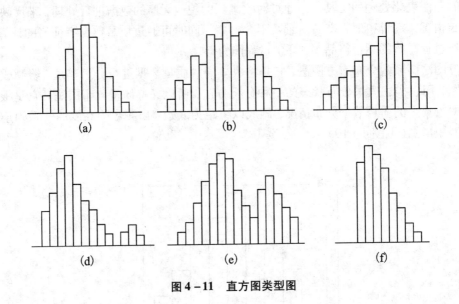

图 4 - 11   直方图类型图

性值分布的中心位置,上下控制界限标志着质量特性值允许波动范围。

在生产过程中通过抽样取得数据,把样本统计量描在图上来分析判断生产过程状态。如果点子随机地落在上、下控制界限内,则表明生产过程正常处于稳定状态,不会产生不合格品;如果点子超出控制界限,或点子排列有缺陷,则表明生产条件发生了异常变化,生产过程处于失控状态。

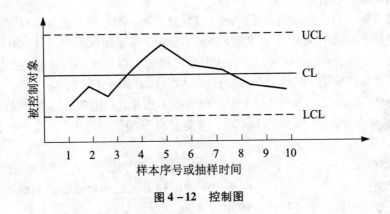

图 4 - 12   控制图

控制图是用样本数据来分析判断生产过程是否处于稳定状态的有效工具。它的用途主要有两个:①过程分析,即分析生产过程是否稳定。为此,应随机连续收集数据,绘制控制图,观察数据点分布情况并判定生产过程状态。②过程控制,即控制生产过程质量状态。为此,要定时抽样取得数据,将其变为点子描在图上,发现并及时消除生产过程中的失调现象,预防不合格品的产生。

5. 因果分析图法

在进行质量分析时,如果通过直观方法能够找出属于同一层次的有关因素的主次关系

（平行关系），就可以用上面的排列图法。但往往在因素之间还存在着纵向的因果关系，这就要求有一种方法能同时理出两种关系，因果分析图就是根据这种需要而构思的。

这是一种类似树枝和鱼骨状的图表，见图 4-13。在这个表内，将影响质量特征的原因和由此产生的主要结果用图表形式简要地说明（如原材料、方法、人员、机器、环境等），这些问题的主要因素用从鱼脊骨处画出的斜箭头标出并加以阐述，次要因素再用从主要因素处画出的小箭头标出，并加以表述。所有有关的因素标出后，再由有首脑参加的会议上鉴定出原因。这样的一览表将会帮助人们找出系统产生问题的根源。

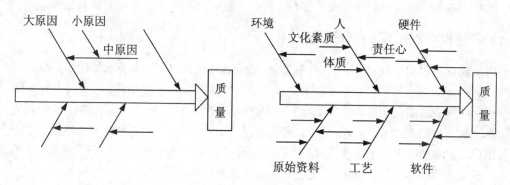

图 4-13　因果分析图

图中的原因是对质量有影响的因素。根据因素所在的层次不同，通常把原因分为大原因、中原因、小原因和更小的原因等。原因一般写在箭尾。枝干是表示因果关系的箭线。箭头由原因指向结果，最中间的粗箭线称为主干，从主干向两边依次展开的称为大枝、中枝、小枝和细枝等。

因果分析图形象地表示了探讨问题的思维过程，利用它分析问题能取得逐渐深入的效果。即从影响质量问题的大原因入手，然后寻找到大原因背后的中原因，再从中原因找到小原因和更小的原因，最终查明主要的直接原因。

任务四　建设工程进度控制

一、建设工程进度控制的概念

建设工程进度控制是指对工程项目各建设阶段的工作内容、工作程序、持续时间和衔接关系编制计划，在实施过程中经常检查实际进度是否按计划要求进行，对出现的偏差分析原因，采取补救措施或调整、修改原计划，直至工程竣工。其总目标是确保项目建设工期按期或提前实现。

在工程项目建设中，进度控制是与质量控制、投资控制并列的三大目标之一，它们之间有着相互依赖和相互制约的关系。监理工程师在工作中要对三大目标全面系统地加以考虑，正确处理好进度、质量和投资的关系，提高工程建设的综合效益。

二、建设工程进度控制的原理

进度控制是一个动态循环过程，其工作主要有四步：

(1)根据进度目标对工程项目各建设阶段工作编制进度计划。

(2)执行计划，并在计划实施过程中不断检查实际情况。

(3)将实际情况与计划安排进行对比，如产生了偏差，要找出偏离计划的原因。

(4)采取纠正措施，以保证进度计划的实现。

因此，进度控制是不断地计划、执行、检查、分析、调整计划的动态循环过程。

三、建设工程进度的影响因素

由于建设项目具有体积庞大、条件复杂、施工周期长、相关单位多等特点，因而影响进度的因素很多。如人为因素，技术因素，设备、材料及构配件因素，机具因素，资金因素，水文、地质与气象因素，以及其他自然与社会环境等方面的因素。其中，人为因素是最大的干扰因素。从产生的根源看，有的来源于建设单位及上级机构，有的来源于勘察设计、施工及供货单位，有的来源于政府、建设部门、有关协作单位和社会，有的来源于自然条件，有的来源于建设监理单位本身。在工程建设过程中，常见的影响因素如下：

(1)建设单位因素。如建设单位使用要求改变而引起设计变更，建设单位应提供的场地条件不及时或不能满足工程需要等。

(2)勘察设计因素。如勘察资料不准确，特别是地质资料错误或遗漏而引起的不能预料的技术障碍；设计内容不完整，规范应用不恰当，设计有缺陷或错误；图纸供应不及时、不配套或出现差错；计划不周，导致停工待料和相关作业脱节。

(3)施工技术因素。如施工工艺错误，不合理的施工方案，施工中采用不成熟的施工工艺或技术方案失当。

(4)自然环境因素。如复杂的工程地质条件，地下埋藏文物的保护、处理，恶劣天气、地震、台风等不可抗力，临时停水、停电、交通中断、社会动乱。

(5)社会环境因素。如交通运输受阻，水、电供应不具备，节假日交通、市容整顿的限制。

(6)组织管理因素。如向有关部门提出各种申请审批手续的延误。

(7)材料、设备因素。如材料、构配件、机具、设备供应环节的差错，品种、规格、数量、时间不能满足工程的需要，设备发生故障等。

(8)资金因素。如建设单位资金存在缺口，未及时向承包单位或供应商拨款等。

(9)项目建设中发生意外的工程质量事故或工程安全事故。

四、建设工程进度控制

(一)进度控制的内容与方法

1.进度控制的内容

建设工程进度控制包含设计准备阶段进度控制、设计阶段进度控制和施工阶段进度控制，其中施工阶段的进度控制是整个工程项目进度控制的重点。具体内容如下：

（1）编制施工阶段进度控制工作细则

施工进度控制工作细则是在工程项目监理规划的指导下，由工程项目监理工程师负责编制的更具有实施性和操作性的监理业务文件，其主要内容包括：

①施工进度控制目标分解图。

②施工进度控制的主要工作内容和深度。

③进度控制人员的具体分工。

④与进度控制有关各项工作的时间安排及工作流程。

⑤进度控制的方法（包括进度检查日期、数据收集方式、进度报表格式、统计分析方法等）。

⑥进度控制的具体措施。

⑦施工进度控制目标实现的风险分析。

⑧尚待解决的有关问题。

（2）编制或审核施工进度计划

①进度安排是否符合工程项目建设总目标和分目标的要求，是否符合施工合同中开工、竣工日期的规定。

②施工顺序的安排是否符合施工程序的要求。

③劳动力、材料、构配件、机具和设备的供应计划是否能保证进度计划的实现，是否均衡，需求高峰期是否有足够能力实现计划供应。

④建设单位的资金供应能力是否能满足进度需要，所提供的场地条件及原材料和设备是否与进度计划衔接。

⑤总包分包单位分别编制的各项单位工程施工进度计划之间是否相协调，专业分工与计划衔接是否合理。

⑥对于业主负责提供的施工条件，在施工进度计划中安排是否明确、合理，是否有因业主违约而导致工程延期和费用索赔的可能存在。

如果监理工程师在审查施工进度计划的过程中发现问题，应及时向承包单位提出书面修改意见（也称整改通知书），并协助承包单位修改。其中重大问题应及时向业主报告。

（3）按年、季、月编制工程综合计划

在按计划期编制的进度计划中，监理工程师应着重解决各承包单位施工进度计划之间、施工进度计划与资源（包括资金、设备、机具、材料及劳动力）保障计划之间及外部协作条件的延伸性计划之间的综合平衡与相互衔接问题，并根据上期计划的完成情况对本期计划做必要的调整，从而作为承包单位近期执行的指令性计划。

（4）下达工程开工令

监理工程师应根据承包单位和业主双方关于工程开工的准备情况，选择合适的时机发布工程开工令。工程开工令的发布要尽可能及时，因为从发布工程开工令之日算起，加上合同工期后即为工程竣工日期。如果开工令发布拖延，就等于推迟了竣工时间，甚至可能引起承包单位的索赔。

（5）协助承包单位实施进度计划

监理工程师要随时了解施工进度计划执行过程中所存在的问题，并帮助承包单位予以解决，特别是承包单位无力解决的内外关系协调问题。

（6）监督施工进度计划的实施

这是建设工程施工进度控制的经常性工作。监理工程师不仅要及时检查承包单位报送的施工进度报表和分析资料，同时还要进行必要的现场实地检查，核实所报送的已完项目的时间及工程量，杜绝虚报现象。

在对工程实际进度资料进行整理的基础上，监理工程师应将其与计划进度相比较，以判定实际进度是否出现偏差。如果出现进度偏差，监理工程师应进一步分析此偏差对进度控制目标的影响程度及其产生的原因，以便研究对策、提出纠偏措施。必要时还应对后期工程进度计划做适当的调整。

（7）组织现场协调会

监理工程师应每周定期组织召开不同层级的现场协调会议，以解决工程施工过程中的相互协调配合问题。在平行、交叉施工单位多，工序交接频繁且工期紧迫的情况下，现场协调会甚至需要每日召开。在会上通报和检查当天的工程进度，确定薄弱环节，部署当天的赶工任务，以便为次日正常施工创造条件。对于某些未曾预料的突发变故或问题，监理工程师还可以通过发布紧急协调指令，督促有关单位采取应急措施维护施工的正常秩序。

（8）签发工程进度款支付凭证

监理工程师应对承包单位申报的已完分项工程量进行核实，在质量监理人员检查验收后，签发工程进度款支付凭证。

（9）审批工程延期

造成工程延期的原因有两个方面：一是由于承包单位自身的原因，二是由于承包单位以外的原因。前者所造成的进度拖延称为工程延误，而后者所造成的进度拖延称为工程延期。

①工程延误

当出现工期延误时，监理工程师有权要求承包单位采取有效措施加快施工进度。如果经过一段时间后，实际进度没有明显改进，仍然拖后于计划进度，而且显然影响工程按期竣工时，监理工程师应要求承包单位修改进度计划，并提交给监理工程师重新确认。但监理工程师对修改后的施工进度计划的确认，并不是对工程延期的批准，他只是要求承包单位在合理的状态下施工。因此，监理工程师对进度计划的确认，并不能解除承包单位应负的一切责任，承包单位需要承担赶工的全部额外开支和误期损失赔偿。

②工程延期

如果由于承包单位以外的原因造成工期拖延，承包单位有权提出延长工期的申请。监理工程师应根据合同规定，审批工程延期时间。经监理工程师核实批准的工程延期时间，应纳入合同工期，作为合同工期的一部分。即新的合同工期应等于原定的合同工期加上监理工程师批准的工程延期时间。监理工程师对于施工进度的拖延，是否批准为工程延期，对承包单位和业主都十分重要。如果承包单位得到监理工程师批准的工程延期，不仅可以不赔偿由于工期延长而支付的误期损失费，而且还要由业主承担由于工期延长所增加的费用。因此，监理工程师应按照合同的有关规定，公正地区分工程延误和工程延期，并合理地批准工程延期时间。

（10）向业主提供进度报告

监理工程师应随时整理进度资料，并做好工程记录，定期向业主提交工程进度报告。

（11）督促承包单位整理技术资料

监理工程师要根据工程进展情况，督促承包单位及时整理有关技术资料。

（12）签署工程竣工报验单、提交质量评估报告

当单位工程达到竣工验收条件后，承包单位在自行预验的基础上提交工程竣工报验单，申请竣工验收。监理工程师在对竣工资料及工程实体进行全面检查、验收合格后，签署工程竣工报验单，并向业主提出评估报告。

（13）工程进度资料

在工程完工以后，监理工程师应将工程进度资料收集起来，进行归类、编目和建档，以便为今后其他类似工程项目的进度提供参考。

（14）工程移交

监理工程师应督促承包单位办理工程移交手续，颁发工程移交证书。在工程移交后的保修期内，还要处理验收后质量问题的原因及责任等争议问题，并督促责任单位及时修理。当保修期结束且再无争议时，建设工程进度控制的任务即告完成。

2. 进度控制的方法

进度控制的方法主要有以下几种：

（1）行政方法：用行政方法控制进度，是指上级单位及上级领导、本单位领导，利用其行政地位和权力，通过发布进度指令，进行指导、协调、考核，利用激励手段（奖、罚、表扬、批评）、监督、督促等方式进行进度控制。

（2）经济方法：经济方法是指有关部门和单位用经济手段对进度控制进行影响和制约。其种类通常有：建设银行通过投资的投放速度来控制工程项目的实施进度；在承发包合同中写进有关工期和进度的条款；建设单位通过招标的进度指标的评分鼓励施工单位加快进度；建设单位通过工期提前奖励和延期罚款实施进度控制。

（3）技术方法：进度控制的技术方法主要是利用网络技术、计算机确定影响工期的关键线路，对线路上的关键工作的工期采用各种措施进行压缩。

为了实施进度控制，监理工程师还必须根据建设工程的具体情况，认真制定进度控制措施，以确保工程进度控制目标的实现。主要措施如下：

（1）组织措施

①建立进度控制目标体系，落实项目监理机构中进度控制部门的人员，并将具体控制任务和管理职责分工到人。

②建立工程进度报告制度及进度信息沟通网络。

③建立进度计划审核制度和进度计划实施中的检查分析制度。

④建立进度协调会议制度，包括协调会议举行的时间、地点及协调会议参加的人员等。

⑤建立图纸审查、工程变更和设计变更管理制度。

（2）技术措施

①审查承包商提交的进度计划，使承包商在合理状态下施工。

②编制进度控制工作细则，指导监理人员实施进度控制。

③采用网络计划技术并结合计算机的应用，对建设工程进度实施动态控制。

（3）合同措施

①加强合同管理，协调合同工期与进度计划之间的关系。

②严格控制合同变更，对各方提出的设计变更和工程变更，严格审查后再补入合同文

件中。

③推行 CM 承发包模式。

（4）经济措施

①及时办理工程预付款及工程进度款的支付手续。

②对应急赶工期给予优厚的赶工费用。

③对工期提前给予奖励，对工期延误给予惩罚。

④加强索赔管理，公正地处理索赔。

（二）进度控制的检查分析方法

实际进度与计划进度的比较是建设工程进度监测的主要环节。常用进度控制的检查分析方法有横道图比较法、S 曲线比较法、香蕉曲线比较法、前锋线比较法和列表比较法。

1. 横道图比较法

横道图比较法是指将项目实施过程中检查实际进度收集到的数据，经加工整理后直接用横道线平行绘于原计划的横道线处，进行实际进度与计划进度的比较方法。采用横道图比较法，可以形象、直观地反映实际进度与计划进度的比较情况。

例如，某工程项目基础工程的计划进度和截止到第 9 周末的实际进度如图 4 - 14 所示，其中双线条表示该工程计划进度，粗实线表示实际进度。从图中实际进度与计划进度的比较可以看出，到第 9 周末进行实际进度检查时，挖土方和做垫层两项工作已经完成；支模板按计划也应该完成，但实际只完成 75%，任务量拖欠 25%；绑扎钢筋按计划应该完成 60%，而实际只完成 20% 任务量拖欠 40%。

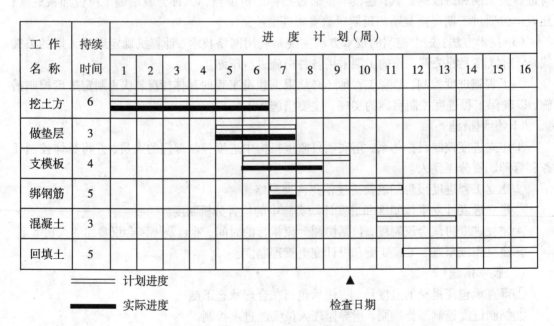

图 4 - 14 某基础工程实际进度与计划进度比较图

根据各项工作的进度偏差，进度控制者可以采取相应的纠偏措施对进度计划进行调整，以确保该工程近期完成。

图4-14所表达的比较方法仅适用于工程项目中的各项工作都是均匀进展的情况,即每项工作在单位时间内完成的任务量都相等的情况。事实上,工程项目中各项工作的进展不一定是匀速的。根据工程项目中各项工作的进展是否匀速,可分别采用以下两种方法进行实际进度与计划进度的比较。

(1)匀速进展横道图比较法

匀速进展是指在工程项目中,每项工作在单位时间内完成的任务量都是相等的,即工作的进展速度是均匀的。此时,每项工程累计完成的任务量与时间成线性关系。

(2)非匀速进展横道图比较法

当工作在不同单位时间里的进展速度不相等时,累计完成的任务量与时间的关系就不能是线性关系。此时,应采用非匀速进展横道图比较法进行工作实际进度与计划进度的比较。

非匀速进展横道图比较法在用涂黑粗线表示工作实际进度的同时,还要标出其对应时完成任务量的累计百分比,并将该百分比与其同时刻计划完成任务量的累计百分比相比,判断工作实际进度与计划进度之间的关系。

2.S曲线比较法

从整个工程项目实际进展全过程看,单位时间投入的资源量一般是开始和结束时较少,中间阶段较多。与其相对应,单位时间完成的任务量也呈同样的变化规律。而随工程进展累计完成的任务量则应呈S形变化。由于其形似英文字母"S",S曲线因此而得名。

S曲线比较法是以横坐标表示时间,纵坐标表示累计完成任务量,绘制一条按计划时间完成任务量的S曲线;然后将工程项目实施过程中各检查时间实际累计完成任务量的线也绘制在同一坐标系中,进行实际进度与计划进度比较的一种方法。

S型曲线比较法,同横道图一样,是在图上直观地进行施工项目实际进度与计划进度相比较,如图4-15所示。

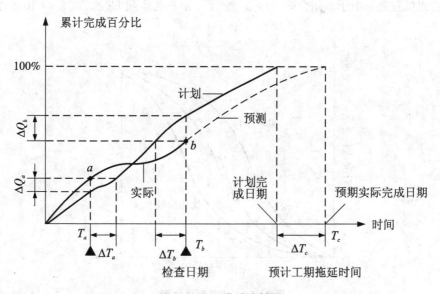

图4-15 S曲线比较图

一般情况，计划进度控制人员在计划时间前绘制出 S 型曲线。在项目施工过程中，按规定时间将检查的实际完成情况，绘制在与计划 S 型曲线同一张图上，可得出实际进度 S 型曲线，比较两条 S 型曲线可以得到如下信息：

（1）工程项目实际进展状况

如果工程实际进展点落在计划 S 曲线左侧，表明此时实际进度比计划进度超前，如图 4 -15 中的 a 点；如果工程实际进展点落在 S 计划曲线右侧，表明此时实际进度拖后，图中的 b 点；如果工程实际进展点正好落在计划 S 曲线上，则表示此时实际进度与计划进度一致。

（2）工程项目实际进度超前或拖后的时间

在 S 曲线比较图中可以直接读出实际进度比计划进度超前或拖后的时间。如图 4 -15 所示，ΔT_a 表示 T_a 时刻实际进度超前的时间；ΔT_b 表示 T_b 时刻实际进度拖后的时间。

（3）工程项目实际超额或拖欠的任务量

在 S 曲线比较图中也可直接读出实际进度比计划进度超额或拖欠的任务量。如图 4 -15 所示，ΔQ_a 表示 T_a 时刻超额完成的任务量，ΔQ_b 表示 T_b 时刻拖欠的任务量。

（4）后期工程进度预测

如果后期工程按原计划速度进行，则可做出后期工程计划 S 曲线如图 4 -15 中虚线所示，从而可以确定工期拖延预测值 ΔT_c。

3. 香蕉曲线比较法

香蕉曲线是由两条 S 曲线组合而成的闭合曲线。由 S 曲线比较法可知，工程项目累计完成的任务量（纵坐标）与计划时间（横坐标）的关系，可以用一条 S 曲线表示。对于一个工程项目的网络计划来说，如果以其中各项工作的最早开始时间安排进度而绘制 S 曲线，称为 ES 曲线；如果以其中各项工作的最迟开始时间安排进度而绘制 S 曲线，称为 LS 曲线。两条 S 曲线具有相同的起点和终点，因此，两条曲线是闭合的。在一般情况下，ES 曲线上的其余各点均落在 LS 曲线的相应点的左侧。由于该闭合曲线形似"香蕉"，故称为香蕉曲线。如图 4 -16 所示。

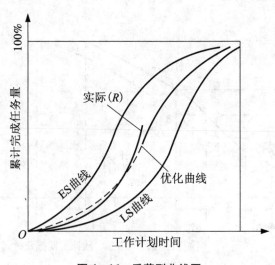

图 4 -16　香蕉型曲线图

在项目的实施中进度控制的理想状况是任一时刻按实际进度描绘的点，应落在该"香蕉"

型曲线的区域内。"香蕉"型曲线比较法的作用为：①利用"香蕉"型曲线进行进度的合理安排；②进行施工实际进度与计划进度比较；③确定在检查状态下，后期工程的 ES 曲线和 LS 曲线的发展趋。

4.前锋线比较法

前锋线比较法是通过绘制某检查时刻工程项目实际进度前锋线，进行工程实际进度与计划进度比较的方法，它主要适用于时标网络计划。所谓前锋线，是指在原时标网络计划上，从检查时刻的时标点出发，用点划线依此将各项工作实际进展位置点连接而成的折线。前锋线比较法就是通过实际进度前锋线与原进度计划中各工作箭线交点的位置来判断工作实际进度与计划进度的偏差，进而判定该偏差对后续工作及总工期影响程度的一种方法。

采用前锋线比较法进行实际进度与计划进度的比较，其步骤如下：

(1)绘制时标网络计划图

工程项目实际进度前锋线是在时标网络计划图上标示，为清楚起见，可在时标网络计划图的上方和下方各设一时间坐标。

(2)绘制实际进度前锋线

一般从时标网络计划图上方时间坐标的检查日期开始绘制，依次连接相邻工作的实际进展位置点，最后与时标网络计划图下方坐标的检查日期相连接。

工作实际进展位置点的标定方法有两种：

①按该工作已完任务量比例进行标定

假设工程项目中各项工作均为匀速进展，根据实际进度检查时刻该工作已完任务量占其计划完成总任务量的比例，在工作箭线上从左至右按相同的比例标定其实际进展位置点。

②按尚需作业时间进行标定

当某些工作的持续时间难以按实物工程量来计算而只能凭经验估算时，可以先估算出检查时刻到该工作全部完成尚需作业的时间，然后在该工作箭线上从右向左逆向标定其实际进展位置点。

(3)进行实际进度与计划进度的比较

前锋线可以直观地反映出检查日期有关工作实际进度与计划进度之间的关系。对某项工作来说，其实际进度与计划进度之间的关系可能存在以下三种情况：

①工作实际进展位置点落在检查日期的左侧，表明该工作实际进度拖后，拖后的时间为二者之差；

②工作实际进展位置点与检查日期重合，表明该工作实际进度与计划进度一致；

③工作实际进展位置点落在检查日期的右侧，表明该工作实际进度超前，超前的时间为二者之差。

(4)预测进度偏差对后续工作及总工期的影响

通过实际进度与计划进度的比较确定进度偏差后，还可根据工作的自由时差和总时差预测该进度偏差对后续工作及项目总工期的影响。

前锋线比较法既适用于工作实际进度与计划进度之间的局部比较，又可用来分析和预测工程项目整体进度状况。

例如，某分部工程施工网络计划，在第 4 天下班时检查，C 工作完成了该工作的 工作量，D 工作完成了该工作的 工作量，E 工作已全部完成该工作的工作量，则实际进度前锋线如图

4-17 上点划线构成的折线。

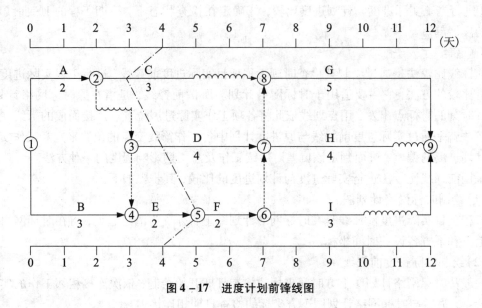

图 4-17 进度计划前锋线图

通过比较可以看出：

①工作 C 实际进度拖后 1 天，其总时差和自由时差均为 2 天，既不影响总工期，也不影响其后续工作的正常进行；

②工作 D 实际进度与计划进度相同，对总工期和后续工作均无影响；

③工作 E 实际进度提前 1 天，对总工期无影响，将使其后续工作 F、I 的最早开始时间提前 1 天。

综上所述，该检查时刻各工作的实际进度对总工期无影响，将使工作 F、I 的最早开始时间提前 1 天。

5. 列表比较法

当工程进度计划用非时标网络图表示时，可以采用列表比较法进行实际进度与计划进度的比较。这种方法是记录检查日期应进行的工作名称及其已经作业的时间，然后列表计算有关时间参数，并根据工作总时差进行实际进度与计划进度比较的方法。

任务五　建设工程投资控制

一、建设工程投资控制的概念

建设工程项目投资控制，就是在建设工程项目的投资决策阶段、设计阶段、施工阶段以及竣工阶段等项目实施全过程，合理使用人力、物力、财力，把建设工程投资控制在批准的投资限额内，随时纠正发生的偏差，以保证项目投资管理目标的实现，取得较好的投资效益和社会效益。

二、建设工程投资控制的原理

投资控制的基本原理如图 4 - 18 所示。

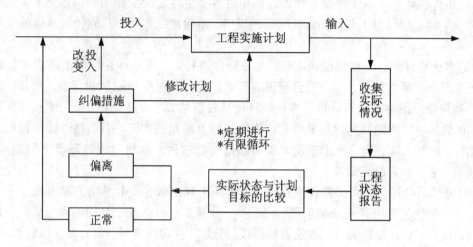

图 4 - 18　投资控制原理图

这个流程图应每两周或一个月循环一次，其表达的含义如下：

①项目投入，即把人力、物力、财力投入到项目实施中；

②在工程进展过程中，必定存在各种各样的干扰，如恶劣天气、设计出图不及时等；

③收集实际数据，即对工程进展情况进行评估；

④把投资目标的计划值与实际值进行比较；

⑤检查实际值与计划值有无偏差，如果没有偏差，则工程继续进展，继续投入人力、物力、财力；

⑥如果有偏差，则需要分析产生偏差的原因，采取控制措施。

在这一动态控制中，应着重做好以下几项工作：

①对计划目标值的论证和分析。实践证明，由于各种主观和客观因素的制约，项目规划中的计划目标值很可能是难以实现或不尽合理的，需要在项目实施的过程中合理调整或细化和精细化。只有项目目标是正确合理的，项目控制方能有效。

②及时对工程进展做出评估，即收集实际数据。没有实际数据的收集，就无法清除工程的实际进展情况，更不可能判断是否存在偏差。因此，数据的及时、完整和正确是确定偏差的基础。

③进行项目计划值与实际值的比较，以判断是否存在偏差。这种比较同样也要求在项目规划阶段就应对数据体系进行统一的设计，以保证比较工作的效率和有效性。

④采取控制措施以确保投资控制目标的实现。

三、建设工程投资的影响因素

1. 建设工程投资的特点

建设工程投资的特点是由建设工程的特点决定的，主要表现为：建设工程投资数额巨大，建设工程投资差异明显，建设工程投资需单独计算，建设工程投资确定依据复杂，建设工程投资确定层次繁多，建设工程投资需动态跟踪。

2.建设工程投资的计价特点

（1）单件性计价。由于建设工程设计的单件性，使得建设工程的实物形态千差万别，所以对建设工程不能像对工业产品那样按品种规格、质量成批定价，只能针对具体的工程单件计价。

（2）多次性计价。工程建设周期长，是分阶段进行，且逐步深化。为了适应工程建设过程中各方经济关系的建立，适应项目管理的要求，适应工程投资控制和管理的要求，需要按照设计和建设阶段多次进行计价。多次性计价从投资估算、设计概算、施工图预算到招标合同价，再到各项工程的结算价和最后在结算价基础上编制的竣工决算，整个计价过程是一个由粗到细、由浅入深，最后确定建设工程实际造价的过程。计价过程各环节之间相互衔接，前者制约后者，后者补充前者。

（3）分部组合计价。大型建设项目由若干单项工程组成，一个单项工程由若干单位工程组成，一个单位工程由若干分部工程组成，一个分部工程可由几个分项工程组成。与此特点相对应，计价时，首先要求对工程建设项目进行分解，按构成进行分部计算，逐层汇总。

3.影响建设工程投资的因素

影响建设工程投资的因素很多，不同的阶段其影响因素也不完全相同，其中施工阶段影响工程投资的主要因素有：施工图会审和设计交底，设计变更及工程变更，现场计量签证，工程洽商，工程例会，技术解答，工程联系单，工程返工。

四、建设工程投资控制

1.项目决策阶段

决策阶段的造价控制，对整个项目来说，节约造价的可能性最大。在项目投资决策之前，要做好项目可行性研究工作，使项目投资决策科学化，减少和避免投资决策失误，提高项目投资的经济效益。

（1）工程建设项目可行性研究

可行性研究是在投资之前，对拟议中的建设项目进行全面的综合的技术经济分析和论证，从而为项目投资决策提供可靠依据的一种科学方法。一个项目的可行性研究，一般要解决项目技术上是否可行，经济上效益是否显著，财务上是否盈利，工期多长，需要的投入是多少等问题。

（2）工程建设项目投资估算

工程建设项目投资估算，是项目主管部门审批项目建议书的依据之一，是分析项目投资经济效果的重要条件，是资金筹措及制订贷款计划的依据。故在建设投资决策阶段应做好投资估算工作。工程建设项目投资估算的编制方法很多，如生产规模指数估算法、以设备投资为基础的比例估算法、单位面积综合指标估算法等，在实际工作中应根据项目的性质，选用适宜的估算方法。

（3）工程建设项目经济评价

工程建设项目的经济评价，一般包括财务评价、国民经济评价和社会效益评价。

①财务评价

　　财务评价的内容包括项目的盈利能力分析、清偿能力分析和外汇平衡分析。

　　盈利能力分析要计算财务内部收益率、投资回收期、财务净现值、投资利润率、投资利税率、资本金利润率等指标。清偿能力分析要计算资产负债率、借款偿还期、流动比率、速动比率等指标。外汇平衡分析要计算经济换汇成本、经济节汇成本等指标。

　　②国民经济评价

　　国民经济评价是按照资源合理配置的原则，从国家整体角度考察项目的效益和费用，用影子价格、影子汇率和社会折现率等经济参数分析、计算项目对国民经济的净贡献，评价项目的经济合理性。

　　③社会效益评价

　　目前，我国现行的建设项目经济评价指标体系中，还没有建立社会效益评价指标，关键问题是有些指标不好量化。故社会效益评价以定性分析为主，主要分析项目建成投产后，对环境保护和生态平衡的影响，对提高地区和部门科学技术水平的影响，对提供就业机会的影响，对产品质量的提高和对产品用户的影响，对提高人民物质文化生活及社会福利生活的影响，对提高资源利用率的影响等。

　　2. 项目设计阶段

　　设计阶段的投资控制是建设项目全过程投资控制的重点，设计费一般只占总投资的1%以下，但它却决定了其余99%的费用，可见设计对投资控制的影响。为了做到使工程设计在满足工程质量和功能要求的前提下，其消耗达到相对较低的水平，应积极开展设计竞赛和设计招标，强调和重视设计的优化。设计时要严格执行设计标准，推广标准化设计，应用限额设计、价值工程等理论对工程建设项目设计阶段的投资进行有效的控制。

　　(1) 严格执行设计标准，积极推广标准设计

　　设计标准是国家的重要技术规范，来源于工程建设实践经验和科研成果，是工程建设必须遵循的科学依据，设计标准体现科学技术向生产力的转化，是保证工程质量的前提，是工程建设项目创造经济效益的途径之一。设计规范(标准)的执行，有利于降低投资、缩短工期；有的设计规范虽不直接降低项目投资，但能降低建筑全寿命费用；有的设计规范可能使项目投资增加，但保障了生命财产安全，避免了重大经济损失。

　　标准设计是指按照国家规定的现行标准规范，对各种建筑、结构和构配件等编制的具有重复使用性质的整套技术文件，经主管部门审查、批准后颁发的全国、部门或地方通用的设计。推广标准设计，能加快设计速度，节约设计费用；可进行机械化、工厂化生产，提高了劳动生率，缩短了建设周期；有利于节约建筑材料，降低工程造价。

　　(2) 价值工程及其在设计阶段的应用

　　价值工程，又称价值分析，是研究产品功能和成本之间关系问题的管理科学。功能属于技术指标，成本则属于经济指标，它要求从技术和经济两方面来提高产品的经济效益。"价值"是功能和实现这个功能所耗费用(成本)的比值。

　　(3) 限额设计的应用

　　限额设计就是按照批准的设计任务书及投资估算控制初步设计，按照批准的初步设计总概算控制施工图设计，同时各专业在保证达到要求的使用功能的前提下，按分配的投资限额控制设计，严格控制技术设计和施工图设计的不合理变更，保证总投资限额不被突破。

3.项目招标阶段

监理工程师在项目施工招标阶段进行投资控制的主要工作是协助业主编制招标文件,制定标底,组织评标,向业主推荐合理报价。

(1)建筑安装工程施工图预算的编制

施工图预算是确定建筑安装工程预算造价的文件。其编制方法常用的有单价法和实物法。

①单价法。用单价法编制施工图预算,就是根据地区统一单位估价表(或综合预算定额)中的各项工程综合单价,乘以相应的各分项工程的工程量,然后相加,得到单位工程的直接费,再加上其他直接费、现场经费、间接费、计划利润和税金,即可得到单位工程的施工图预算。其具体步骤如图4-19所示。

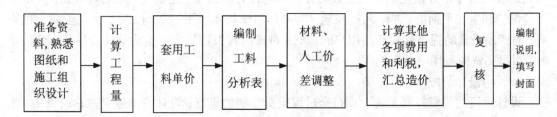

图4-19 单价法编制施工图预算步骤

②实物法。用实物法编制施工图预算,主要是先用计算出的各分项工程的工程量,分别套用预算定额,并按类相加,求出单位工程所需的各种人工、材料、施工机械台班的消耗量,然后分别乘以当时当地各种人工、材料、施工机械台班的实际单价,求得人工费、材料费和施工机械使用费,再汇总求和。对于其他直接费、现场经费、间接费、计划利润和税金等费用的计算则根据当地规定具体确定。

单位工程预算直接费 = Σ(工程量×材料预算定额用量×当时当地材料预算价格)

$\qquad$ + Σ(工程量×人工预算定额用量×当时当地人工工资单价)

$\qquad$ + Σ(工程量×施工机械台班预算定额用量×当时当地机械台班单价)

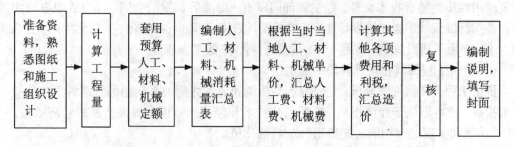

图4-20 实物法编制施工图预算步骤

(2)施工图预算的审查

1)审查的内容

审查施工图预算的重点,应该放在工程量的计算是否准确、预算单价套用是否正确、各项取费标准是否符合现行规定等方面。主要包括：

①审查工程量：如土方工程、打桩工程、砖石工程、混凝土及钢筋混凝土工程、木结构工程、地面工程、屋面工程、装饰工程、水电工程等

②审查预算单价的套用

审查预算单价套用是否正确，也是审查预算工作的主要内容之一。在审查时应注意以下几个方面：

a.预算中所列各分项工程预算单价是否与预算定额的预算单价相符，其名称、规格、计量单位和所包括的工程内容是否与单位估价表一致。

b.对换算的单价，首先要审查换算的分项工程是否是定额中允许换算的，其次审查换算是否正确。

c.对补充定额和单位估价表要审查补充定额的编制是否符合编制原则，单位估价表计算是否正确。

③审查其他有关费用

其他直接费包括的内容各地不一，具体计算时，应按当地的规定执行。

2）审查的方法

①逐项审查法

逐项审查法，又称全面审查法，就是按定额顺序或施工顺序，对各个分项工程中的工程细目从头到尾逐项详细审查的一种方法。其优点是全面、细致，审查质量高，效果好；缺点是工作量大，时间较长。这种方法适合于一些工程量较小、工艺比较简单的工程。

②标准预算审查法

按标准设计图纸或通用图纸施工的工程，一般上部结构和做法相同，只是由于现场施工条件或地质情况不同，而在基础部分做局部改变。对这样的工程预算就不需要逐一详细审查，事前可以集中力量编制或全面细审这种标准图纸的预算，作为标准预算。以后凡是用这种标准图纸的工程，其工程量都以标准预算为准，局部修改的部分单独审查即可。这种方法的优点是时间短，效果好，好定案；缺点是适用范围小，只能对使用标准图纸的工程执行。

③分组计算审查

采用这种方法，首先把若干分部分项工程，按相邻且有一定内在联系项目进行编组。利用同组间具有相同或相近计算基数的关系，审查一个分项工程数量，就能判断同组中其他几个分项工程量的准确程度。例如，一般的建筑工程中的底层建筑面积、地面面层、地面垫层、楼面面层、楼面找平层、楼板体积、天棚抹灰、刷白的面积与楼（地）面面积相关。用地面面积乘垫层厚度，求出垫层的工程量，用楼面的面积乘楼板折算厚度，就可求出楼板的工程量。本组中的其他分项工程的工程量也和底层建筑面积同样计算。此法特点是审查速度快，工作量小。

④对比审查法

对比审查法，就是用已建成的工程的预算或虽未建成但已审查修正的工程预算对比审查拟建的同类工程预算的一种方法。采用这种方法，一般有以下几种情况：

a.新建工程和拟建工程采用同一个施工图，但是基础部分和现场施工条件不同，则相同的部分可采用对比审查法。

b.两个工程的设计相同，但建筑面积不同，两个工程的建筑面积之比与两个工程各分部

分项工程量之比基本是一致的。因此，可按分项工程量的比例审查新建工程各分部分项工程的工程量，或者用两个工程的每平方米建筑面积造价以及每平方米建筑面积的各分部分项工程量进行对比审查。

c. 两个工程面积相同，但设计图纸不完全相同，则对相同的部分，如厂房中的柱子、房架、屋面、砖墙等，可进行工程量的对照审查；对不能对比的分部分项工程可按图纸计算。

⑤重点审查法

重点审查法，就是抓住工程预算中的重点进行审核的方法。审查的重点一般是指工程量大或造价较高的各种工程、补充单位估价、计取的各项费用(计取基础、取费标准等)。重点审查法的优点是重点突出，审查时间短，效果好。

⑥利用手册审查法

利用手册审查法，就是把工程中常用的构件、配件等事前整理成预算手册，按手册对照审查的方法。例如，把几乎每个工程都有的洗池、大便台、检查井等预制构配件，按标准图计算出工程量，套上单价，编制成预算手册使用。

4. 项目施工阶段

决策阶段、设计阶段和招标阶段的造价控制工作，使工程建设在达到预定功能要求的前提下，其投资预算也达到最优程度，这个最优程度的预算的实现，还取决于工程建设施工阶段投资控制工作。监理工程师在施工阶段进行投资控制的任务是把计划投资额作为投资控制的目标值，在工程施工中定期进行投资实际值与目标值的比较，找出偏差及其产生的原因，采取有效措施加以控制，以保证投资控制目标的实现，其日常工作是工程量计量、工程款支付、工程变更和索赔等。

(1)编制资金使用计划，确定投资控制目标

施工阶段编制资金使用计划的目的是为了控制施工阶段投资，合理地确定工程项目投资控制目标值，也就是根据工程概算或预算确定计划投资的总目标值、分目标值、细目标值。

①按项目分解编制资金使用计划

根据建设项目的组成，首先将总投资分解到各单项工程，再分解到单位工程，最后分解到分部分项工程，分部分项工程的支出预算既包括材料费、人工费、机械费，也包括承包企业的间接费、利润等，是分部分项工程的综合单价与工程量的乘积。

②按时间进度编制资金使用计划

建设项目的投资总是分阶段、分期支出的，资金应用是否合理与资金时间安排有密切关系。合理地制订资金筹措计划，可以减少资金占用和利息支付，编制按时间进度分解的资金使用计划是很有必要的。

(2)工程计量

采用单价合同的承包工程，工程量清单中的工程量只是估算值，不能作为工程款结算的依据。监理工程师必须对已完工的工程进行计量，经过监理工程师计量确定的数量才是向承包商支付工程款的凭证。所以，工程计量是控制项目投资支出的关键环节。

①计量程序

承包方完成的工程分项获得质量验收合格证书以后，向监理工程师提交已完工程的报告，监理工程师接到报告后7天内按设计图纸核实已完工程数量(简称计量)，并在计量24小时前通知承包方，承包方必须为监理工程师进行计量提供便利条件，并派人参加予以确

认。承包方在收到通知后不参加计量，计量结果也有效，可作为工程价款支付的依据。

②计量的前提、依据和范围

计量前提是准备计量的工程必须是符合质量要求，并具备各项质量验收手续。

工程计量的依据是计量细则。在工程承包合同中，每个合同对计量的方法都有专门条款进行详细说明和规定，合同中称之为计量细则，所以监理工程师必须严格按计量细则的规定进行计量。

监理工程师进行工程计量的范围一般有三个方面：第一是工程量清单的全部项目；第二是合同文件中规定的项目；第三是工程变更项目。

（3）工程款支付

①预付款。在工程开工以前业主按合同规定向承包商支付预付款，通常是材料预付款。

②工程进度款。一般是每月结算一次。承包商每月末向监理工程师提交该月的付款申请，其中包括完成的工程量等计价资料。监理工程师收到申请以后，在限定时间内进行审核、计量、签字。但支付工程价款要按合同规定的具体办法扣除预付款和保留金。

③工程结算。工程完工后要进行工程结算工作。当竣工报告已由业主批准，该项目已被验收，即应支付项目的总价款。

④保留金。保留金即业主从承包商应得到的工程进度款中扣留的金额，目的是促使承包商抓紧工程收尾工作，尽快完成合同任务，做好工程维护工作。一般合同规定保留金额约为应付金额的 5%～10%。但其累计总额不应超过合同价的 5%，随着项目的竣工和维修期满，业主应退还相应的保留金，当项目业主向承包商颁发竣工证书时，退还该项保留金的 50%。到颁发维修期满证书时退还剩余的 50%。合同宣告终止。

⑤浮动价格支付。一般建设项目大多采用固定价格计价，风险由承包商承担。但是在项目规模较大、工期较长时，由于物价、工资等的变动，业主为了避免承包商因冒风险而提高报价，常常采用浮动价格结算工程款合同，此时在合同中应注明其浮动条件。

（4）工程变更计价与索赔费用计算

①工程变更计价

我国现行工程变更价款的确定方法，由监理工程师签发工程变更令，进行设计的变更导致的经济支出和承包方损失，由业主承担，延误的工期相应顺延。因此，监理工程师作为建设单位的委托人必须用合同确定变更价款，控制投资支出。若变更是由于承包方的违约所致，此时引起的费用必须由承包方承担。变更价格由承包方提出，报监理工程师批准后调整合同价款和竣工日期。监理工程师审核承包方所提出的变更价款是否合理，可从以下原则考虑：

a.合同中有适用于变更工程的价格，按合同已有的价格计算变更合同价款；

b.合同中只有类似于变更情况的价格，可以此作为基础，确定变更价格，变更合同价款；

c.合同中没有类似和适用的价格，由承包方提出适当的变更价格，由监理工程师批准执行，这一批准的变更价格，应与承包方达成一致，否则应通过工程造价管理部门裁定。

②索赔费用计算

从原则上说，承包商有索赔权的工程如果成本增加，就可以索赔。但是，对于不同原因引起的索赔，承包商可索赔的具体费用内容是不完全一样的。哪些内容可以索赔，要按照各项费用的特点、条件进行分析论证。具体费用内容包括人工费、材料费、施工机械使用费、分包费用、工地管理费、利息、总部管理费、利润等。

5.竣工决算阶段

(1)竣工决算的概念

建设项目竣工后,承包商与业主之间应及时办理竣工验收和竣工核验手续,在规定的期限之内,编制竣工结算书和工程价款结算单,向业主办理竣工结算,业主凭此办理建设项目竣工决算。建设项目竣工决算是业主建设成果和财务状况的总结性文件,也是竣工验收报告的重要组成部分。及时、正确编报竣工决算,对于考核建设项目投资、分析投资效果、促进竣工投产以及积累技术经济资料等,都具有重要意义。

(2)竣工决算报表

竣工决算报表由许多规定的报表组成。对于大中型建设项目,包括竣工工程概况表(项目一览表)、竣工财务决算表、交付使用财产明细表、总概(预)算执行情况表、历年投资计划完成表。小型建设工程项目,一般包括竣工决算总表、交付使用财产明细表。单项工程竣工决算报表包括单项工程竣工决算表、单项工程设备安装清单。

竣工工程概况表:主要反映竣工的大中型建设项目新增生产能力、建设时间、完成主要工程量、建设投资、主要材料消耗和主要技术经济指标等。

竣工财务决算表:反映竣工的大、中型建设项目的资金来源和运用,作为考核分析基本建设投资贷款及其使用效果的依据。

交付使用财产总表:反映竣工的大中型建设项目建成后新增固定资产和流动资产的价值,作为交接财产、检查投资计划完成情况、分析投资效果的依据。

交付财产明细表:反映竣工的大中型建设项目交付使用固定资产和流动资产的详细内容,使用单位据此建立明细账。

项目四　建设工程监理管理

建设工程监理管理是监理工程师的重要工作内容,一般包括建设工程合同管理、建设工程信息管理、建设工程风险管理、建设工程安全文明施工管理。

任务一　建设工程合同管理

一、合同管理概述

1.合同的概念

合同是指平等主体的自然人、法人、其他组织之间设立、变更、终止民事权利义务关系的协议。订立合同是一种法律行为,依法成立的合同具有法律约束力,受法律保护。

建设工程合同属于经济合同的范畴,是指建设单位与勘察设计或施工单位、监理单位为完成工程建设项目,明确双方权利和义务的协议。建设单位通常称为业主或发包方,勘察、设计、建筑安装单位称为承包方或承包人。合同的主体、客体和内容构成合同的三要素。合同的主体即签订合同的当事人,也是合同的权利和义务的承担者;合同的客体,即合同的标的,是签订合同当事人权利和义务所共指的对象,如工程承包、勘察设计等;合同的内容即订合同当事人之间的具体权利和义务,如工程合同的质量、工期、价格等。

2.建设工程合同管理的任务

(1)发展和完善建筑市场

在市场经济条件下,由于主要是依靠合同来规范当事人的交易行为,合同的内容将成为开展建筑活动的主要依据。依法加强建筑工程的合同管理,可以保障建筑市场的资金、材料、技术、信息、劳动力的管理,发展和完善建筑市场。

(2)推进建筑领域的改革

我国在建设领域推行项目法人责任制、招标投标制、工程监理制和合同管理制。在这些改革制度中,核心内容是合同管理制度。建设工程合同管理的健全完善,无疑有助于推进建筑领域的其他各项改革。

(3)提高工程建设的管理水平

工程建设管理水平的提高体现在工程质量、进度和投资的三大控制目标上,这三大控制目标的水平主要体现在合同中。在合同规定三大控制目标后,要求合同当事人在工程管理中细化这些内容,在工程建设过程中严格执行这些规定。同时,如果能够严格按照合同的要求进行管理,工程的质量能够有效地得到保障,进度和投资的控制目标也能够实现。因此,建设工程合同管理能够有效地提高工程建设的管理水平。

(4)避免和克服建筑领域的经济违法和犯罪

加强建筑工程合同管理能够有效地做到公开、公正、公平。特别是健全重要的建筑工程合同的订立方式——招标投标,能够将建筑市场的交易行为置于公开的环境之中,约束权力滥用行为,有效避免和克服建筑领域的受贿行贿行为。

3.建设工程合同管理的方法

(1)严格执行建设工程合同管理法律法规。

(2)普及相关法律知识,培训合同管理人才。

(3)设立合同管理机构,配备合同管理人员。

(4)建立合同管理目标制度。

(5)推行合同示范文本制度

二、建设工程施工合同双方的主要责任

1.建设工程施工合同的概念

建设工程施工合同是发包人与承包人就完成具体工程项目的施工、设备安装、设备调试、工程保修等工作内容,确定双方权利和义务的协议。建设工程施工合同是建设工程的主要合同之一,其标的是将设计图纸变为满足功能、质量、进度、投资等发包人预期目的的建筑产品。

2.发包人和承包人的主要责任

(1)发包人的责任

①办理土地征用、拆迁补偿、平整施工场地等工作,使施工场地具备施工条件,并在开工后继续解决以上事项的遗留问题。

②将施工所需水、电、通信线路从施工场地外部接至专用条款约定地点,并保证施工期间需要。

③开通施工场地与城乡公共道路的通道,以及专用条款约定的施工场地内的主要交通干

道，满足施工运输的需要，保证施工期间的畅通。

④向承包方提供施工场地的工程地质和地下管线资料，保证数据真实、位置准确。

⑤办理施工许可证和临时用地、停水、停电、中断道路交通、爆破作业以及可能损坏道路、管线、电力、通信等公共设施法律、法规规定的申请批准手续及其他施工所需的证件。

⑥确定水准点与坐标控制点，以书面形式交给承包方，并进行现场交验。

⑦组织承包方和设计单位进行图纸会审和设计技术交底。

⑧协调处理施工现场周围地下管线和邻近建筑物、构筑物（包括文物保护建筑）、古树名木的保护工作，并承担有关费用。

⑨发包方应做的其他工作，双方在专用条款内约定。

发包方可以将上述部分工作委托承包方办理，具体内容由双方在专用条款内约定，其费用由发包方承担。发包方不按合同约定完成以上义务，导致工期延误或给承包方造成损失的，赔偿承包方的有关损失，延误的工期相应顺延。

（2）承包人的责任

①根据发包方的委托，在其设计资质允许的范围内，完成施工图设计或与工程配套的设计，经工程师确认后使用，发生的费用由发包方承担。

②向工程师提供年、季、月工程进度计划及相应进度统计报表。

③按工程需要提供和维修非夜间施工使用的照明、围栏设施，并负责安全保卫。

④按专用条款约定的数量和要求，向发包方提供在施工现场办公和生活的房屋及设施，发生的费用由发包方承担。

⑤遵守有关部门对施工场地交通、施工噪声以及环境保护和安全生产等的管理规定，按管理规定办理有关手续，并以书面形式通知发包方。发包方承担由此发生的费用，因承包方责任造成的罚款除外。

⑥已竣工工程未交付发包方之前，承包方按专用条款约定负责已完工程的成品保护工作，保护期间发生损坏，承包方自费予以修复，要求承包方采取特殊措施保护的单位工程的部位和相应追加的合同价款，在专用条款内约定。

⑦按专用条款的约定做好施工现场地下管线和邻近建筑物、构筑物（包括文物保护建筑）、古树名木的保护工作。

⑧保证施工场地清洁符合环境卫生管理的有关规定。交工前清理现场，达到专用条款约定的要求，承担因自身原因违反有关规定造成的损失和罚款。

⑨承包方应做的其他工作，双方在专用条款内约定。

承包方不履行上述各项义务，造成发包方损失的，应对发包方的损失给予赔偿。

三、建设工程施工索赔管理

1.施工索赔的概念和特征

施工索赔是指当事人在施工合同实施过程中，根据法律、合同规定及惯例，对不应由自己承担责任的情况所造成的损失，向合同的另一方当事人提出给予赔偿或补偿要求的行为。在工程建设的各个阶段，都有可能发生索赔，但在施工阶段索赔发生较多。对施工合同的双方来说，都有通过索赔维护自己合法利益的权力，依据双方约定的合同责任，构成正确履行合同义务的制约关系。

索赔具有以下基本特征：

（1）索赔是双向的，不仅承包人可以向发包人索赔，发包人同样也可以向承包人索赔。

（2）只有实际发生了经济损失或权利损害，一方才能向另一方索赔。

（3）索赔是一种未经对方确认的单方行为。

2. 索赔的程序

（1）承包人的索赔

承包人的索赔程序通常可分为以下几个步骤：

1）承包人提出索赔要求

①发出索赔意向通知：索赔事件发生后，承包人应在索赔事件发生后的 28 天内向监理工程师递交索赔意向通知，声明将对此事件提出索赔。

②递交索赔报告：索赔意向通知提交后的 28 天内，或工程师同意的其他合理时间，承包人应递送正式的索赔报告。索赔报告的内容应包括：事件发生的原因，对其权益影响的证据资料，索赔的依据，此项索赔要求补偿的款项和工期顺延天数详细计算等有关资料。

2）工程师审核索赔报告

①工程师审核承包人的索赔申请

工程师接到承包人索赔意向通知后，应建立自己的索赔档案，密切关注事件的影响，检查承包人的同期记录。在接到正式索赔报告以后，认真研究承包人报送的索赔资料。客观分析事件发生的原因，研究承包人的索赔证据，审查承包人提出的索赔补偿要求。

②判定索赔成立的原则

工程师判定承包人索赔成立的条件为：

a. 与合同相对照，事件已造成了承包人施工成本的额外支出或总工期延误。

b. 造成费用增加或工期延误的原因，按合同约定不属于承包人应承担责任。

c. 承包人按合同规定的程序提交了索赔意向通知和索赔报告。

③对索赔报告的审查

审查内容包括事态调查、损害事件原因分析、分析索赔理由、实际损失分析、证据资料分析。

3）确定合理的补偿额

①工程师与承包人协商赔偿

协商赔偿是施工索赔首选手段，也是确定合理补偿额的常用方法，主要原因是对承担事件损害责任的界限划分不一致，索赔证据不充分，索赔计算的依据和方法分歧较大，因此，双方应就索赔的处理进行协商。

②工程师索赔处理决定

工程师在经过认真分析研究，与承包人、发包人广泛讨论后，应该向发包人和承包人提出自己的"索赔处理决定"。工程师在"工程延期审批表"和"费用索赔审批表"中应该简明地叙述索赔事项、理由和建议给予补偿的金额及延长的工期，如果批准的额度超过工程师权限，则应报请发包人批准。

4）发包人审查索赔处理

当工程师确定的索赔额超过其权限范围时，必须报请发包人批准。发包人首先根据事件发生的原因、责任范围、合同条款审核承包人的索赔申请和工程师的处理报告，再依据工程建设的目的、投资控制、竣工投产日期要求以及针对承包人在施工中的缺陷或违反合同规定等有关情况，决定是否同意工程师的处理意见。

5）承包人是否接受最终索赔处理

（2）发包人的索赔

当承包人未能按合同约定履行自己的各项义务或发生错误而给发包人造成损失时，发包人也应按合同约定向承包人提出索赔。FIDIC 施工合同条件中，业主的索赔主要限于施工质量缺陷和拖延工期等违约行为导致的业主损失。合同内规定业主可以索赔的条款见表 4-5。

表 4-5

序号	条款号	内　　容
1	7.5	拒收不合格的材料和工程
2	7.6	承包人未能按照工程师的指示完成缺陷补救工作
3	8.6	由于承包人的原因修改进度计划，导致业主有额外投入
4	8.7	拖期违约赔偿
5	2.5	业主为承包人提供的电、气、水等应收费项目
6	9.4	未能通过竣工检验
7	11.3	缺陷通知期的延长
8	11.4	未能补救缺陷
9	15.4	承包人违约终止合同后的支付
10	18.2	承包人办理保险未能获得补偿的部分

3.监理工程师对索赔的管理

（1）监理工程师索赔管理的任务

①预测和分析导致索赔的原因和可能性；

②通过有效的合同管理减少索赔事件发生；

③公平合理地处理和解决索赔。

（2）监理工程师索赔管理的原则

要使索赔得到公平合理的解决，监理工程师在工作中必须注意以下原则：

1）公平合理地处理索赔

监理工程师作为施工合同管理的核心者，必须公平地行事，以没有偏见的方式解释和履行合同，独立地做出判断，行使自己的权力。由于施工合同双方的利益和立场存在不一致，常常会出现矛盾，甚至冲突，这时工程师起着缓冲、协调作用。其处理索赔原则有如下几个方面：

①从工程整体效益、工程总目标的角度出发做出判断或采取行动。使合同风险分配，干扰事件责任分担，索赔的处理和解决不损害工程整体效益和不违背工程总目标。在这个基本点上，双方常常是一致的，例如使工程顺利进行，尽早使工程竣工、投入生产，保证工程质量，按合同施工等。

②按照合同约定行事。合同是施工过程中的最高行为准则。作为监理工程师更应该按合同办事，准确理解、正确执行合同，在索赔的解决和处理过程中应贯穿合同精神。

③从事实出发，实事求是。按照合同的实际实施过程、干扰事件的实情、承包人的实际损失和所提供的证据做出判断。

2）及时做出决定和处理索赔

在工程施工中监理工程师必须及时地行使权力做出决定，下达通知、指令，表示认可等。这有如下重要作用：一是可以减少承包人的索赔概率；二是防止干扰事件影响的扩大；三是在收到承包人的索赔意向通知后应迅速做出反应，认真研究、密切注意干扰事件的发展；四是及时地解决索赔问题，加深双方的理解和减小矛盾；五是及时行事，减少索赔解决的困难。

3）尽可能协商达成一致

监理工程师在处理和解决索赔问题时，应及时地与发包人和承包人沟通，保持经常性的联系。在做出决定，特别是做出调整价格、决定工期和费用补偿决定前，应充分地与合同双方协商，最好达成一致、取得共识。这是避免索赔争议的最有效的办法。工程师应充分认识到，如果他的协调不成功会使索赔争议升级，对合同双方都是损失，将会严重影响工程项目的整体效益。在工程中，工程师切不可凭借他的地位和权力武断行事，滥用权力，特别对承包人不能随便以合同处罚相威胁或盛气凌人。

4）诚实信用

监理工程师有很大的工程管理权力，对工程的整体效益有关键性的作用。发包人出于信任，将工程管理的任务交给他，承包人希望他公平行事。

（3）监理工程师对索赔的审查

1）审查索赔证据

监理工程师对索赔报告进行审查时，首先判断承包人的索赔要求是否有理、有据。所谓有理，是指索赔要求与合同条款或有关法规是否一致，受到的损失应属于非承包人责任原因所造成。有据，是指提供的证据能证明索赔要求成立。

2）审查工期顺延要求

对索赔报告中要求顺延的工期，在审核中应注意以下几点：

①划清施工进度拖延的责任。

②被延误的工作应是处于施工进度计划关键线路上的施工内容。只有位于关键线路上工作内容的滞后，才会影响到竣工日期。

③无权要求承包人缩短合同工期。监理工程师有审核、批准承包人顺延工期的权力，但他不可以扣减合同工期。

3）审查费用索赔要求

费用索赔的原因，可能是与工期索赔相同的内容，即属于可原谅并应予以费用补偿的索赔，也可能是与工期索赔无关的理由。工程师在审核索赔的过程中，除了划清合同责任以外，还应注意索赔计算的取费合理性和计算的正确性。具体包括：

①承包人可索赔的费用，如人工费、设备费、材料费、保函手续费、贷款利息、保险费、利润、管理费等。

②审查索赔取费的合理性。费用索赔涉及的款项较多、内容庞杂。承包人都是从维护自身利益的角度解释合同条款，进而申请索赔额。监理工程师应公平地审核索赔报告申请，挑

出不合理的取费项目或费率。

③审查索赔计算是否正确。如所采用的费率是否合理、适度，有无重复取费等。

4. 监理工程师对索赔的预防和减少

索赔虽然不可能完全避免，但通过努力可以减少发生。

(1)正确理解合同规定

合同是规定当事人双方权利义务关系的文件。正确理解合同规定，是双方协调一致、完全履行合同的前提条件。由于施工合同通常比较复杂，因而"理解合同规定"就有一定的困难。双方站在各自立场上对合同规定的理解往往不可能完全一致，总会或多或少地存在某些分歧。这种分歧经常是产生索赔的重要原因之一，所以发包人、监理工程师和承包人都应该认真研究合同文件，以便尽可能在诚信的基础上正确、一致地理解合同的规定，减少索赔的发生。

(2)做好日常监理工作，随时与承包人保持协调

做好日常监理工作是减少索赔的重要手段。监理工程师应善于预见、发现和解决问题，能够在某些问题对工程产生额外成本或其他不良影响以前，就把它们纠正过来，就可以避免发生与此有关的索赔。对此，现场检查作为监理工程师工作的第一个环节，应该发挥应有的作用。对工程质量、完工工作量等，监理工程师应该尽可能在日常工作中与承包人随时保持协调，每天或每周对当天或本周的情况进行会签、取得一致意见，而不要等到需要付款时再一次处理。这样就比较容易取得一致意见，避免不必要的分歧。

尽量为承包人提供力所能及的帮助。承包人在施工过程中肯定会遇到各种各样的困难，虽然从合同上讲，监理工程师没有义务向其提供帮助，但从共同努力建设好工程这一点来讲，还是应该尽可能地提供一些帮助。这样，不仅可以免遭或少遭损失，从而避免或减少索赔，而且承包人对某些似是而非、模棱两可的索赔机会，还可能基于友好考虑而主动放弃。

(3)建立和维护监理工程师处理合同事务的威信

监理工程师自身必须有公正的立场、良好的合作精神和处理问题的能力，这是建立和维护其威信的基础；发包人应该积极支持监理工程师独立、公平地处理合同事务，不予无理干涉；承包人应该充分尊重监理工程师，主动接受监理工程师的协调和监督，与监理工程师保持良好的关系。如果承包人认为监理工程师明显偏袒发包人或处理问题能力较差甚至是非不分，他就会更多地提出索赔，而不管是否有足够的依据，以求"以量取胜"或"蒙混过关"。如果监理工程师处理合同事务立场公正，有丰富的经验知识、有较高的威信，就会促使承包人在提出索赔前认真做好准备工作，只提出那些有充足依据的索赔，"以质取胜"，从而减少提出索赔的数量。发包人、监理工程师和承包人应该从一开始就努力建立和维持相互关系的良性循环，这对合同顺利实施是非常重要的。

四、建设工程施工合同管理中监理工程师的主要职责

1. 认真进行合同分析

监理工程师根据建设单位提供的合同及施工单位提供的分包合同，对每个合同的条款内容进行分析。掌握合同履行的要点、难点，考察合同实现的可能性、可能发生纠纷的地方。并及时报告建设单位，做好事前和事中控制。

2. 做好合同的跟踪

工程建设中，监理工程师将时刻关注合同履行情况，将实际情况与合同规定的内容相对比，找出偏差并采取纠正措施。

（1）在工程工期方面：按合同规定，要求承包方在开工前提出包括分月、分段进度计划的施工总进度计划，并加以审核；并按照分月、分段进度计划进行实际检查，对影响进度计划的因素进行分析，找出原因，及时主动解决，监理工程师报建设单位同意修改进度计划时，要认真审批承包方修改的进度计划，确认竣工日期的延误。

（2）在工程质量管理方面：检验工程使用材料、设备质量；检验工程使用的半成品及构件质量；按合同规定的规范、规程，监督检验施工质量；按合同规定程序，验收隐蔽工程中需要中间验收的工程质量，验收单项竣工工程和全部竣工工程的质量等。

（3）在工程费用管理方面：严格进行合同约定的价款管理，当出现合同约定的情况时，对合同价款进行调整；对预付工程款进行管理，包括批准和扣还；对工程量进行核实确认，进行工程款的结算和支付；对变更价款进行确定；对施工中涉及的其他费用，如安全施工方面的费用，专利技术等涉及的费用，根据合同条款及有关规定处理；办理竣工结算；对保修金进行管理等。

3. 认真落实监控措施

（1）监督合同各方履行合同条款中规定的义务。建设单位为施工单位提供必要的技术图纸、政府批文、场地、资金等，施工单位按合同条款积极施工。

（2）监督施工单位做好相关资料的整理，做好隐蔽签证，如实记录施工全貌。同时，监理工程师将独立做好日志及其他记录工作。当发生合同纠纷时，监理工程师将以详实的资料对工程做出客观的评价。

（3）施工单位违反合同条款或偏离合同要求时，监理工程师将采取必要手段实行纠偏，采取下达指令、质量否决，建议建设单位停付、缓付预付款直至停工等各种经济、组织手段。对技术原因引起的偏差，监理工程师将给予技术上的指导，帮助施工单位克服困难。

（4）监理工程师组织各方定期召开会议，协调各方关系，分析存在的问题，避免产生不必要的纠纷与偏差。

（5）严格控制工程变更，把好工程变更关，按正确的程序处理工程变更，当涉及合同条款的变更或需增补协议时，监理工程师将及时协调合同各方重新取得协议，减少不必要的纠纷。

4. 加强索赔管理

根据实际发生的事件，遵循公正、科学的原则，按照相关的合同条款进行实事求是的评价和处理。为了防止索赔事件的发生，避免业主利益受损，监理工程师要经常提醒业主保持自己发布的有关技术、经济指令的准确性。

五、FIDIC 条件下的施工合同管理

1. 施工阶段的合同管理

（1）施工进度管理

1）施工计划

①承包商编制施工进度计划。承包商应在合同约定的日期或接到中标函后的 42 天内

（合同未作约定）开工，监理工程师则应至少提前 7 天通知承包商开工日期。承包商收到开工通知后的 28 天内，按监理工程师要求的格式和详细程度提交施工进度计划，说明为完成施工任务而打算采用的施工方法、施工组织方案、进度计划安排，以及按季度列出根据合同预计应支付给承包商费用的资金估算表。

②进度计划的内容。一般应包括：实施工程的进度计划，指定分包商施工各阶段的安排，合同中规定的重要检查、检验的次序和时间，保证计划实施的说明文件（包括承包商在各施工阶段准备采用的方法和主要阶段的总体描述，各主要阶段承包商准备投入的人员和设备数量的计划等）。

③进度计划的确认。承包商有权按照他认为最合理的方法进行施工组织，监理工程师不应干预。监理工程师对承包商提交的施工计划的审查主要涉及以下几个方面：一是计划实施工程的总工期和重要阶段的里程碑工期是否与合同的约定一致；二是承包商各阶段准备投入的机械和人力资源计划能否保证计划的实现；三是承包商拟采用的施工方案与同时实施的其他合同是否有冲突或干扰等。

2）监理工程师对施工进度的监督

①月进度报告。承包商每个月都应向工程师提交进度报告，说明前一阶段的进度情况和施工中存在的问题，以及下一阶段的实施计划和准备采取的相应措施。

②施工进度计划的修订。当监理工程师发现实际进度与计划进度严重偏离时，不论实际进度是超前还是滞后于计划进度，都有权指示承包商编制改进的施工进度计划，并再次提交监理工程师认可后执行，新进度计划将代替原来的计划。

3）顺延合同工期

通用条件的条款中规定，可以给承包商合理延长合同工期的条件通常包括以下情况：

①延误发放图纸或延误移交施工现场；

②承包商依据监理工程师提供的错误数据导致放线错误；

③施工中遇到文物和古迹或其他不可预见的外界条件而对施工进度的干扰；

④非承包商原因检验导致施工的延误，或竣工检验不能按计划正常进行；

⑤发生变更或合同中实际工程量与计划工程量出现实质性变化；

⑥施工中遇到了有经验的承包商不能合理预见的异常不利气候条件或发生不可抗力事件的影响。

⑦由于传染病或政府行为导致工期的延误，或施工涉及有关公共部门原因引起的延误；

⑧施工中受到业主或其他包商的干扰；

⑨业主提前占用工程导致对后续施工的延误，或后续法规调整引起的延误；

（2）施工质量管理

①承包商的质量体系

通用条件规定，承包商应按照合同的要求建立一套质量管理体系，以保证施工符合合同要求。在每一工作阶段开始实施之前，承包商应将所有工作程序的细节和执行文件提交监理工程师，供其参考。监理工程师有权审查质量体系的任何方面，包括月进度报告中包含的质量文件，对不完善之处可以提出改进要求。由于保证工程的质量是承包商的基本义务，当其遵守监理工程师认可的质量体系施工，并不能解除依据合同应承担的任何义务和责任。

②现场资料

承包商的投标书表明在投标阶段对招标文件中提供的图纸、资料和数据进行过认真审查和核对，并通过现场考察和质疑，已取得了对工程可能产生影响的有关风险、意外事故及其他情况的全部必要资料。承包商对施工中涉及的资料应有充分的了解。不论是招标阶段提供的资料还是后续提供的资料，业主应对资料和数据的真实性和正确性负责，但对承包商依据资料的理解、解释或推论导致的错误不承担责任。

③质量的检查和检验

为了保证工程的质量，监理工程师除了按合同规定进行正常的检验外，还可以在认为必要时依据变更程序，指示承包商变更规定检验的位置或细节、进行附加检验或试验等。由于额外检查和试验是基准日前承包商无法合理预见的情况，涉及的费用和工期变化，视检验结果是否合格划分责任归属。

④对承包商设备的控制

工程质量的好坏和施工进度的快慢，很大程度上取决于投入施工的机械设备、临时工程在数量和型号上的满足程度。而且承包商在投标书中报送的设备计划，是业主决标时考虑的主要因素之一。

⑤环境保护

承包商的施工应遵守环境保护的有关法律和法规，采取一切合理措施保护现场内外的环境，限制因施工作业引起的污染、噪声或其他对公众人身和财产造成的损害和妨碍。施工产生的散发物、地面排水和排污不能超过环保规定的数值。

（3）工程变更管理

工程变更，是指施工过程中出现了与签订合同时的预计条件不一致的情况，而需要改变原定施工承包范围内的某些工作内容。工程变更不同于合同变更，前者对合同条件内约定的业主和承包商的权利义务没有实质性改动，只是对施工方法、内容做局部性改动，属于正常的合同管理，按照合同的约定由工程师发布变更指令即可；而后者则属于对原合同需进行实质性改动，应由业主和承包商通过协商达成一致后，以补充协议的方式变更。土建工程受自然条件等外界因素的影响较大，工程情况比较复杂，且在招标阶段依据初步设计图纸招标，因此在施工合同履行过程中不可避免地会发生变更。

①工程变更范围

对合同中任何工作工程量的改变，任何工作质量或其他特性的变更，工程任何部分标高、位置和尺寸的改变，删减任何合同约定的工作内容，进行永久工程所必需的任何附加工作、永久设备、材料供应或其他服务，改变原定的施工顺序或时间安排。

②工程变更程序

颁发工程接收证书前的任何时间，监理工程师可以通过发布变更指示或以要求承包商递交建议书的任何一种方式提出变更。

a. 指示变更。工程师在业主授权范围内根据施工现场的实际情况，在确属需要时有权发布变更指示。指示的内容应包括详细的变更内容、变更工程量、变更项目的施工技术要求和有关部门文件图纸，以及变更处理的原则。

b. 要求承包商递交建议书后再确定的变更。其程序为：首先，工程师将计划变更事项通知承包商，并要求他递交实施变更的建议书。其次，承包商尽快予以答复。答复有两种情况：一种情况可能是通知工程师由于受到某些非自身原因的限制而无法执行此项变更，如无法得到变更所需的物资等，工程师应根据实际情况和工程的需要再次发出取消、确认或修改变更指示的通知；另一种情况是承包商依据工程师的指示递交实施此项变更的说明。

c. 承包商申请的变更。承包商根据工程施工的具体情况，可以向工程师提出对合同内任何一个项目或工作的详细变更请求报告。未经监理工程师批准承包商不得擅自变更，若监理工程师同意，则按监理工程师发布的变更指示的程序执行。

③变更估价

承包商按照监理工程师的变更指示实施变更工作后，往往会涉及对变更工程的估价问题。变更工程的价格或费率，往往是双方协商时的焦点。计算变更工程应采用的费率或价格，可分为三种情况：

a. 变更工作在工程量表中有同种工作内容的单价，应以该费率计算变更工程费用。实施变更工作未导致工程施工组织和施工方法发生实质性变动，不应调整该项目的单价。

b. 工程量表中虽然列有同类工作的单价或价格，但对具体变更工作而言已不适用，则应在原单价和价格的基础上制定合理的新单价或价格。

c. 变更工作的内容在工程量表中没有同类工作的费率和价格，应按照与合同单价水平相一致的原则，确定新的费率或价格。任何一方不能以工程量表中没有此项价格为借口，将变更工作的单价定得过高或过低。

（4）工程进度款的支付管理

①预付款

预付款又称动员预付款，是业主为了帮助承包商解决施工前期开展工作时的资金短缺，从未来的工程款中提前支付的一笔款项。合同工程是否有预付款，以及预付款的金额多少、支付和扣还方式等均要在专用条款内约定。

②用于永久工程的设备和材料款预付

为了帮助承包商解决订购大宗主要材料和设备所占用资金的周转，订购物资经工程师确认合格后，按发票价值的80%作为材料预付的款额，包括在当月应支付的工程进度款内。双方也可以在专用条款内修正这个百分比，目前施工合同的约定通常在60%～90%范围内。

③业主的资金安排

为了保证承包商按时获取工程款的支付，通用条件内规定，如果合同内没有约定支付表，当承包商提出要求时，业主应提供资金安排计划。

④保留金

保留金是按合同约定从承包商应得的工程进度款中相应扣减的一笔金额，保留在业主手中，作为约束承包商严格履行合同义务的措施之一。当承包商有一般违约行为使业主受到损失时，可从该项金额内直接扣除损害赔偿费。例如，承包商未能在工程师规定的时间内修复缺陷工程部位，业主雇用其他人完成后，这笔费用可从保留金内扣除。

⑤物价浮动对合同价格的调整

对于施工工期较长的工程，为了合理分担市场价格浮动变化对施工成本影响的风险，在合同内要约定调价的方法和调价的原则。

⑥基准日后法规变化引起的价格调整

⑦工程进度款的支付程序

2. 竣工验收阶段的合同管理

（1）竣工检验和移交工程

①竣工检验

承包商完成工程并准备好竣工报告所需报送的资料后，应提前 21 天将某一确定的日期通知监理工程师，说明此日后已准备好进行竣工检验。监理工程师应指示在该日期后 14 天内的某日进行。

②颁发工程接收证书

工程通过竣工检验达到了合同规定的"基本竣工"要求后，承包商在认为可以完成移交工作前 14 天以书面形式向监理工程师申请颁发接收证书。基本竣工是指工程已通过竣工检验，能够按照预定目的交给业主占用或使用，而非完成了合同规定的包括扫尾、清理施工现场及不影响工程使用的某些次要部位缺陷修复工作后的最终竣工，剩余工作允许承包商在缺陷通知期内继续完成。

③特殊情况下的证书颁发程序

a、业主提前占用工程。监理工程师应及时颁发工程接收证书，并确认业主占用日为竣工日。提前占用或使用表明该部分工程已达到竣工要求，对工程照管责任也相应转移给业主，但承包商对该部分工程的施工质量缺陷仍负有责任。监理工程师颁发接收证书后，应尽快给承包商采取必要措施完成竣工检验的机会。

b、因非承包商原因导致不能进行规定的竣工检验。有时也会出现施工已达到竣工条件，但由于不应由承包商负责的主观或客观原因不能进行竣工检验。如果等条件具备进行竣工试验后再颁发接收证书，既会因推迟竣工时间而影响到对承包商是否按期竣工的合理判定，也会产生在这段时间内对该部分工程的使用和照管责任不明。针对此种情况，监理工程师应以本该进行竣工检验日签发工程接收证书，将这部分工程移交给业主照管和使用。

（2）未能通过竣工检验

如果工程或某区段未能通过竣工检验，承包商对缺陷进行修复和改正，在相同条件下重复进行此类未通过的试验和对任何相关工作的竣工检验。当重复竣工检验未通过时，监理工程师有权选择以下任何一种处理方法：

①指示再进行一次重复的竣工检验。

②如果由于该工程缺陷致使业主基本上无法享用该工程或区段所带来的全部利益，拒收整个工程或区段，在此情况下，业主有权获得承包商的赔偿。

③颁发一份接收证书（如果业主同意的话），折价接收该部分工程。合同价格应按照可以适当弥补由于此类失误而给业主造成的减少的价值数额予以扣减。

（3）竣工结算

①承包商报送竣工报表

颁发工程接收证书后的 84 天内，承包商应按工程师规定的格式报送竣工报表。报表内容如下：

a、到工程接收证书中指明的竣工日止，根据合同完成全部工作的最终价值；

b、承包商认为应该支付的其他款项，如要求的索赔款、应退还的部分保留金等；

c、承包商认为根据合同应支付的估算总额。

②竣工结算与支付

监理工程师接到竣工报表后，应对照竣工图进行工程量详细核算，对其他支付要求进行审查，然后再依据检查结果签署竣工结算的支付证书。

3. 缺陷通知期阶段的合同管理

（1）工程缺陷责任

承包商在缺陷通知期内应承担的义务为：①将不符合合同规定的永久设备或材料从现场移走并替换；②将不符合合同规定的工程拆除并重建；③实施任何因保护工程安全而需进行的紧急工作。

承包商应在监理工程师指示的合理时间内完成上述工作，若承包商未能遵守指示，业主有权雇佣其他人实施并予以付款。如果属于承包商应承担的责任，业主有权按照业主索赔的程序向承包商追偿。

（2）履约证书

履约证书是承包商已按合同规定完成全部施工义务的证明，因此该证书颁发后监理工程师就无权再指示承包商进行任何施工工作，承包商即可办理最终结算手续。当缺陷通知期满时，如果监理工程师认为还存在着影响工程运行或使用的较大缺陷，可以延长缺陷通知期，推迟颁发证书，但缺陷通知期的延长不应超过竣工日后的2年。

（3）最终结算

最终结算是指颁发履约证书后，对承包商完成全部工作价值的详细结算，以及根据合同条件对应付给承包商的其他费用进行核实，确定合同的最终价格。

六、建设工程施工合同示范文本（详见多媒体教学电子课件）

任务二　建设工程项目信息管理

一、建设工程信息管理概述

1. 信息的定义及特征

信息是对数据的解释，反映了事物的客观状态和规律，是为管理者提供决策和管理所需要的依据。它具有真实性、系统性、时效性、不完全性、层次性的特征。

2. 建设工程项目信息的构成

（1）文字图形信息，包括勘察、测绘、设计图纸及说明书、计算书、合同、工作条例及规定、施工组织设计、情况报告、原始记录、统计报表、图表、信函等信息。

（2）语言信息，包括口头分配任务、作指示、汇报、工作检查、介绍情况、谈判交涉、建议、批评、工作讨论、会议等信息。

（3）新技术信息，包括通过网络、电话、电报、传真、计算机、电视、录像录音、广播等现代化手段收集及处理的一部分信息。

3. 建设工程项目信息管理的含义及基本任务

信息管理就是对信息收集、加工整理、储存、传递与应用等一系列工作的总称。其目的是通过有组织的信息流通，使决策者能及时、准确地获取相应的信息，从而为项目管理服务。主要任务包括：一是组织项目基本情况信息的收集并系统化，编制项目手册；二是项目报告及各种资料的规定和整理；三是按照项目实施、项目组织、项目管理工作过程建立项目管理信息系统流程，在实际工作中保证系统的正常运行；四是做好文件档案管理工作。

二、建设工程信息管理的内容、方法与手段

1. 建设工程信息流程（如图 4 – 21 所示）

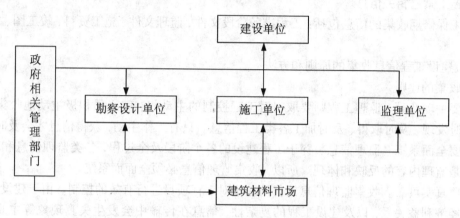

图 4 – 21 建设工程参加各方信息关系流程图

2. 建设工程信息管理的基本环节

建设工程信息管理贯穿建设工程全过程，衔接建设工程各个阶段、各个参加单位和各个方面，其基本环节有信息的收集、传递、加工、整理、检索、分发、存储。

（1）建设工程信息收集的内容

建设工程参建各方对数据和信息的收集是不同的，从监理的角度，建设工程的信息收集应由介入阶段就开始。由于我国监理大部分是从施工阶段开始的，因此，信息的收集内容可以从施工准备期、施工期、竣工保修期三个阶段进行。

施工准备期是指从施工合同签订到项目开工的阶段，监理工程师应从如下几点入手收集信息：

①监理大纲，施工图设计及施工图预算（特别要掌握结构特点，工程难点、要点、特点），施工合同；

②施工单位项目部的人员组成及人员资质，进场设备的规格型号、保修记录，施工场地的准备情况，施工单位质量保证体系及施工单位的施工组织设计；

③建筑工程场地的地质、水文、测量、气象数据；

④施工图的会审和交底记录；

⑤本工程需遵循的相关建筑法律、法规和规范。

施工实施期信息来源相对稳定，主要是施工过程中产生的数据，包括如下几个方面：

①施工单位人员、设备、水、电、气等资源的动态信息，每天的气象数据；

②建筑原材料、半成品、构配件等工程物资的进场、保管、使用等信息；

③项目经理部的管理程序，质量、进度和投资的事前、事中、事后控制措施，数据采取来源及采集、处理、存储、传递方式，工序间交接制度，事故处理制度，施工组织设计及技术方

案的执行情况，工地文明施工及安全措施；

④施工中需要执行的国家和地方规范、规程、标准，施工合同执行情况；

⑤施工中发生的工程数据，如工序交接检查记录、隐蔽工程检查验收记录；

⑥建筑材料必试项目的有关信息；

⑦设备安装的试运行和测试项目的有关信息；

⑧施工索赔相关信息。

竣工保修期收集的信息包括：工程准备阶段文件、监理文件、施工资料、竣工图、竣工验收资料。

（2）建设工程信息收集的原则和方法

1）收集的原则

①要主动及时。监理工程师要取得对工程控制的主动权，就必须积极主动地收集信息，善于及时发现、及时取得、及时加工各类工程信息。只有工作主动，获得信息才会及时。

②要全面系统。监理信息贯穿于工程建设的各个阶段及全过程，各类监理信息和每一条信息都是监理内容的反映和体现。所以，收集监理信息必须全面而系统。

③要真实可靠。收集监理信息的目的在于对工程项目进行有效的控制。由于建设工程中人们的经济利益关系，以及建设工程的复杂性，信息在传输中会发生失真现象等主观原因，难免会产生虚假信息。因此，必须严肃认真地进行收集工作，将收集到的信息进行严格核实、检测、筛选，去伪存真。

④要重点选择。收集信息要有针对性，坚持重点收集的原则。针对性，首先是指有明确的目的或目标，其次是有明确的信息源和信息内容，还要做到适用。重点选择就是根据工作实际需要和信息需要的侧重点，从大量信息中选出价值大的主要信息。

2）信息收集的基本方法

监理工程师主要通过各种方式的记录来收集监理信息，这些记录统称为监理记录，它是与工程项目建设监理相关的各种记录资料的集合。通常可分为以下几类：

①现场记录。现场监理人员必须每天利用特定的表式或以日志的形式记录工地上所发生的事情。所有记录应始终保存在工地办公室内，供监理工程师及其他监理人员查阅。这类记录在每月由专业监理工程师整理以书面资料形式上报监理工程师办公室。监理人员在现场遇到工程施工中不得不采取紧急措施而对承包商所发出的书面指令，应尽快通报上一级监理组织，以征得其确认或修改指令。现场记录通常包括以下内容：

a. 现场监理人员对所监理工程范围内的机械、劳动力的配备和使用情况做详细记录。如承包人的现场人员和设备的配备是否同计划所列的一致；工程质量和进度是否因某些职员或某种设备不足而受到影响，受到影响的程度如何；是否缺乏专业施工人员或专业施工设备，承包商有无替代方案；承包商施工机械完好率和使用率是否令人满意；维修车间及设施情况如何，是否存储有足够的备件等。

b. 记录天气及水文情况。如记录每天的最高最低气温、降水量、风力、河流水位；记录有预报的雨、雪、台风及洪水到来之前对永久性或临时性工程所采取的保护措施；记录天气、水文的变化影响施工及造成损失的细节，如误工时间、救灾的措施和财产的损失等。

c. 记录承包商每天工作范围，完成的工程量，以及开始和完成工作的时间；记录出现的技术问题，采取了怎样的措施进行处理，效果如何，能否达到技术规范的要求等。

d. 对工程施工中每步工序完成后的情况做简单的描述,如此工序是否已被认可;对缺陷的补救措施或变更情况等做详细的记录。监理人员在现场对隐蔽工程应特别注意记录。

e. 记录现场材料供应和储备情况。如每一批材料的到达时间、来源、数量、质量、存储方式和材料的抽样检查情况等。

f. 对于一些必须在现场进行的试验,现场监理人员进行记录并分类保存。

②会议记录。由监理人员所主持的会议应由专人记录,并且要形成会议纪要,由与会者签字确认,这些记录将成为今后解决问题的重要依据。会议纪要应包括以下内容:会议地点及时间,出席者姓名、职务以及他们所代表的单位,会议中发言者的姓名及主要内容,形成的决议,决议由何人及何时执行等,未解决的问题及其原因。

③计量与支付记录。包括所有计量及付款资料。应清楚地记录哪些工程进行过计量,哪些工程没有进行计量,哪些工程已经进行了支付,已同意或确定的费率和价格变更等。

④试验记录。除正常的试验报告外,试验室应由专人每天以日志形式记录试验室工作情况,包括对承包商的试验监督、数据分析等。记录内容包括:

a. 工作内容的简单叙述。如做了哪些试验,监督承包商做了哪些试验,结果如何等。

b. 承包人试验人员配备情况。试验人员配备与承包商计划所列是否一致,数量和素质是否满足工作需要,增减或更换试验人员的建议。

c. 对承包商试验仪器、设备配备、使用和调动情况记录,需增加新设备的建议。

d. 监理试验室与承包商试验室所做同一试验,其结果有无重大差异,原因如何。

e. 工程照片和录像。

(3)建设工程信息的加工、整理

①监理信息加工的作用和原则

监理信息加工整理就是对收集来的大量原始信息进行筛选、分类、排序、压缩、分析、比较、计算,从而获得有用信息的过程。其作用为:一是将信息分类,使之标准化和系统化;二是使获得的信息准确真实;三是使信息浓缩,以便存储、检索和传递。其原则是标准化、系统化、准确性、时间性和适用性等。

②监理信息加工整理的成果

监理工程师对信息进行加工整理,形成各种资料,如各种来往信函、来往文件、各种指令、会议纪要、备忘录或协议和各种工作报告等。工作报告是最主要的加工整理成果,如监理日志、监理月报、监理工作总结等。

三、计算机辅助管理

1. 基于互联网的建设工程信息管理系统

基于互联网的建设工程信息管理系统简称 Internet – based PIMS。其主要功能是安全地获取、记录、寻找和查询项目信息。它相当于在项目实施全过程中,对项目参与各方产生的信息和知识进行集中式的管理,即项目各参与方有公用的文档系统,同时也是共享的项目数据库。它具有以下特点:

(1)以 Extranet 作为信息交换工作的平台,其基本形式是项目主题网。

(2)基于互联网的建设工程项目信息管理系统采取 100% 的 B/S 结构,用户在客户端只需安装一个浏览器就可以。

（3）与其他在建筑业应用的信息系统不同，基于互联网的建设工程项目信息管理系统的主要功能是项目信息的共享和传递，而不是对信息进行加工、处理。

（4）基于互联网的建设工程项目信息管理系统，通过信息的集中管理和门户设置为项目参与各方提供一个开放、协同、个性化的信息沟通环境。

2. 基于互联网的建设工程项目信息管理系统的功能

基于互联网的建设工程项目信息管理系统的功能分为基本功能和拓宽功能两个层次。基本功能是大部分的商业基于互联网的建设工程项目信息管理系统和应用服务所具备的功能，它可以看成基于互联网的建设项目信息管理系统的核心功能。它包括通知与桌面管理、日历与任务管理、文档管理、项目通信与协同工作、工作流管理、网站管理与报告。而拓宽功能则是部分应用服务商在其应用服务平台上提供的服务，这些服务代表了未来基于互联网的建设工程项目信息管理系统发展的趋势。它包括多媒体的信息交互、在线项目管理、集成电子商务管理。

3. 基于互联网的建设工程项目信息管理系统的应用意义

（1）降低了工程项目实施的成本。

（2）缩短了项目建设时间。

（3）降低了项目实施的风险。

（4）提高了业主的满意度。

四、监理常用软件简介

目前，国内外许多以合同管理、项目进度管理、质量控制等为主要目标的商品化软件已经逐步发展完善起来。较著名的项目进度软件有美国 Primavera 公司的 P3（Primavera Project Planner）和 Ex‒pedifion 系列、微软公司的 Project 和 Schedule，国内有监理通软件开发中心的监理通 2006 版、同济大学的监理软件包 PMIS、同望科技 Wcost 系统以及其他公司研制开发的相关软件。

任务三　建设工程风险管理

一、风险管理概述

1. 风险的定义与相关概念

（1）风险的定义

风险有以下两种定义：①风险就是与出现损失有关的不确定性；②风险就是在给定情况下和特定时间内，可能发生的结果之间的差异（或实际结果与预期结果之间的差异）。

风险要具备两方面条件，一是不确定性，二是产生损失后果，否则就不能称为风险。

（2）与风险相关的概念

①风险因素：是指能产生或增加损失概率和损失程度的条件或因素，是风险事件发生的潜在原因，是造成损失的内在或间接原因，分为自然风险因素、道德风险因素、心理风险因素三种。

②风险事件：是指造成损失的偶发事件，是造成损失的外在原因或直接原因。

③损失：是指非故意的、非计划和非预期的经济价值的减少。损失一般可分为直接损失和间接损失两种，也可分为直接损失、间接损失和隐蔽损失三种。

④损失机会：是指损失出现的概率。概率分为客观概率和主观概率两种，客观概率是某事件在长时期内发生的频率，采用这种方法时，要有足够多的统计资料。主观概率是个人对某事件发生可能性的估计。对于工程风险的概率，专家作出的主观概率代替客观概率是可行的，必要时可综合多个专家的估计结果。对损失机会这个概念，要特别注意其与风险的区别。

（3）风险因素、风险事件、损失与风险之间的关系

风险因素、风险事件、损失与风险之间的关系可用图 4－22 表示。风险因素引发风险事件，风险事件导致损失，而损失所形成的结果就是结果。

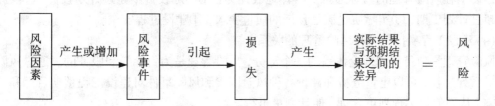

图 4－22　风险因素、风险事件、损失与风险之间的关系

2. 风险的分类

（1）按风险的后果可将风险分为纯风险和投机风险。纯风险是指只会造成损失而不会带来收益的风险。投机风险则是指既可能造成损失也可能创造额外收益的风险。纯风险与投机风险还有一个重要区别：在相同的条件下，纯风险重复出现的概率较大，而投机风险重复出现的概率较小。

（2）按风险产生的原因可将风险分为政治风险、社会风险、经济风险、自然风险、技术风险等。政治风险、社会风险和经济风险之间存在一定的联系，有时表现为相互影响，有时表现为因果关系，难以截然分开。

（3）按风险的影响范围可将风险分为基本风险和特殊风险。基本风险是指作用于整个经济或大多数人群的风险，具有普遍性，影响范围大，后果严重。特殊风险是指仅作用于某一特定单体（如个人或企业）的风险，不具有普遍性，影响范围小，虽然就个体而言，损失有时亦相当大，但对整个经济而言，后果不严重。

风险还可以按风险分析依据分为客观风险和主观风险，按风险分布情况分为国别（地区）风险、行业风险，按风险潜在损失形态分为财产风险、人身风险和责任风险等等。

3. 建设工程风险与风险管理

（1）建设工程风险

对建设工程风险的认识，要明确两个基本点：①建设工程风险大。建设工程风险因素和风险事件发生的概率均较大，往往造成比较严重的损失后果。②参与工程建设的各方均有风险，但即使是同一风险事件，对建设工程不同参与方的后果有时迥然不同。

在对建设工程风险做具体分析时，分析的出发点不同，分析的结果自然也就不同。对于业主来说，建设工程决策阶段的风险主要表现为投机风险，而在实施阶段的风险主要表现为

纯风险。

(2)风险管理过程

风险管理过程包括风险识别、风险评价、风险对策决策、实施决策、检查五方面内容。对风险对策所做出的决策需要进一步落实到具体的计划和措施，在建设工程实施过程中，要对各项风险对策的执行情况不断地进行检查，并评价各项风险对策的执行效果。

(3)风险管理目标

风险管理目标的确定，一般要满足风险管理目标与风险管理主体(如企业或建设工程的业主)总体目标的一致性要求，以及目标的现实性、明确性和层次性要求。

就建设工程而言，在风险事件发生前，风险管理的首要目标是使潜在损失最小，其次是减少忧虑及相应的忧虑价值，再次是满足外部的附加义务。

建设工程风险管理的目标通常更具体地表述为：①实际投资不超过计划投资，②实际工期不超过计划工期，③实际质量满足预期的质量要求，④建设过程安全。

(4)建设工程项目管理与风险管理的关系

风险管理是项目管理理论体系的一个部分，风险管理是为目标控制服务的。通过风险管理的一系列过程，可以定量分析和评价各种风险因素和风险事件对建设工程预期目标和计划的影响，从而使目标规划更合理，使计划更可行。

风险对策是目标控制措施的重要内容。风险对策的具体内容体现了主动控制与被动控制相结合的要求，风险对策更强调主动控制。

二、建设工程风险识别

1.风险识别的特点和原则

(1)风险识别的特点

风险识别具有个别性、主观性、复杂性、不确定性等特点。

(2)风险识别的原则

在风险识别过程中应遵循以下原则：

①由粗及细，由细及粗。由粗及细是指对风险因素进行全面分析，逐渐细化，从而得到工程初始风险清单。而由细及粗是指从工程初始风险清单的众多风险中，确定主要风险，作为风险评价以及风险对策决策的主要对象。

②严格界定风险内涵，并考虑风险因素之间的相关性。

③先怀疑，后排除，不要轻易否定或排除某些风险。

④排除与确认并重。对于肯定不能排除但又不能肯定予以确认的风险按确认考虑。

⑤必要时可做实验论证。

2.风险识别的过程

建设工程风险识别的过程可用图4-23表示。

风险识别的结果是建立建设工程风险清单。在建设工程风险识别过程中，核心工作是建设工程风险分解和识别建设工程风险因素、风险事件及后果。

3.建设工程风险的分解

建设工程风险的分解可以按以下途径进行：

(1)目标维。即按建设工程目标进行分解，也就是考虑影响建设工程投资、进度、质量

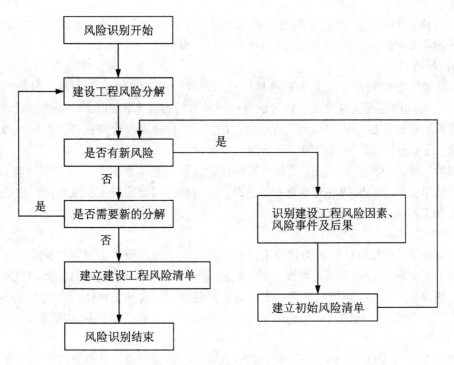

图 4-23 建设工程风险识别的过程

和安全目标实现的各种风险。

(2)时间维。即按建设工程实施的各个阶段进行分解，也就是考虑建设工程实施不同阶段的不同风险。

(3)结构维。即按建设工程组成内容进行分解，也就是考虑不同单项工程、单位工程的不同风险。

(4)因素维。即按建设工程风险因素的分类分解，如政治、社会、经济、自然、技术等方面的风险。

常用的组合分解方式是由时间维、目标维和因素维三方面从总体上进行建设工程风险的分解。

4. 风险识别的方法

建设工程风险识别的方法有专家调查法、财务报表法、流程图法、初始清单法、经验数据法和风险调查法。其中前三种方法为风险识别的一般方法，后三种方法为建设工程风险识别的具体方法。

(1)专家调查法

这种方法又有两种方式：一种是召集有关专家开会，另一种是采用问卷式调查。对专家发表的意见要由风险管理人员加以归纳分类、整理分析。

(2)财务报表法

采用财务报表法进行风险识别，要对财务报表中所列的各项会计科目做深入的分析研究，需要结合工程财务报表的特点来识别建设工程风险。

(3)流程图法

将一项特定的生产或经营活动按步骤或阶段顺序以若干个模块形式组成一个流程图系列，在每个模块中都标出各种潜在的风险因素或风险事件。

（4）初始清单法

建立建设工程的初始风险清单有两种途径。常规途径是采用保险公司或风险管理学会（或协会）公布的潜在损失一览表。通过适当的风险分解方式来识别风险，是建立建设工程初始风险清单的有效途径。从初始风险清单的作用来看，因素维仅分解到各种不同的风险因素是不够的，还应进一步将各风险因素分解到风险事件。

在初始风险清单建立后，还需要结合特定建设工程的具体情况进一步识别风险，从而对初始风险清单做一些必要的补充和修正。为此，需要参照同类建设工程风险的经验数据或针对具体建设工程的特点进行风险调查。

（5）经验数据法

经验资料法，即根据已建各类建设工程与风险有关的统计资料来识别拟建建设工程的风险。由于不同的风险管理主体的角度不同、数据或资料来源不同，其各自的初始风险清单一般多少有些差异。但是，当经验数据或统计资料足够多时，这种差异性就会大大减小。这种基于经验数据或统计资料的初始风险清单可以满足对建设工程风险识别的需要。

（6）风险调查法

风险调查应当从分析具体建设工程的特点入手，一方面对通过其他方法已识别出的风险进行鉴别和确认；另一方面，通过风险调查可能发现此前尚未识别出的重要的工程风险。

风险调查可以从组织、技术、自然及环境、经济、合同等方面分析拟建建设工程的特点以及相应的潜在风险。风险调查也应该在建设工程实施全过程中不断地进行。对于建设工程的风险识别来说，一般都应综合采用两种或多种风险识别方法，才能取得较为满意的结果。不论采用何种风险识别方法组合，都必须包含风险调查法。

三、建设工程风险评价

1. 风险评价的作用

（1）更准确地认识风险。通过定量方法进行风险评价，可以定量地确定建设工程各种风险因素和风险事件发生的概率大小或概率分布，及其发生后对建设工程目标影响的严重程度或损失严重程度，包括不同风险的相对严重程度和各种风险的绝对严重程度。

（2）保证目标规划的合理性和计划的可行性。建设工程数据库只能反映各种风险综合作用的后果，而不能反映各种风险各自作用的后果。只有对特定建设工程的风险进行定量评价，才能正确反映各种风险对建设工程目标的不同影响，才能使目标规划的结果更合理、更可靠，使在此基础上制订的计划具有现实的可行性。

（3）合理选择风险对策，形成最佳风险对策组合。不同风险对策的适用对象各不相同。风险对策的适用性需从效果和代价两个方面考虑。风险对策的效果表现在降低风险发生概率和（或）降低损失严重程度的幅度。风险对策一般都要付出一定的代价。在选择风险对策时，应将不同风险对策的适用性与不同风险的后果结合起来考虑，对不同的风险选择最适宜的风险对策，从而形成最佳的风险对策组合。

2. 风险量函数

风险量指各种风险的量化结果，其数值大小取决于各种风险的发生概率及其潜在损失。

等风险量曲线，是由风险量相同的风险事件所形成的曲线。不同等风险量曲线所表示的风险量大小和其与风险坐标原点的距离成正比，即距原点越近，风险量越小；反之，则风险量越大。

3. 风险损失的衡量

风险损失的衡量就是定量确定风险损失值的大小。建设工程风险损失包括投资风险、进度风险、质量风险和安全风险。

投资增加可以直接用货币来衡量；进度的拖延则属于时间范畴，同时也会导致经济损失；质量事故和安全事故既会产生经济影响，又可能导致工期延误和第三者责任。第三者责任除了法律责任之外，一般都是以经济赔偿的形式来实现的。因此，这四方面的风险最终都可以归纳为经济损失。

4. 风险概率的衡量

衡量建设工程风险概率有两种方法——相对比较法和概率分布法。

（1）相对比较法

相对比较法将风险概率表示为：①几乎是0；②很小的；③中等的；④一定的，即可以认为风险事件发生的概率较大。在采用相对比较法时，建设工程风险导致的损失也将相应划分成重大损失、中等损失和轻度损失。

（2）概率分布法

概率分布法的常见表现形式是建立概率分布表。为此，需参考外界资料和本企业历史资料。在运用时还应当充分考虑资料的背景和拟建建设工程的特点。

理论概率分布是根据建设工程风险的性质分析大量的统计数据，当损失值符合一定的理论概率分布或与其近似吻合时，可由特定的几个参数来确定损失值的概率分布。

（5）风险评价

在风险衡量过程中，建设工程风险被量化为关于风险发生概率和损失严重程度的函数，但在选择对策之前，还需要对建设工程风险量作出相对比较，以确定建设工程风险的相对严重性。等风险量曲线指出，在风险坐标图上，离原点位置越近则风险量越小。据此，可以将风险发生概率(p)和潜在损失(q)分别分为L(小)、M(中)、H(大)三个区间，从而将等风险量图分为LL、ML、HL、LM、MM、HM、LH、MH、HH九个区域。在这九个不同区域中，有些区域的风险量是大致相等的。我们还可以将风险量的大小分成五个等级分为VL(很小)、L(小)、M(中等)、H(大)、VH(很大)。如图4-24所示。

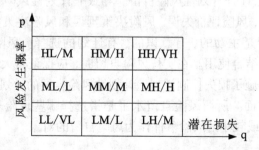

图4-24　风险等级图

四、建设工程风险对策

1. 风险回避

风险回避就是以一定的方式中断风险源，使其不发生或不再发展，从而避免可能产生的潜在损失。采用风险回避这一对策时，有时需要做出一些牺牲。在采用风险回避对策时需要注意以下问题：

（1）回避一种风险可能产生另一新的风险；

（2）回避风险的同时也失去了从风险中获益的可能性；

（3）回避风险可能不实际或不可能。

2. 损失控制

（1）损失控制的概念

损失控制可分为预防损失和减少损失两方面工作。预防损失措施主要在于降低或消除损失发生的概率，而减少损失措施则在于降低损失的严重性或遏制损失的进一步发展，使损失最小化。一般来说，损失控制方案都应当是预防损失措施和减少损失措施的有机结合。

（2）制定损失控制措施的依据和代价

制定损失控制措施必须以定量风险评价的结果为依据。风险评价时特别要注意间接损失和隐蔽损失。制定损失控制措施还必须考虑其付出的代价，包括费用和时间两方面的代价。

（3）损失控制计划系统

损失控制计划系统由预防计划（或称为安全计划）、灾难计划和应急计划三部分组成。

①预防计划。它的目的在于有针对性地预防损失的发生，其主要作用是降低损失发生的概率，也能在一定程度上降低损失的严重性。

②灾难计划。它是一组事先编制好的、目的明确的工作程序和具体措施，为现场人员提供明确的行动指南，使其在各种严重、恶性的紧急事件发生后，可以做到从容不迫、及时、妥善地处理，从而减少人员伤亡以及财产和经济损失。

③应急计划。它是在风险损失基本确定后的处理计划，其宗旨是使因严重风险事件而中断的工程实施过程尽快全面恢复，并减少进一步的损失，使其影响程度减至最小。

3. 风险自留

风险自留是从企业内部财务的角度应对风险。它不改变建设工程风险的客观性质，即既不改变工程风险的发生概率，也不改变工程风险潜在损失的严重性。

（1）风险自留的类型：①非计划性风险自留。导致非计划性风险自留的主要原因有缺乏风险意识、风险识别失误、风险评价失误、风险决策延误和风险决策实施延误。②计划性风险自留。计划性风险自留是主动的、有意识的、有计划的选择。风险自留决不可能单独运用，而应与其他风险对策结合使用。在实行风险自留时，应保证重大和较大的建设工程风险已经进行了工程保险或实施了损失控制计划。计划性风险自留的计划性主要体现在风险自留水平和损失支付方式两方面。所谓风险自留水平是指选择哪些风险事件作为风险自留的对象，一般应选择风险量小或较小的风险事件作为风险自留的对象。

（2）损失支付方式

计划性风险自留应预先制订损失支付计划，常见的损失支付方式有：从现金净收入中支出，建立非基金储备，自我保险，母公司保险。

（3）风险自留的适用条件

计划性风险自留至少要符合以下条件之一才应予以考虑：①别无选择；②期望损失不严重；③损失可准确预测；④企业有短期内承受最大潜在损失的能力；⑤投资机会很好（或机会成本很大）；⑥内部服务优良。

4. 风险转移

风险转移分为非保险转移和保险转移两种形式。风险分担的原则是任何一种风险都应由最适宜承担该风险或最有能力进行损失控制的一方承担。符合这一原则的风险转移是合理的，可以取得双赢或多赢的结果。

（1）非保险转移

非保险转移又称为合同转移，建设工程风险最常见的非保险转移有以下三种情况：①业主将合同责任和风险转移给对方当事人，②承包商进行合同转让或工程分包，③第三方担保。担保方所承担的风险仅限于合同责任，即由于委托方不履行或不适当履行合同以及违约所产生的责任。

非保险转移的优点主要体现在：一是可以转移某些不可保的潜在损失，二是被转移者往往能较好地进行损失控制。但是，非保险转移可能因为双方当事人对合同条款的理解发生分歧而导致转移失效，或因被转移者无力承担实际发生的重大损失而导致仍然由转移者来承担损失。

（2）保险转移

建设工程业主或承包商作为投保人将本应由自己承担的工程风险（包括第三方责任）转移给保险公司。

在进行工程保险的情况下，建设工程在发生重大损失后可以从保险公司及时得到赔偿，使建设工程实施能不中断地、稳定地进行，还可以使决策者和风险管理人员对建设工程风险的担忧减少，而且，保险公司可向业主和承包商提供较为全面的风险管理服务。

保险这一风险对策的缺点表现在：①机会成本增加；②保险谈判常常耗费较多的时间和精力；③投保人可能产生心理麻痹而疏于损失控制计划。

任务四　建设工程安全文明施工管理

一、建设工程安全监理的作用与依据

工程建设安全监理，是指具有相应资质的工程监理单位受建设单位（业主）的委托，依据国家有关建设工程的法律、法规、建设工程项目文件、建设工程委托监理合同及其他建设工程合同，对施工安全所进行的监督管理。

建设工程安全监理是"三控、两管、一协调"传统工程监理的完善和发展，是工程监理的组成部分，其基本概念、性质、工作程序与工程监理质量控制的原则相同，建设工程安全监理是由监理工程师采用组织、技术、经济、合同措施，督促施工承包单位遵照国家安全生产、劳动保护、环境保护、消防等法规组织施工，从而消除安全隐患，实现建设工程安全生产。

1. 建设工程安全监理的作用

（1）有利于加强建设工程安全管理

我国建设正处在高峰期，建筑业蓬勃发展，而大多数的建筑施工劳力资源来自农民工，加之有些建筑企业放松了安全生产管理，施工安全隐患和施工伤亡事故常有发生，施工安全隐患在施工现场依然存在。实施安全监理则可充分发挥监理人员具有专业技术和管理能力的优势，督促施工单位加强安全管理，及时消除安全隐患，减少伤亡事故的发生。

(2)有利于完善建筑安全生产管理体制

我国安全生产管理体制是企业负责、行业管理、国家监察和群众监督、社会广泛支持。建设行政管理部门负责对建设工程安全生产实施监督管理，并委托建设工程安全质量监督机构实施施工现场安全生产的监督检查。然而，由于目前安全质量监督人员数量明显不适应城市建设规模的增长，仅靠安全质量监督机构的力量难以完成政府监管任务。因此，实施建设工程安全监理意味着大大增加施工现场安全监督管理力量，形成施工企业负责，监理、政府监管的建设工程安全生产管理新体制。

(3)有利于提高建设工程项目的综合效益

在工程建设中，有些项目往往片面追求工程进度，忽视安全生产；有的在造价和安全发生矛盾时，往往在安全管理和安全设施上舍不得投资，以致造成了安全隐患，一旦发生安全事故，其损失将非常巨大，远远高于投资安全管理和安全设施上的费用。

2.建设工程安全监理的依据

(1)建设工程项目文件。除经过批准的建设工程项目设计文件外，还包括建设工程项目规划许可证、施工许可证、拆除工程备案材料，以及建设单位提供的施工现场及毗邻区域内供水、排水、供电、供气、供热、通信、广播电视等地下管线资料，气象和水文观测资料，相邻建筑物和构筑物的地下工程的有关资料。

(2)国家和地方有关建设工程安全生产、劳动保护、消防的法律法规和工程建设标准及规范。

(3)建设工程委托监理合同、建设工程施工承包合同以及有关的施工安全协议文件。

二、施工过程安全监理的主要方法

安全监理工程师要在做好施工准备阶段各项安全监理工作的基础上，坚持预防为主的方针，重点抓好施工过程中各项施工作业活动的安全监理工作，具体方法如下：

1.督促施工承包单位做好安全技术交底工作

安全技术交底是为了控制安全事故发生、减少事故危害所采取的技术措施，是向施工作业人员做出的说明。安全技术交底是施工承包单位的预防违章指挥、违章作业，杜绝伤亡事故发生的一项重要措施。很多重大安全事故的教训表明：忽视安全技术交底工作，往往是导致发生事故的主要原因。具体内容如下：①检查施工单位是否在施工前做好逐级安全技术交底工作；②检查施工单位是否针对施工危险源进行全过程和全面的安全交底；③督促施工单位安全交底做到全面、具体，有针对性；④检查安全交底记录。

施工安全交底应在施工前进行，交底应详细，交底后由双方签字确认。因此，施工安全交底除口头形式外，还必须书面交底，交底双方在交底记录上签字确认。安全监理人员必须检查安全交底记录。

2.做好施工作业现场的安全监督检查

(1)现场监督检查的内容

在施工过程中，安全监理人员应按照工程项目安全监理规划及其实施细则的要求，对施工现场危险源的安全管理进行监督检查，一旦发现安全隐患，必须按照《建设工程安全管理条例》的要求，及时督促整改，消除安全隐患。现场监督检查工作必须按下列内容进行：①检查危险源施工作业是否已编制专项施工方案，该方案是否按规定程序审批，手续是否完整，是否按规定具有施工企业技术负责人和项目总监理工程师的签署；②检查危险源施工作业的安全技术交底是否按规定进行，是否将专项施工方案的安全施工要求向班组作业人员交代清楚，并签署书面交底手续；③检查危险源施工作业班组和作业区监控人员是否已对作业安全条件进行了施工方的自检，发现的安全隐患是否均已整改，有无记录资料。

上述三项检查均符合规定要求，安全监理人员才能同意开始进行危险源施工作业，并在施工作业过程中开展巡视监督检查等现场监理工作。

（2）监理现场监督检查的工作方式

在施工作业过程中，安全监理人员可采用日常巡视检查、组织施工现场安全检查、组织施工现场安全会议、旁站跟踪监督、平行检验等工作方式，实施施工现场的监督检查。安全监理人员的日常巡视检查次数可根据危险源具体情况确定，对于技术复杂、专业性强、安全施工风险大的关键工序，安全监理人员应在施工现场跟踪监督。

组织工程项目各方主体联合进行施工现场安全检查活动，通过联合检查，可以发现和排除施工安全隐患，强化施工现场的安全管理。参加联合检查的人员一般包括建设单位、施工承包单位、分包单位、监理单位的代表，也可根据检查活动的类型具体确定参加人选。检查活动类型除定期安全检查活动以外，还有危险源专项检查，季节性安全检查，节假日前后安全检查，防汛、防风等专项检查。检查内容按《建筑施工安全检查标准》的要求，结合工程项目具体情况执行。除上述工作方式外，还可结合工程例会或组织召开现场安全专题会议，定期分析本工程施工安全生产状况，督促施工承包单位解决安全隐患，加强施工现场的安全管理。

（3）履行监理的安全责任，及时处理安全隐患

《建设安全生产管理条例》第十四条规定了工程监理单位的安全责任，并具体规范了工程监理单位应及时处理安全隐患的各项要求，因此，安全监理人员应认真履行自己监理的安全责任，及时处理发现的施工安全隐患。

1）在安全监理过程中，发现不符合法规规定以及违反强制性标准，或形成危及作业人员人身安全的事故隐患，项目监理机构应及时下达整改指令，通知施工单位立即整改，消除隐患。

2）发现情况严重的安全事故隐患，项目监理机构应当通知施工单位暂停施工作业，迅速排除隐患，并及时报告建设单位。如：施工中出现安全异常，安全监理人员提出后施工方未采取整改措施，或虽采取措施但不符合要求，仍存在险情；已发生事故却未能有效处理，仍继续施工作业；施工安全措施未经自检，擅自实施，劝阻无效；分包资质、特种作业人员资格未经审查，擅自进场作业，阻止无效。

安全隐患消除后，安全监理人员应进行复查，确认达到安全施工的要求后监理机构才能下复工令。

3）项目监理机构下达暂停施工指令以后，施工承包单位对于重大安全事故隐患仍拒不整改或者不停止施工的，监理单位应当立即向建设行政主管部门或者安全监督等有关部门报告。

3. 做好施工机械的进场验收核查

国家标准《建设工程监理规范》对于进入施工现场的工程材料、构配件和设备，规定了监理审核的要求。安全监理工程师应按照规范要求，对于进场的所有施工机械实施进场核查工作。

4. 强化施工安全设施和施工机械的核查验收手续

施工安全设施搭设或施工机械安装完成后，应按国家规定进行验收。对于需进行检测的机械设备，应委托有检测资质的检测机构进行机械设备的检测。检测合格后，再申请监理核查，由施工承包单位填报施工机械、安全设施验收核查表，未经监理核查的施工安全设施和施工机械，不得投入使用。

安全监理工程师对施工安全设施和施工机械的验收、核查符合规定要求后，签署同意设施、机械投入使用。

现场验收常见的问题有：资料不齐全；参加验收的人员不符合规定，甚至由施工安全员一人签署验收；验收记录表内缺少班组自检记录；用检测成果资料代替施工承包单位内部的验收记录等。安全监理工程师应该对这些验收问题及时指出，下令整改。

项目五　建设工程监理的组织协调

建设工程监理目标的实现，需要监理工程师扎实的专业知识和对监理程序的有效执行，此外，还要求监理工程师有较强的组织协调能力。通过组织协调，使影响监理目标实现的各方主体有机配合，使监理工作实施和运行过程顺利。

任务一　建设工程监理组织协调概述

一、建设工程监理组织协调的概念

协调就是联结、联合、调和所有的活动及力量，使各方配合得适当，其目的是促使各方协同一致，以实现预定目标。协调工作应贯穿于整个建设工程实施及其管理过程中。

建设工程系统就是一个由人员、物质、信息等构成的人为组织系统。用系统方法分析，建设工程的协调一般有三大类：一是"人员/人员界面"；二是"系统/系统界面"；三是"系统/环境界面"。

建设工程组织是由各类人员组成的工作机构，由于每个人的性格、习惯、能力、岗位、任务、作用不同，即使只有两个人在一起工作，也有潜在的人员矛盾或危机。这种人和人之间的间隔，就是所谓的"人员/人员界面"。

建设工程系统是由若干个子项目组成的完整体系，子项目即子系统。由于子系统的功能、目标不同，容易产生各自为政的趋势和相互推诿的现象。这种子系统和子系统之间的间隔，就是所谓的"系统/系统界面"。

建设工程系统是一个典型的开放系统。它具有环境适应性，能主动从外部世界取得必要的能量、物质和信息。在取得的过程中，不可能没有障碍和阻力。这种系统与环境之间的间隔，就是所谓的"系统/环境界面"。

项目监理机构的协调管理就是在"人员/人员界面"、"系统/系统界面"、"系统/环境界面"之间，对所有的活动及力量进行联结、联合、调和的工作。系统方法强调，要把系统作为一个整体来研究和处理，因为总体的作用规模要比各子系统的作用规模之和大。为了顺利实现建设工程系统目标，必须重视协调管理，发挥系统整体功能。在建设工程监理中，要保证项目的参与各方围绕建设工程开展工作，使项目目标顺利实现。组织协调工作最为重要，也最为困难，是监理工作能否成功的关键，只有通过积极的组织协调才能实现整个系统全面协调控制的目的。

二、建设工程监理组织协调的分类

从系统方法的角度看，建设工程监理组织协调按协调的范围一般分为系统内部的协调和系统外部的协调两大类，系统外部的协调又分为近外层协调和远外层协调。近外层与远外层的区别是，建设工程与近外层关联单位一般有合同关系，与远外层关联单位一般没有合同关系。

任务二　建设工程监理组织协调的内容和方法

一、建设工程监理组织协调的内容

1. 监理组织内部的协调

（1）项目监理组织内部人际关系的协调

项目监理组织是由人组成的工作体系，其工作效率很大程度上取决于人际关系的协调程度，总监理工程师应首先抓好人际关系的协调，激励项目监理机构成员。具体措施有四点：

①在人员安排上要量才录用。对项目监理机构各种人员，要根据每个人的专长进行安排，做到人尽其才。人员的搭配应注意能力互补和性格互补，人员配置应尽可能少而精，防止力不胜任和忙闲不均现象。

②在工作委任上要职责分明。对项目监理机构内的每一个岗位，都应明确岗位目标和岗位职责，使管理职能不重不漏，做到事事有人管、人人有专责，同时也要确定岗位责任考核制度。

③在成绩评价上要实事求是。谁都希望自己的工作做出成绩，并得到肯定。但工作成绩的取得，不仅需要主观努力，而且需要一定的工作条件和相互配合。要发扬民主作风，实事求是评价，以免人员无功自傲或有功受屈，使每个人热爱自己的工作，并对工作充满信心和希望。

④在矛盾调解上要恰到好处。人员之间的矛盾总是存在的，一旦出现矛盾就应进行调解，要多听取项目监理机构成员的意见和建议，及时沟通，使人员始终处于团结、和谐、热情高涨的工作气氛之中。

（2）项目监理机构内部组织关系的协调

项目监理机构是由若干部门（专业组）组成的工作体系。每个专业都有自己的目标和任务。如果每个子系统都从建设工程的整体利益出发，理解并认真履行自己的职责，则整个系统就会处于有序的良性状态，否则，整个系统便处于无序的混乱状态，导致功能失调、效率下降。项目监理机构内部组织关系的协调可从以下几方面进行：

①在目标分解的基础上设置组织机构，根据工程对象及委托监理合同所规定的工作内容，设置配套的管理部门。

②明确规定每个部门的目标、职责和权限，最好以规章制度的形式做出明文规定。

③事先约定各个部门在工作中的相互关系。在工程建设中许多工作是由多个部门共同完成的，其中有主办、牵头和协作、配合之分，事先约定，可以防止出现误事、脱节等贻误工作的现象。

④建立信息沟通制度，如采用监理工作例会、业务碰头会、发会议纪要、工作流程图或信息传递卡等方式来沟通信息，这样可使局部了解全局，服从并适应全局需要。

⑤及时消除工作中的矛盾或冲突。总监理工程师应采用民主的作风，注意从心理学、行为科学的角度激励各个成员的工作积极性；采用公开信息的政策，让大家了解建设工程实施情况、遇到的问题或危机；经常性地指导工作，和成员一起商讨遇到的问题，多倾听他们的意见、建议，鼓励大家同舟共济。

(3)项目监理组织内部需求关系的协调

建设工程监理实施中有人员需求、试验设备需求、材料需求等，而资源是有限的。因此，内部需求平衡至关重要。需求关系的协调可从以下环节进行：

①对监理设备、材料的平衡。建设工程监理开始时，要做好监理规划和监理实施细则的编写工作，提出合理的监理资源配置计划，要注意抓住期限上的及时性、规格上的明确性、数量上的准确性、质量上的规定性。

②对监理人员的平衡。要抓住调度环节，注意各专业监理工程师的配合。一个工程包括多个分部分项工程，复杂性和技术要求各不相同，这就存在监理人员配备、衔接和调度问题。如土建工程的主体阶段，主要是钢筋混凝土工程或预应力钢筋混凝土工程；设备安装阶段，材料、工艺和测试手段就不同；还有配套、辅助工程等。监理力量的安排必须考虑到工程进展情况，做出合理的安排，以保证工程监理目标的实现。

2. 与业主的协调

监理实践证明，监理目标的顺利实现和与业主协调的好坏有很大的关系。我国长期的计划经济体制使得业主合同意识差、随意性大，主要体现在：一是沿袭计划经济时期的基建管理模式，搞"大业主，小监理"，在一个建设工程上，业主的管理人员要比监理人员多或管理层次多，对监理工作干涉多，并插手监理人员应做的具体工作；二是不把合同中规定的权力交给监理单位，致使监理工程师有职无权，发挥不了作用；三是科学管理意识差，在建设工程目标确定上随意压工期、压造价，在建设工程实施过程中变更多或时效不按要求，给监理工作的质量、进度、投资控制带来困难。因此，与业主的协调是监理工作的重点和难点。监理工程师应从以下几方面加强与业主的协调。

(1)监理工程师首先要理解建设工程总目标，理解业主的意图。对于未能参加项目决策过程的监理工程师，必须了解项目构思的基础、起因、出发点，否则可能对监理目标及完成任务有不完整的理解，会给他的工作造成很大的困难。

(2)利用工作之便做好监理宣传工作，增进业主对监理工作的理解，特别是对建设工程管理各方职能及监理程序的理解；主动帮助业主处理建设工程中的事务性工作，以自己规范化、标准化、制度化的工作去影响和促进双方工作的协调一致。

（3）尊重业主，让业主一起投入建设工程全过程。尽管有预定的目标，但建设工程实施必须执行业主的指令，使业主满意。对业主提出的某些不适当的要求，只要不属于原则问题，都可先执行，然后利用适当时机、采取适当方式加以说明或解释；对于原则性问题，可采取书面报告等方式说明原委，尽量避免发生误解，以使建设工程顺利实施。

3. 与承包商的协调

监理工程师对质量、进度和投资的控制都是通过承包商的工作来实现的，所以做好与承包商的协调工作是监理工程师组织协调工作的重要内容。

（1）坚持原则，实事求是，严格按规范和制度办事，讲究科学态度。监理工程师在监理工作中应强调各方面利益的一致性和建设工程总目标；监理工程师应鼓励承包商将建设工程实施状况、实施结果和遇到的困难和意见向他汇报。双方了解得越多越深刻，监理工作中的对抗和争执就越少。

（2）协调不仅是方法、技术问题，更多的是语言艺术、感情交流和用权适度的问题。有时尽管协调意见是正确的，但由于方式或表达不妥，反而会激化矛盾。而高超的协调能力则往往能起到事半功倍的效果，令各方面都满意。

（3）重点抓好施工阶段的协调工作。施工阶段协调工作的主要内容如下：

①与承包商项目经理关系的协调

从承包商项目经理及其工地工程师的角度来说，他们最希望监理工程师是公正、通情达理并容易理解别人的；希望从监理工程师处得到明确而不是含糊的指示，并且能够对他们所询问的问题给予及时的答复；希望监理工程师的指示能够在他们工作之前发出。他们可能对本本主义者以及工作方法僵硬的监理工程师很反感。这些心理现象，监理工程师应该非常清楚。一个既懂得坚持原则，又善于理解承包商项目经理的意见，工作方法灵活，随时可能提出或愿意接受变通办法的监理工程师肯定是受欢迎的。

②进度问题的协调

由于影响进度的因素错综复杂，因而进度问题的协调工作也十分复杂。实践证明，有两项协调工作很有效：一是业主和承包商双方共同商定一级网络计划，并由双方主要负责人签字，作为工程施工合同的附件；二是设立提前竣工奖，由监理工程师按一级网络计划节点考核，分期支付阶段工期奖，如果整个工程最终不能保证工期，由业主从工程款中将已付的阶段工期奖扣回并按合同规定予以罚款。

③质量问题的协调

在质量控制方面应实行监理工程师质量签字认可制度。对没有出厂证明、不符合使用要求的原材料、设备和构件，不准使用；对工序交接实行报验签证；对不合格的工程部位不予验收签字，也不予计算工程量，不予支付工程款。在建设工程实施过程中，设计变更或工程内容的增减是经常出现的，有些是合同签订时无法预料或明确规定的。对于这种变更，监理工程师要认真研究，合理计算价格，与有关联方充分协商，达成一致意见，并实行监理工程师签证制度。

④对承包商违约行为的处理

在施工过程中，监理工程师对承包商的某些违约行为进行处理是一件很慎重而又难免的事情。当发现承包商采用一种不适当的方法进行施工，或是用了不符合合同规定的材料时，监理工程师除了立即制止外，可能还要采取相应的处理措施。遇到这种情况，监理工程师应该考虑自己的处理意见是否超越监理权限，根据合同要求，自己应该怎么做等等。在发现质量缺陷并需要采取措施时，监理工程师必须立即通知承包商。监理工程师要有时间期限的观念，否则承包商有权认为监理工程师对已完成的工程内容是满意或认可的。

监理工程师最担心的可能是工程总进度和质量受到影响。有时，监理工程师会发现，承包商的项目经理或某个工地工程师不称职，此时明智的做法是继续观察一段时间，待掌握足够的证据时，总监理工程师可以正式向承包商提出警告；万不得已时，总监理工程师有权要求撤换承包商的项目经理或工地工程师。

⑤合同争议的协调

对于工程中的合同争议，监理工程师应首先采用协商解决的方式，协商不成时才由当事人向合同管理机关申请调解。只有当对方严重违约而使自己的利益受到重大损失且不能得到补偿时才采用仲裁或诉讼手段。如果遇到非常棘手的合同争议问题，不妨暂时搁置，等待时机另谋良策。

⑥对分包单位的管理

主要是对分包单位明确合同管理范围，分层次管理。将总包合同作为一个独立的合同单元进行投资、进度、质量控制和合同管理，不直接和分包合同发生关系。对分包合同中的工程质量、进度进行直接跟踪监控，通过总承包商进行调控、纠偏。分包商在施工中发生的问题，由总承包商负责协调处理，必要时，监理工程师帮助协调。当分包合同条款与总包合同发生抵触，以总包合同条款为准。此外，分包合同不能解除总包商对总包合同所承担的任何责任和义务。分包合同发生的索赔问题，一般由总承包商负责，涉及总包合同中业主义务和责任时，由总承包商通过监理工程师向业主提出索赔，由监理工程师进行协调。

⑦处理好人际关系

在监理过程中，监理工程师处于一种十分特殊的位置。业主希望得到独立、专业的高质量服务，而承包商则希望监理单位能对合同条件有一个公正的解释。因此，监理工程师必须善于处理各种人际关系，既要严格遵守职业道德，礼貌而坚决地拒收任何礼物，以保证行为的公正性，也要利用各种机会增进与各方面人员的友谊与合作，以利于工程的进展。否则，便有可能引起业主或承包商对其可信赖程度的怀疑。

4. 与设计单位的协调

监理单位必须协调与设计单位有关的工作，以加快工程进度，确保质量，降低消耗。

(1)尊重设计单位的意见，在设计单位向承包商介绍工程概况、设计意图、技术要求、施工难点等时，注意标准过高、设计遗漏、图纸差错等问题，并将其解决在施工之前；施工阶段监督施工单位严格按图施工；结构工程验收、专业工程验收、竣工验收等工作，约请设计单位代表参加；若发生质量事故，认真听取设计单位的处理意见等。

(2)施工中发现设计问题，应及时按工作程序向设计单位提出，以免造成大的直接损失；若监理单位掌握比原设计更先进的新技术、新工艺、新材料、新结构、新设备时，可主动与设计单位沟通，使设计单位有修改设计的余地而不影响施工进度，协调各方达成协议。

(3)注意信息传递的及时性和程序性。监理工作联系单、工程变更单等按规定的程序进行传递。

这里要注意的是，在施工监理的条件下，监理单位与设计单位都是受业主委托进行工作的，两者之间并没有合同关系，所以监理单位主要是和设计单位做好交流工作，协调要靠业主的支持。设计单位应就其设计质量对建设单位负责，因此《中华人民共和国建筑法》指出：工程监理人员发现工程设计不符合建筑工程质量标准或者合同约定的质量要求的，应当报告建设单位要求设计单位改正。

5. 与政府部门及其他单位的协调

一个建设工程的开展还存在政府部门及其他单位的影响，如政府部门、金融组织、社会团体、新闻媒介等，它们对建设工程起着一定的控制、监督、支持、帮助作用，这些关系若协调不好，建设工程实施也可能严重受阻。

（1）与政府部门的协调

①工程质量监督站是由政府授权的工程质量监督的实施机构。对委托监理的工程，质量监督站主要是核查勘察设计单位、施工单位和监理单位的资质，监督这些单位的质量行为和工程实体质量。监理单位在进行工程质量控制和质量问题处理时，要做好与工程质量监督站的交流和协调。

②重大质量、安全事故，在承包商采取急救、补救措施的同时，应敦促承包商立即向政府有关部门报告情况，接受检查和处理。

③建设工程合同应送公证机关公证，并报建设行政主管部门备案；协助业主的征地、拆迁、移民等工作要争取政府有关部门支持和协作；现场消防设施的配置，宜请消防部门检查认可；要敦促承包商在施工中注意防止环境污染，坚持做到文明施工。

（2）协调与社会团体的关系

一些大中型建设工程建成后，不仅会给业主带来效益，还会给该地区的经济发展带来好处，同时给当地人民生活带来方便，因此必然会引起社会各界关注。业主和监理单位应把握机会，争取社会各界对建设工程的关心和支持。这是一种争取良好社会环境的协调。

二、建设工程监理组织协调的方法

1. 会议协调法

会议协调法是建设工程监理中最常用的一种协调方法，实践中常用的会议协调法包括第一次工地会议、监理例会、专业性监理会议等。

2. 交谈协调法

在实践中，并不是所有问题都需要开会来解决，有时可采用交谈这一方法。交谈包括面对面的交谈和电话交谈两种形式。无论是内部协调还是外部协调，这种方法的使用频率都是相当高的。

3. 书面协调法

当会议或者交谈不方便或不需要时，或者需要精确地表达自己的意见时，就会用到书面协调的方法。书面协调方法的特点是具有合同效力，一般常用于以下几方面：

①不需要双方直接交流的书面报告、报表、指令和通知等。

②需要以书面形式向各方提供详细信息和情况通报的报告、信函和备忘录等。

③事后对会议记录、交谈内容或口头指令的书面确认。

4. 访问协调法

访问法主要用于外部协调中，有走访和邀访两种形式。走访是指监理工程师在建设工程施工前或施工过程中，对与工程施工有关的各政府部门、公共事业机构、新闻媒介或工程毗邻单位等进行访问，向他们解释工程的情况，了解他们的意见。

邀访是指监理工程师邀请上述各单位（包括业主）代表到施工现场对工程进行指导性巡视，了解现场工作。因为在多数情况下，这些有关方面并不了解工程，不清楚现场的实际情况，如果进行一些不恰当的干预，会对工程产生不利影响，这个时候采用访问法可能是一个相当有效的协调方法。

5. 情况介绍法

情况介绍法通常是与其他协调方法紧密结合在一起的，它可能是在一次会议前，或在一次交谈前，或是一次走访或邀访前向对方进行的情况介绍。形式上主要是口头的，有时也伴有书面的。介绍往往作为其他协调的引导，目的是使别人首先了解情况。因此，监理工程师应重视任何场合下的每一次介绍，要使别人能够理解你介绍的内容、问题和困难，你想得到的协助等。

总之，组织协调是一种管理艺术和技巧，监理工程师尤其是总监理工程师需要掌握领导科学、心理学、行为科学方面的知识和技能，如激励、交际、表扬和批评的艺术、开会的艺术、谈话的艺术、谈判的技巧等等。只有这样，监理工程师才能进行有效的协调。

【本模块·小·结】

本模块主要介绍监理工作实务等应用型知识，介绍了建设监理项目部机构的组成、建设监理工作的基本理论和基本内容；介绍了建设监理目标控制的概念、原理、内容及方法；讲述了建设工程监理管理中合同管理、信息管理、风险管理、安全文明施工管理及建设工程监理组织协调。使学生通过本模块的学习和训练，具备从事监理工作的基本理论和技能。

复习思考题

1. 什么是组织和组织结构？组织活动的基本原理是什么？

2. 建设工程监理实施的程序和原则是什么？

3. 工程质量事中控制应做好哪些方面的工作？

4. 为了保证质量，监理工程师在什么情况下可以指令施工单位停工整改？

5. 工程进度控制应做好哪些方面的工作？

6. 工程投资控制可采取哪些控制措施？

7. 建设工程的投资、进度、质量目标是什么关系？如何理解？

8. 建设工程质量有何特点？影响工程质量的因素有哪些？

9. 索赔的程序有哪些步骤？

10. 什么是建设工程信息管理？信息管理的内容和方法如何？

11. 简述风险识别的特点和方法。

12. 什么是建设工程监理组织协调？协调的内容和方法有哪些？

模块五　建设工程监理文件

本模块教学目标	
1. 了解监理文件的构成、监理资料的管理； 2. 熟悉监理月报内容、监理基本表式的应用； 3. 掌握监理规划、监理实施细则的编制。	
主要学习内容	**主要知识与技能**
1. 建设工程监理文件； 2. 建设工程监理基本表式； 3. 建设工程文件档案资料管理。	1. 建设工程监理文件的编制及应用； 2. 建设工程监理基本表式的内容与应用； 3. 建设工程监理文档资料的内容、日常管理程序与归档管理。
监理员岗位资格考试要求	1. 了解监理文件的构成、第一次工地会议； 2. 了解监理资料的基本内容及日常管理、监理资料的归档管理； 3. 掌握监理规划的作用，编制的依据、内容及审核； 4. 掌握监理例会及专题工作会议、监理实施细则的编制、监理月报内容。

项目一　建设工程监理大纲

建设工程监理工作文件包括建设工程监理大纲、建设工程监理规划和建设工程监理实施细则三部分，项目监理人员必须掌握监理工作文件的内容并能编制。

任务一　监理大纲概述

监理大纲是监理公司为了承揽监理业务而编写的监理方案性文件，也是监理文件的重要组成部分。根据相关的技术标准、规范的规定，结合工程实际，监理大纲主要阐述对该工程监理招标文件的理解，提出工程监理工作的目标，制定相应的监理措施，写明实施的监理程序和方法，明确完成时限，分析监理工作重点、难点等。

中标后的监理大纲是工程建设监理合同的一部分，又是编写项目监理规划的直接依据。因此，如何写好监理大纲，是监理工作前期的一项极为重要的内容。

一、监理大纲的概念

监理大纲又称监理方案，它是监理单位在业主开始委托监理的过程中，特别是在业主进行监理招标过程中，为承揽到监理业务而编写的监理方案性文件。

二、监理大纲的作用

监理单位编制监理大纲有以下作用：

(1)使业主认可监理大纲中的监理方案，从而承揽到监理业务。监理大纲作为监理单位的投标文件，其主要目的就是要业主认可其中的监理方案，从而承揽到监理业务。

(2)为建设项目监理机构今后开展监理工作制定基本方案。

(3)是编制监理规划的依据。监理大纲作为监理的方案性文件，是监理指导性文件——监理规划的编制依据。监理规划是在监理大纲的基础上，结合工程的具体情况编制而成的。

(4)是发包人审核监理规划的依据。中标后的监理大纲是工程建设监理合同的一部分，工程实施过程中的监理工作是否按合同执行，监理大纲是发包人的审核依据。

为使监理大纲的内容和监理实施过程紧密结合，监理大纲的编制人员应当是监理单位经营部门或技术管理部门人员，也应包括拟定的总监理工程师。总监理工程师参与编制监理大纲有利于今后监理工作的制定及监理规划的编制。

任务二　监理大纲的内容

一、监理大纲的编制依据

(1)国家及各级政府部门关于建设监理的有关法律、法规、规章及政策文件。

(2)项目审批文件。

(3)招标单位提供的招标文件。

(4)监理项目的特点和规模。

(5)监理单位自身的条件和经验。监理单位经验主要是指监理单位以往承担过的监理项目，特别是与本工程类似的监理项目。

二、监理大纲的编制要求

(1)监理大纲应在企业主管负责人的主持下，由经营部门或技术管理部门人员负责编制。

(2)监理大纲的内容要全面，能正确响应招标文件的要求。对监理的工程理解要透彻、剖析要深刻、措施要得当。

(3)提出的监理工作方案要合理。编制的监理方案既要满足最大可能的中标，又要建立在合理、可行的基础上。

(4)监理大纲的编制要能体现企业自身的管理水平、技术装备等实际情况。因为监理单位一旦中标，监理大纲将作为监理合同文件的组成部分，对监理单位履行合同具有约束效力。

三、监理大纲的编制内容

监理大纲的内容应当根据业主所发布的监理招标文件的要求而制定。为使业主认可监理单位，充分表达监理工作方案，使监理单位顺利中标，监理大纲一般应包括如下主要内容：

（1）拟派往项目监理机构的监理人员情况介绍。监理人员情况介绍主要是指监理工程师执业资格证书、专业学历证书、职称证书及工作业绩，其中，应该重点介绍拟派往投标工程的项目总监理工程师的情况，这往往决定承揽监理业务的成败。

（2）拟采用的监理方案。监理单位根据业主提供的工程信息，并结合自己为投标所初步掌握的工程资料，制定出拟采用的监理方案。

监理方案的具体内容包括项目监理机构的方案、建设工程三大目标的具体控制方案、工程建设各种合同的管理方案、项目监理机构在监理过程中进行组织协调的方案等，这一部分的内容是监理大纲的核心内容。

（3）拟投入的监理设施。为保证监理工作的顺利实施，监理单位应根据工程实际情况，配备必要的监理设施，如计算机、检测设备等。

（4）将提供给业主的阶段性监理文件。这有助于业主掌握工程建设过程的需要，满足业主的需求，有利于监理单位顺利承揽到该建设工程的监理业务。

项目二 建设工程监理规划

监理规划是用来指导项目监理机构全面开展监理工作的指导性文件。监理单位接受业主委托并签订委托监理合同之后，在项目总监理工程师的主持下，根据委托监理合同，在监理大纲的基础上，结合工程的具体情况，在广泛收集工程信息和资料的情况下制定监理大纲，经监理单位技术负责人批准后执行。从内容范围上讲，监理大纲与监理规划都是围绕着整个项目监理机构所开展的监理工作来编写的，但监理规划的内容要比监理大纲更详实、更全面。

任务一 监理规划概述

一、监理规划的作用

1. 监理规划的基本作用是指导项目监理机构全面开展监理工作

建设工程监理的中心目的是协助业主实现建设工程的总目标。为了确保建设工程总目标的实现，就需要制订详细的计划，建立高效的组织，配备合适的人员，进行有效的领导，并对项目监理机构开展的各项监理工作做出全面、系统的组织和安排，这就是监理规划的基本作用。它包括确定监理工作目标，制定监理工作程序，确保监理工程目标实现的各项措施和确定各项工作的方法和手段。

2. 监理规划是建设监理主管机构对监理单位监督管理的依据

政府建设监理主管机构对建设工程监理单位的监督管理主要通过两个方面来体现。一是一般性的资质管理，即对监理单位的管理水平、人员素质、专业配套和监理单位工作业绩等进行核查和考评，以确认它的资质和资质等级。二是更重要的一点，通过监理单位的实际监理工作来认定它的水平。而监理规划的内容和实施可以充分体现监理单位的实际水平。因此，监理规划是政府建设监理主管机构监督、管理和指导监理单位开展监理活动的重要依据。

3. 监理规划是业主确认监理单位履行合同的主要依据

监理规划的编制依据之一是监理大纲，而监理大纲作为监理单位的方案性文件，是监理合同的一部分，中标后监理单位如何履行监理合同，如何落实业主委托监理单位所承担的各项监理服务工作，都是通过监理规划来实现的。因此，监理规划是业主了解和确认监理单位履行监理合同的主要依据。

4. 监理规划是监理单位内部考核的依据

从监理单位内部管理制度化、规范化、科学化的要求出发，需要对各项目监理机构(包括总监理工程师和专业监理工程师)的工作进行考核，其主要依据就是经过内部主管负责人审批的监理规划。通过考核可以对有关监理人员的监理工作水平和能力做出客观、正确的评价，有利于今后更合理地安排监理人员，提高监理工作效率。

5. 监理规划是重要的存档资料

监理规划作为项目监理机构全面开展监理工作的指导性文件，是施工阶段监理资料的主要内容。监理规划无论作为建设单位竣工验收存档资料，还是作为体现监理单位自己监理工作水平的标志性文件都是极其重要的。按现行国家标准《建设工程监理规范》(GB50319—2000)和《建设工程文件归档整理规范》(GB/T50328—2001)规定，监理规划在监理工作结束后应及时整理归档，建设单位应当长期保存，监理单位、城建档案管理部门也应当归档。

二、监理规划的编制依据

按现行国家标准《建设工程监理规范》的规定，编制监理规划应依据：①建设工程的相关法律、法规及项目审批文件；②与建设工程项目有关的标准、设计文件、技术资料；③监理大纲、委托监理合同文件以及与建设工程项目相关的合同文件。

1. 建设工程的相关法律、法规及项目审批文件

(1)工程建设方面的法律、法规主要是指以下两个层次：

①国家颁布的有关工程建设的法律、法规

这是工程建设相关法律、法规的最高层次，如《中华人民共和国建筑法》、《工程建设监理机构规定》等，不论在任何地区或任何部门进行工程建设，都必须遵守国家颁布的工程建设相关方面的法律、法规、政策。

②工程所在地或所属部门颁布的工程建设相关的法规、规定和政策

一项建设工程必然是在某一地区实施的，也必然是归属于某一部门的，这就要求工程建设必须遵守建设工程所在地颁布的工程建设相关的法规、规定和政策，同时也必须遵守工程所属部门颁布的工程建设相关法规、规定和政策。

(2)政府批准的项目审批文件主要是指以下两个方面：

①政府工程建设主管部门包括国家和地方两个层次，批文指的是批准的可行性研究报告、立项批文等。

②政府规划部门确定的规划条件、土地使用条件、环境保护要求、市政管理规定等。

2. 与建设工程项目有关的标准、设计文件、技术资料

(1)工程建设的各种标准、规范也具有法律地位，也必须遵守和执行。

(2)设计文件、技术资料主要是指地质勘察资料、施工图纸及设计单位指定的标准图集。

3. 监理大纲、委托监理合同文件以及与建设工程项目相关的合同文件

（1）监理大纲中的监理组织计划，拟投入的主要监理人员，投资、进度、质量控制方案，合同管理方案，信息管理方案，定期提交给业主的监理工作阶段性成果等内容都是监理规划编写的依据。

（2）在编写监理规划时，必须依据建设工程监理合同中规定的监理单位和监理工程师的权利和义务，监理工作范围和内容，有关建设工程监理规划方面的要求进行编制。

（3）在编写监理规划时，也要考虑其他建设工程合同中关于业主和承建单位权利和义务的内容。

三、监理规划的编制要求

1. 基本构成内容应当力求统一

监理规划在总体内容组成上应力求做到统一。这是监理工作规范化、制度化、科学化的要求。监理规划基本构成内容的确定，首先应依据建设监理制度对建设工程监理的内容要求。建设工程监理的主要内容是控制建设工程的投资、工期和质量，进行建设工程合同、信息、安全管理，协调有关单位间的工作关系。这些内容是构成监理规划的基本内容。对整个监理工作的组织、控制、方法、措施等将成为监理规划必不可少的内容。至于某个具体建设工程的监理规划，要根据委托监理合同确定的监理实际范围和深度来加以取舍。归纳起来，监理规划基本构成内容应当包括目标规划、监理组织、目标控制、合同管理和信息管理。施工阶段监理规划统一的内容要求应当在建设监理法规文件或监理合同中明确下来。

2. 监理规划具体内容应具有针对性

监理规划是指导某一个特定建设工程监理工作的技术组织文件，它的具体内容应与这个建设工程相适应。每一个监理规划都是针对某一个具体建设工程的监理工作计划，都必然有它自己的投资目标、进度目标、质量目标，有它自己的项目组织形式，有它自己的监理组织机构，有它自己的目标控制措施、方法和手段，有它自己的信息管理制度，有它自己的合同管理措施。只有具有针对性，建设工程监理规划才能真正起到指导具体监理工作的作用。

3. 监理规划应当遵循建设工程的运行规律

监理规划是针对一个具体建设工程编写的，而不同的建设工程具有不同的工程特点、工程条件和运行方式。这也决定了建设工程监理规划必然与工程运行客观规律具有一致性，必须把握、遵循建设工程运行的规律。此外，监理规划要随着建设工程的展开进行不断的补充、修改和完善，其目的是使建设工程能够在监理规划的有效控制之下。监理规划要把握建设工程运行的客观规律，就需要不断地收集大量的编写信息，不可能一气呵成地完成监理规划。

4. 监理规划应当在项目总监理工程师主持、专业监理工程师参与下编写制定

监理规划编写的主持人是项目总监理工程师，这是建设工程监理实施项目总监理工程师责任制的必然要求。为了充分调动整个项目监理机构中专业监理工程师的积极性，在编写监理规划前应广泛征求各专业监理工程师的意见和建议，并吸收其中水平比较高的专业监理工程师共同参与编写；充分听取业主的意见，最大限度地满足他们的合理要求；还应当按照本单位的要求进行编写。

5. 监理规划一般要分阶段编写

如前所述,监理规划的内容与工程进展密切相关,没有规划信息也就没有规划内容。因此,监理规划的编写需要有一个过程,需要将编写的整个过程划分为若干个阶段。监理规划编写阶段可按工程实施的各阶段来划分,前一阶段工程实施所输出的工程信息就成为后一阶段监理规划信息。设计的前期阶段,应完成规划的总框架,并将设计阶段的监理工作进行"近细远粗"的规划;设计阶段结束,施工招标阶段监理规划的大部分内容能够落实;工程施工合同逐步签订,施工阶段监理规划所需的工程信息基本齐备,足以编制完整的施工阶段监理规划;施工阶段,有关监理规划的主要工作是根据工程进展情况进行调整、修改,使监理规划能够动态地控制整个建设工程的正常进行。监理规划的编写过程中需要进行审查和修改,因此,监理规划的编写还要留出必要的审查和修改的时间,为此,应当为监理规划的编写时间事先做出明确的规定。

6. 监理规划的表达方式应当格式化、标准化

现代科学管理应当讲究效率、效能和效益,其表现之一就是使控制活动的表达方式格式化、标准化,从而使控制的规划显得更明确、更简洁、更直观。因此,需要选择最有效的方式和方法来表示监理规划的各项内容。比较而言,图、表和简单的文字说明应当是采用的基本方法。规范化、标准化是科学管理的标志之一,是科学管理与粗放型管理在具体工作上的明显区别。编写建设工程监理规划各项内容时应当采用什么表格、图示以及哪些内容需要采用简单的文字说明应当做出统一规定。

7. 监理规划应该经过审核

监理规划在编写完成后需要进行审核并经批准。监理单位的技术主管部门是内部审核单位,其负责人应当签认。监理规划是否要经过业主的认可,由委托监理合同或双方协商确定。

从上述编写要求来看,监理规划的编写既需要由主要负责者(项目总监理工程师)主持,又需要形成编写班子。同时,项目监理机构的各部门负责人也有相关的任务和责任。

四、监理规划的编制程序

(1)监理规划应在签订委托监理合同及收到设计文件后开始编制。监理规划应针对项目的实际情况进行编制,所以应在收到工程项目的设计文件之后开始编制。如果能在收到施工图设计文件后开始编制监理规划,则更能掌握项目的实际情况。

(2)监理规划完成后必须经监理单位技术负责人审核批准。监理规划是否要经过建设单位的认可,由委托监理合同或双方协商来确定。

(3)监理规划应在召开第一次工地会议前报送建设单位。因为在第一次工地会议上,总监理工程师要介绍监理规划的主要内容。

(4)监理规划应由总监理工程师主持、专业监理工程师参加编制。总监理工程师与专业监理工程师共同分析项目特点,提出项目监理措施和方法,确定项目监理工作的程序和制度等。

任务二　监理规划的内容与审核

监理规划的编制应针对项目的实际情况，明确项目监理机构的工作目标，确定具体的监理工作制度、程序、方法和措施，并应具有可操作性。

一、监理规划的内容

按现行国家标准《建设工程监理规范》的规定，监理规划主要包括以下方面的内容。

（一）建设工程概况

主要编写以下内容：

（1）本工程环境，包括工程名称、建设地址、工程占地面积、周边道路及四邻单位、场区拆迁情况、"三通一平"情况、场区仓储及材料存放场地情况等。

（2）本工程概况，包括工程项目组成及建筑规模，主要建设结构类型等。若项目包含若干单体可列表加以说明。

（3）预计工程投资总额，可以按建设工程投资总额和建设工程投资组成简表两种方式编制。

（4）预计项目工期，可以以建设工程的计划持续时间或以建设工程开、竣工的具体日历时间表示。

（5）工程质量要求，应具体提出建设工程的质量目标要求，如国优、省优、部优、合格或其他，有时还可对整个建设项目中某些特殊分部或分项工程提出具体质量要求。

（6）建设工程设计单位及施工单位名称，一般只写主体工程设计单位及施工总承包单位的名称。

（7）建设工程项目结构图与编码系统，为便于工程项目管理规范化、现代化，借助计算机辅助管理，大中型建设项目有时绘制项目结构图，进行编码。

（8）本工程分部、分项工程划分时，要根据各工程实际情况有针对性地进行划分。

（二）监理工作范围

监理工作范围是指监理单位所承担的监理任务的工程范围。应当按照委托监理合同的约定，明确是全部工程项目，还是部分工程项目，是否包括招投标及保修阶段等。

（三）监理工作内容

监理工作内容主要依据业主和监理单位签订的委托监理合同确定，按照建设工程监理的实际情况，监理工作内容可以视具体情况编制，可按建设阶段编制或按控制、管理目标编制。按建设阶段编制的监理工作主要内容如下：

1. 立项阶段监理工作的主要内容

工程项目立项阶段，视业主委托监理单位具体工作的范围与深度不同，具体的监理工作内容也有所不同，主要包括：

（1）协助业主准备工程报建手续。主要是协助业主办理投资许可、土地许可、规划许可等手续。

（2）协助业主编制或审核项目建议书。

（3）协助业主编制或审核可行性研究报告。

（4）编制建设工程投资估算。

2. 设计阶段监理工作的主要内容

（1）结合建设工程特点，收集设计所需的技术经济资料。

（2）编写设计要求文件。

（3）组织建设工程设计方案竞赛或设计招标，协助业主选择好勘察设计单位，协助业主拟定和商谈勘察设计委托合同内容。

（4）向设计单位提供设计所需的基础资料，配合设计单位开展技术经济分析，搞好设计方案的比选，优化设计。

（5）配合设计进度，组织设计单位与有关部门，如消防、环保、土地、人防、防汛、园林以及供水、供电、供气、供热、电信等部门的协调工作。

（6）组织各设计单位之间的协调工作。

（7）参与主要设备、材料的选型。

（8）审核工程估算、概算、施工图预算。

（9）审核主要设备、材料清单。

（10）审核工程设计图纸，检查设计文件是否符合设计规范及标准，检查施工图纸是否满足施工需要。

（11）检查和控制设计进度。

（12）组织设计文件的报批。

3. 施工招标阶段监理工作的主要内容

（1）协助业主拟定建设工程施工招标方案。

（2）协助业主完成招标的准备工作，具备招标条件后，按要求发布招标信息。

（3）协助业主对投标单位进行考察，办理施工招标申请手续。

（4）协助业主编写施工招标文件。

（5）标底经业主认可后，报送工程所在地建设主管部门审核。

（6）协助业主组织建设工程施工招标工作，组织并参与开标、评标及定标工作。

（7）组织现场勘察与答疑会，回答投标人提出的问题。

（8）协助业主组织开标、评标及定标工作。

（9）协助业主与中标单位商签施工合同。

4. 材料、设备采购供应的监理工作主要内容

建设工程项目需要大量的设备、材料，有时由业主直接负责采购，有时委托承包商采购。对于由业主负责采购供应的材料、设备等物资，监理工程师应负责制订计划，监督合同的执行和供应工作。具体内容包括：

（1）制订材料、设备供应计划和相应的资金需求计划。

（2）通过质量、价格、供货期、售后服务等条件的分析和比选，确定材料、设备等物资的供应单位。重要设备尚应访问现有使用用户，并考察生产单位的质量保证体系。

（3）拟定并商签材料、设备的订货合同。

（4）监督合同的实施，确保材料、设备的及时供应。

5. 施工准备阶段监理工作的主要内容

(1)审查施工单位选择的分包单位的资质。如该项目有分包单位,项目监理机构应审查分包单位的资质。

(2)监督检查施工单位质量保证体系及安全技术措施,完善质量管理程序与制度。

(3)参加设计单位向施工单位的技术交底。

(4)审查施工单位上报的实施性施工组织设计,重点对施工方案、劳动力、材料、机械设备的组织及保证工程质量、安全、工期和控制造价等方面的措施进行监督,并向业主提出监理意见。

(5)在单位工程开工前检查施工单位的复测资料,特别是两个相邻施工单位之间的测量资料、控制桩是否交接清楚,手续是否完善,质量有无问题,并对贯通测量、中线及水准桩的设置、固桩情况进行审查。

(6)对重点工程部位的中线、水平控制进行复查。

(7)监督落实各项施工条件,审批一般单项工程、单位工程的开工报告,并报业主备查。

6. 施工阶段监理工作的主要内容

(1)施工阶段的质量控制:①对所有的隐蔽工程在进行隐蔽以前进行检查和办理签证,对重点工程要派监理人员驻点跟踪监理,签署重要的分项工程、分部工程和单位工程质量评定表;②对施工测量、放样等进行检查,对发现的质量问题应及时通知施工单位纠正,并做好监理记录;③检查确认运到现场的工程材料、构件和设备质量,并应查验试验、化验报告单、出厂合格证是否齐全、合格,监理工程师有权禁止不符合质量要求的材料、设备进入工地和投入使用;④监督施工单位严格按照施工规范、设计图纸要求进行施工,严格执行施工合同;⑤对工程主要部位、主要环节及技术复杂工程加强检查;⑥检查施工单位的工程自检工作,检查数据是否齐全,填写是否正确,并对施工单位质量评定自检工作做出综合评价;⑦对施工单位的检验测试仪器、设备、度量衡定期检验,不定期地进行抽验,保证度量资料的准确;⑧监督施工单位对各类土木和混凝土试件按规定进行检查和抽查;⑨监督施工单位认真处理施工中发生的一般质量事故,并认真做好监理记录;⑩对大、重大质量事故以及其他紧急情况,应及时报告业主。

(2)施工阶段的进度控制:①监督施工单位严格按施工合同规定的工期组织施工;②对控制工期的重点工程,审查施工单位提出的保证进度的具体措施,如发生延误,应及时分析原因、采取对策;③建立工程进度台账,核对工程形象进度,按月、季向业主报告施工计划执行情况、工程进度及存在的问题和建议。

(3)施工阶段的投资控制:①审查施工单位申报的月、季度计量报表,认真核对其工程数量,不超计、不漏计,严格按合同规定进行计量支付签证;②保证支付签证的各项工程质量合格、数量准确;③建立计量支付签证台账,定期与施工单位核对清算;④按业主授权和施工合同的规定审核变更设计。

(4)施工阶段的安全监理:①发现存在安全事故隐患的,要求施工单位整改或停工处理;②施工单位不整改或不停止施工的,及时向有关部门报告。

7. 施工验收阶段监理工作的主要内容

(1)督促、检查施工单位及时整理竣工文件和验收资料,受理单位工程竣工验收报告,提出监理意见。

（2）根据施工单位的竣工报告，提出工程质量检验报告。

（3）组织工程预验收，参加业主组织的竣工验收。

8. 合同管理工作的主要内容

（1）拟定本建设工程合同体系及合同管理制度，包括合同草案的拟定、会签、协商、修改、审批、签署、保管等工作制度及流程。

（2）协助业主拟定工程的各类合同条款，并参与各类合同的商谈。

（3）合同执行情况的分析和跟踪管理。

（4）协助业主处理与工程有关的索赔事宜及合同争议事宜。

9. 委托的其他服务

监理单位及其监理工程师受业主委托，还可承担以下几方面的服务：

（1）协助业主准备工程实施条件，办理供水、供电、供气、电信线路等申请或签订协议。

（2）协助业主制定产品营销方案。

（3）为业主培训技术人员。

按控制、管理目标编制的监理规划主要内容是指工程投资控制、工程进度控制、工程质量控制、合同管理、安全生产管理、信息管理及其他服务内容。

（四）监理工作目标

建设工程监理目标是指监理单位所承担的建设工程的监理控制预期达到的目标。通常以建设工程的投资、进度、质量三大目标的控制值来表示。

（1）投资控制目标：以××年预算为基价，静态投资为××万元（或合同价为××万元）。

（2）工期控制目标：按施工承包合同规定，建设工程项目总工期为××个月，或自××年××月××日至××年××月××日。有时根据工程需要，可能会对工程项目所包含的某些单位工程、分部分项工程提出具体的工期要求。

（3）质量控制目标：按施工承包合同规定的质量目标进行控制。

（五）监理工作依据

（1）工程建设方面的法律、法规。

（2）与建设工程相关的标准、规范。

（3）政府批准的工程建设文件。

（4）建设工程委托监理合同和其他建设工程合同。

（5）设计文件。

（6）监理大纲。

（7）建设单位提出的变更要求。

（六）项目监理机构的组织形式

施工阶段必须在施工现场设立项目监理机构，其组织形式应根据建设工程监理要求选择。项目监理机构可用组织结构图表示。

（七）项目监理机构的人员配备计划

项目监理机构人员包括总监理工程师、专业监理工程师和监理员，必要时可配备总监理工程师代表。一个项目监理机构应设置一名总监理工程师，其他人员配备应根据建设工程监理的进程合理安排。

表 5-1　项目监理机构的人员配备计划

序号	姓名	岗位	职称	专业	进场时间	出场时间	证书类型	证书编号
1								
2								
3								
…								

(八)项目监理机构的人员岗位职责

(九)监理工作程序

监理工作程序比较简单明了的表达方式是监理工作流程图。一般可对不同的监理工作内容分别制定监理工作程序,例如:单位工程质量控制监理基本程序,工程暂停及复工管理基本程序,工程变更、洽商监理基本程序。

(十)监理工作方法及措施

建设工程监理的工作方法与措施应重点围绕投资目标控制、进度目标控制、质量目标控制展开。

监理工作方法包括:审核有关文件、报告和报表,现场监督检查,下达监理指令、通知,规定监理控制程序等。

监理工作措施包括:组织措施、经济措施、技术措施、合同措施,不同阶段、不同内容的监理工作措施可以不同。

1.投资目标控制的方法和措施

(1)投资目标分解

①按建设工程的投资费用组成分解;②按年度、季度分解;③按建设工程实施阶段分解;④按建设工程组成分解。

(2)投资使用计划(可列表编制)

(3)投资目标实现的风险分析

(4)投资控制的工作流程(以工作流程图的形式体现,并附文字说明)

(5)投资控制的具体措施

①组织措施:建立健全项目监理机构,完善职能分工及有关制度,落实投资控制责任。

②技术措施:在设计阶段,推行限额设计和优化设计;在招标投标阶段,合理确定标底及合同价;对材料、设备采购,通过质量价格比选,合理确定生产供应单位;在施工阶段,通过审核施工组织设计和施工方案,使组织施工合理化。

③经济措施:及时进行计划费用与实际费用的分析比较。若对原设计或施工方案提出合理化建议并被采用,由此产生的投资节约按合同规定予以奖励。

④合同措施:按合同条款支付工程款,防止过早、过量的支付;减少施工单位的索赔,正确处理索赔事宜等。

(6)投资控制的动态比较

①投资目标分解值与概算值的比较。

②概算值与施工图预算值的比较。

③合同价与实际投资的比较。

(7)投资控制表格

2.进度目标控制方法和措施

(1)工程总进度计划

(2)总进度目标分解

①年度、季度进度目标。

②各阶段的进度目标。

③各子项目进度目标。

(3)进度目标实现的风险分析

(4)进度控制的工作流程(以工作流程图的形式体现,并附文字说明)

(5)进度控制的具体措施

①组织措施:落实进度控制责任,建立进度控制协调制度。

②技术措施:建立多级网络计划体系,监控承建单位的作业实施计划。

③经济措施:对工期提前者实行奖励,对应急工程实行较高的计件单价,确保资金的及时供应等。

④合同措施:按合同要求及时协调各方的进度,以确保建设工程的形象进度。

(6)进度控制的动态比较

①进度目标分解值与进度实际值的比较。

②进度目标值的预测分析。

(7)进度控制表格

3.质量目标控制方法与措施

(1)质量控制目标的描述

质量控制目标包括:设计质量控制目标、材料质量控制目标、设备质量控制目标、土建施工质量控制目标、设备安装质量控制目标、其他说明。

(2)质量目标实现的风险分析

(3)质量控制的工作流程

(4)质量控制的具体措施

①组织措施:建立健全项目监理机构,完善职责分工,制定有关质量监督制度,落实质量控制责任。

②技术措施:协助完善质量保证体系,严格事前、事中和事后的质量检查监督。

③经济措施及合同措施:严格质检和验收,不符合合同规定质量要求的拒付工程款;达到业主特定质量目标要求的,按合同支付质量补偿金或奖金。

(5)质量目标状况的动态分析

(6)质量控制表格

4.合同管理的方法与措施

(1)合同结构可以以合同结构图的形式表示

(2)合同目录一览表(见表5-2)

表 5 - 2　合同目录一览表

序　号	合同编号	合同名称	承 包 商	合 同 价	合同工期	质量要求	备　注
1							
2							
3							
…							

（3）合同管理的工作流程与措施

①合同管理的工作流程可用工作流程图表示。

②合同管理的具体措施。

（4）合同执行状况的动态分析

（5）合同争议调解与索赔处理程序

（6）合同管理表格

5.信息管理的方法与措施

（1）信息分类表（见表 5 - 3）

表 5 - 3　信息分类表

序　号	信息类别	信息名称	信息管理要求	责任人	备　注
1					
2					
3					
…					

（2）机构内部信息流程图

（3）信息管理的工作流程与措施

①信息管理工作流程可用工作流程图表示。

②信息管理的具体措施。

（4）信息管理表格

6.组织协调的方法与措施

（1）与建设工程有关的单位

①建设工程系统内的单位：主要有业主、设计单位、施工单位、材料和设备供应单位、资金提供单位等。

②建设工程系统外的单位：主要有政府建设行政主管机构、政府其他有关部门、工程毗邻单位、社会团体等。

（2）协调分析

①建设工程系统内的单位协调重点分析。

②建设工程系统外的单位协调重点分析。

（3）协调工作程序

包括投资控制协调程序、进度控制协调程序、质量控制协调程序、其他方面工作协调程序。

（4）协调工作表格

7.安全监理的方法与措施

（1）安全监理职责描述

（2）安全监理责任的风险分析

（3）安全监理的工作流程和措施

（4）安全监理状况的动态分析

（5）安全监理工作所用图表

（十一）监理工作制度

1.施工招标阶段监理工作制度

（1）招标准备工作有关制度。

（2）编制招标文件有关制度。

（3）标底编制及审核制度。

（4）合同条件拟定及审核制度。

（5）组织招标实务有关制度等。

2.施工阶段监理工作制度

（1）设计文件、图纸审查制度。

（2）施工图纸会审及设计交底制度。

（3）施工组织设计审核制度。

（4）工程开工申请审批制度。

（5）工程材料、半成品质量检验制度。

（6）隐蔽工程、分项（部）工程质量验收制度。

（7）单位工程、单项工程总监验收制度。

（8）设计变更处理制度。

（9）工程质量事故处理制度。

（10）施工进度监督及报告制度。

（11）监理报告制度。

（12）工程竣工验收制度。

（13）监理日志和会议制度。

3.项目监理机构内部工作制度

（1）监理组织工作会议制度。

（2）对外行文审批制度。

（3）监理工作日志制度。

（4）监理周报、月报制度。

（5）技术、经济材料及档案管理制度。

（6）监理费用预算制度。

(十二)监理设施

项目监理机构主要设施有办公设施、交通设施、通信设施、生活设施。

建设单位应提供委托监理合同约定的满足监理工作需要的办公、交通、通信、生活设施。项目监理机构应妥善保管和使用建设单位提供的设施,并应在完成监理工作后移交建设单位。

项目监理机构应根据工程项目类别、规模、技术复杂程度、工程项目所在地的环境条件,按委托监理合同的约定,配备满足监理工作需要的常规检测设备和工具。

在大中型项目的监理工作中,项目监理机构应实施监理工作的计算机辅助管理。

二、监理规划的审核

监理单位的技术主管部门是内部审核单位,其负责人应当签认。监理规划审核主要包括以下几方面的内容。

(一)监理范围、工作内容及监理目标的审核

依据监理招标文件和委托监理合同,看其是否理解了业主对该工程的建设意图,监理范围、监理工作内容是否包括了全部委托的工作任务,监理目标是否与合同要求和建设意图相一致。

(二)项目监理机构结构的审核

1. 组织机构

审核监理规划在组织形式、管理模式等方面是否合理,是否结合了工程实施的具体特点,是否能够与业主的组织关系和承包方的组织关系相协调等。

2. 人员配备

人员的配备主要从以下几个方面考虑:

(1)派驻监理人员的专业满足程度:应根据工程项目的特点和委托监理任务的工作范围进行审查,不仅考虑专业监理工程师,如土建监理工程师、安装监理工程师等能否满足开展监理工作的需要,而且还要看其专业监理人员是否覆盖了工程实施过程中的各种专业要求以及高、中、初级职称和年龄结构的组成。

(2)人员数量的满足程度:主要审核从事监理工作人员在数量和结构上的合理性。目前还没有统一的标准,有些地区根据当地实际情况制定了地方标准,主要根据委托监理合同的人员配备情况来审核,以满足工程的需要。

(3)专业人员不足时采取的措施是否恰当:大中型建设工程由于技术复杂、涉及专业面广,当监理单位本身技术人员不足以满足全部监理工作任务时,就需要对外聘请专业监理工程师,对拟临时聘用的监理人员的综合素质应制定严格的审查制度,认真审查其素质及专业知识是否满足工程建设的需要。

(4)派驻现场人员计划表:大中型建设工程中,应对各阶段所派驻现场监理人员的专业、数量计划是否与建设工程的进度计划相适应进行审核;还应平衡正在其他工程上执行监理业务的人员,是否能按预定计划进入本工程参加监理工作。

(三)工作计划审核

在工程进展中各个阶段的工作实施计划是否合理、可行,审查其在每个阶段中如何控制建设工程目标以及组织协调的方法。

(四)投资、进度、质量控制方法和措施的审核

对三大目标的控制方法和措施应重点审查,看其如何应用组织、技术、经济、合同措施保证目标的实现,方法是否科学、合理、有效。

(五)监理工作制度审核

主要审查监理的内、外工作制度是否健全、合理、有效。

三、监理规划的调整

在监理工作实施过程中,工程项目的实施可能会发生较大的变化,如设计方案重大修改,承包方式发生变化,建设单位的出资方式发生变化,工期和质量要求发生重大变化,或者当原监理规划所确定的方法、措施、程序和制度不能有效地发挥控制作用时,总监理工程师应及时召集专业监理工程师进行修订,按原程序报建设单位。

任务三　施工监理规划实例

监理规划应在签订委托监理合同,收到施工合同、施工组织设计(技术方案)、设计图纸文件后一个月内,由总监理工程师组织完成该工程项目的监理规划编制工作,经监理公司技术负责人审核批准后,在监理交底会前报送建设单位。

监理规划的内容应有针对性,做到控制目标明确、措施有效、工作程序合理、工作制度健全、职责分工清楚,对监理实践有指导作用。监理规划应有时效性,在项目实施过程中,应根据情况的变化做必要的调整、修改,经原审批程序批准后,再次报送建设单位。

为规范监理规划的书写,具体书写监理规划时要注意以下几点:

(1)内容应符合《建设工程监理规范》"4.1 监理规划"中4.1.3 条的 12 款要求。

(2)监理工作目标应包括工期控制目标、工程质量控制目标、工程造价控制目标。

(3)工程进度控制,包括工期控制目标的分解、进度控制程序、进度控制要点和控制进度的风险措施等;工程质量控制,包括质量控制目标的分解、质量控制程序、质量控制要点和控制质量风险的措施等;工程造价控制,包括造价控制目标的分解、造价控制程序、控制造价风险措施等;工程合同其他事项的管理,包括工程变更管理、索赔管理要点、程序以及合同争议的协调方法等。

(4)项目监理部的组织机构:主要写明组织形式、人员构成、监理人员的职责分工、人员进场计划安排。

(5)项目监理部监理工作制度,包括信息和资料管理制度、监理会议制度、监理工作报告制度、其他监理工作制度。

注:施工监理规划实例详见本教材多媒体教学电子课件。

项目三　建设工程监理实施细则

任务一　监理实施细则的内容

一、监理实施细则的概念

监理实施细则又简称监理细则，是在监理规划的基础上，由项目监理机构的专业监理工程师针对建设工程中某一专业或某一方面的监理工作编写，并经总监理工程师批准实施的操作性文件。监理实施细则的作用是指导本专业或本子项目具体监理业务的开展。

对中型及以上或专业性较强的工程项目，开展监理工作之前，项目监理机构应分专业编制监理工作实施细则，以达到规范监理工作行为的目的。对项目规模较小、技术不复杂且管理有成熟经验和措施，并且监理规划可以起到监理实施细则的作用时，监理实施细则可不必另行编写。

二、监理实施细则的编制程序与依据

（一）编制程序

监理实施细则应在相应工程施工开始前编制完成，并必须经总监理工程师批准。

监理实施细则应由专业监理工程师编制。监理实施细则是针对某一专业或某一方面的监理工作而编写的，所以对专业的要求比较严格，故应由专业监理工程师来编制。如土建监理实施细则应由土建监理工程师负责编写，安装监理实施细则应由安装监理工程师负责编写，安全监理实施细则应由安全监理工程师负责编写。

（二）编制依据

（1）已批准的监理规划。对于技术复杂、专业性强的工程项目应编制监理实施细则，监理实施细则应符合监理规划的要求。

（2）与专业工程相关的标准、设计文件和技术资料。

（3）施工组织设计。

三、监理实施细则的主要内容及注意事项

（一）主要内容

1. 专业工程的特点

专业工程特点是指所编制的分部、子分部或分项工程的特点。应概括说明工程的主要特征，有何技术及施工难点、重点等。

2. 监理工作的流程

监理工作流程即监理工作的先后次序。监理工作流程应体现专业工程的特点，区别于监理规划中的监理工作总流程，流程应具体清晰地表示监理工作的名称及主要工作内容。流程要体现监理工作的事前、事中、事后控制，逻辑合理，执行方便通畅。监理工作流程中遇到

判定性的程序宜统一使用"合格"、"同意"等中文用语。

3. 监理工作的控制要点及目标值

我们常说要对工程实施全面控制,实际上监理的全面控制是建立在有效控制工程"要点"上。只有明确控制要点及目标值,指出控制、预防的方法和措施,才能做到全面控制。"要点"的确定,与监理人员对工程的理解、把握程度以及监理人员、监理企业的水平有关。因此,在编制监理细则前要明白单位工程、分部分项工程质量目标,才能按与之相适应的要求进行"要点"控制。

(1)对工程实施的成败起着决定性作用的是"人、机械、材料、方法、环境"五大因素。所以要对工程的难点、重点以及容易出现质量通病的地方加强控制,如承包单位质量管理、保证体系是否健全,主要原材料、设备质量的进场检验和抽检,承包单位的施工组织设计和方案的审批,隐蔽工程的验收,关键工序、关键部位进行旁站等都是控制要点。

(2)控制要点的设置与否宜根据承包单位的工艺水平、施工条件、施工机械的性能和质量保证的可靠性等因素确定,应体现过程控制以及主动控制与预先控制的原则,且宜按监理工作流程的先后顺序逐一设置控制要点。

(3)目标值应在符合合同条款、规范标准的前提下能量化的尽量量化,不能量化的目标值尽量定性,且宜统一使用表格形式表达。

(4)细则编制还要注意根据合同及施工组织设计或方案确定其分部、分项工程甚至检验批的质量目标来编写监理控制要点和目标值,之前也要督促施工单位编制创优方案,并在施工组织设计和专项施工方案中明确目标,这一点非常重要。

4. 监理工作的方法及措施

监理工作的方法及措施应结合监理工作控制要点有针对性地阐述,对重要关键的控制点要重点阐述。

(1)监理工作的方法,主要是明确控制要点怎样控制,即由谁(总监理工程师、专业监理工程师或监理员)、在何时、何地、采用什么手段予以控制以及明确应有的控制记录。监理工作常用的控制手段有见证取样送检、抽查(含实测)、旁站、巡视等,在控制手段中应注明目测法、量测法、试验法等质量检验的具体应用。

①见证取样送检应包括工程材料、设备、构配件和施工安全设备、设施的送检。工程材料质量检查应列明所需检查的材料名称、技术要求、检查内容、质量控制方法及报送的资料,专业监理工程师审批承包单位提交的有关材料、半成品和构配件质量证明文件(出厂合格证、材料进场报验单、质量检验或试验报告等)。对材料的进场见证抽样送检,应列明材料送检的内容和抽样比例,哪些材料不用送检。对一些建筑节能材料更是要列出其具体的设计要求参数等。

②监理工程师用一定的检查或检测手段在承包单位自检的基础上,按照一定的比例独立进行检查或检测的活动应包括对人和物的抽查。编制抽查监督时,应重点描述影响下道工序施工质量的抽查部位,检测手段和检测比例;对"人"的抽查,主要是抽查管理人员和特种作业人员的到位到岗,是否符合投标及施工合同文件要求等;对一些特种设备如塔吊还要检查其是否经过现场检测并取得相关"准用证书"等。

③监理人员在关键部位或关键工序的施工过程中在现场进行的旁站监理活动应编制旁站监理方案或细则。在旁站或细则中要描述哪些工序需要旁站监理、旁站监理的内容、旁站监

理的方法以及旁站监理过程中可能出现问题的纠正或预防措施。对一些高危如特种设备作业，如塔吊等安拆，应视要求列入旁站计划。

④监理人员对正在施工的部位或工序现场进行的定期或不定期的巡视内容应具有针对性。编制平时巡视监督制度时，应重点突出巡视的内容。它是指导现场监理人员经常性巡视什么问题，让承包单位知道监理巡视的内容，是为了要他们为监理人员的巡视提供方便。编制巡视监督时应注意，巡视是一种"面"上的活动，它不局限于某一部位或工程，而旁站则是"点"的活动，它是针对某一工序和部位。

⑤项目监理机构应定期召开监理例会，根据工程需要不定期召开专题会议和协调会议，与工程建设单位和参建单位讨论、协商解决施工中存在的各种问题；对于复杂的技术问题，总监理工程师可组织召开专家会议，研究讨论解决。

⑥中间及隐蔽工程完工后应及时组织验收。监理人员在监理工作中应严格执行监理程序。未经总监理工程师批准开工申请的项目不能开工，没有总监理工程师的付款证书，不得支付承包单位工程款；监理工程师应充分利用指令性文件，对任何事项均需发出书面指示，并督促承包单位严格遵守与执行监理工程师的书面指示。监理单位应该采用计算机辅助管理，在工程质量控制上将所收集的数据和文件资料输入电脑进行统计，分析制定措施。

（2）监理工作措施是指从组织措施、技术措施、经济措施、合同措施等方面进行控制实施，重点是组织措施和技术措施。

①组织措施。从目标控制的组织管理方面采取措施，如编制监理细则，明确目标控制的监理组织机构和人员，明确各级目标控制人员的任务和职能分工、权利和职责；督促承包单位按投标承诺投入劳动力、机械、设备材料，对工程信息进行收集、整理，发现与预测目标产生偏差及时采取行动进行纠正。

②技术措施。编制施工方案或施工过程中遇到技术问题时，针对承包单位提出的多个不同技术方案，监理工程师应对不同的技术方案进行技术经济分析，在经济合理、技术可行的前提下选取最优方案。

③经济措施和合同措施。因现时的监理委托不充分等情况，许多监理人员并没有经济和合同权力，不能采取经济措施和合同措施进行有效控制，但在细则编制时，还是应根据监理合同情况进行完善。

监理实施细则可按工程进展情况编写，尤其是当施工图未出齐就开工的情况。但是当某分部工程或单位工程或按专业划分构成一个整体的局部工程开工前，该部分的监理实施细则应编制完成，并在开工前经过总监理工程师审批后执行。

（二）注意事项

（1）对于技术复杂、专业性强的工程项目应编制监理实施细则，比较简单的工程项目可不用编制。

（2）监理实施细则应符合监理规划的要求。

（3）监理实施细则应结合专业特点，做到详细、具体、具有可操作性。

（4）监理实施细则应体现项目监理机构对该工程项目在各专业技术、管理和目标控制方面的具体要求。

（5）当发生工程变更、计划变更或原监理实施细则所确定的方法、措施、流程不能有效地发挥管理和控制作用等情况时，总监理工程师应及时根据实际情况安排专业监理工程师对监理实施细则进行补充、修改和完善。

四、监理大纲、监理规划、监理实施细则三者之间的关系

(一)三者之间的联系

监理大纲、监理规划、监理实施细则是相互关联的，都是建设工程监理工作文件的组成部分，它们之间存在着明显的依据性关系：在编写监理规划时，一定要严格按照监理大纲的有关内容来编写；在制定监理实施细则时，一定要在监理规划的指导下进行。

(二)三者之间的区别

1.编制时间不同

监理大纲是监理单位在业主开始委托监理的过程中，特别是在业主进行监理招标过程中形成的；监理规划是监理单位接受业主委托并签订委托监理合同之后编制的；监理实施细则是在监理规划编制完成后，在监理规划的基础上编制的。

2.作用与内容不同

监理大纲是为承揽到监理业务而编写的监理方案性文件；监理规划是用来指导项目监理机构全面开展监理工作的指导性文件，对各专业均适用；监理实施细则主要针对专业工程或分部工程，是在监理规划的指导下，根据专业工程的特点，对监理工作程序、方法等的进一步细化，重点侧重于质量控制方面。所以，凡是对所有专业都适用的内容均纳入监理规划，具有专业特点的纳入监理实施细则。

3.编制依据不同

监理大纲的编制依据主要是业主单位提供的监理招标文件；监理规划的编制依据主要是监理大纲和设计资料；监理细则的编制依据主要是监理规划、施工图纸和施工单位报送的施工组织设计。

4.编制人员不同

监理大纲的编制人是监理单位经营部门或技术管理部门人员及拟定的总监理工程师；监理规划是在项目总监理工程师的主持下，专业监理工程师参与编写，经监理单位技术负责人批准后执行；监理实施细则由项目监理机构的专业监理工程师编写，经总监理工程师批准后实施。

一般来说，监理单位开展监理活动应当编制以上工作文件，但这也不是一成不变的。对于简单的监理活动只编写监理实施细则就可以了，而有些建设工程也可以制定较详细的监理规划，而不再编写监理实施细则。

任务二　监理实施细则实例

监理实施细则一般包括专业工程的特点、监理工作的流程、监理工作的控制要点及目标值、监理工作的方法及措施四项基本内容，是否需要编写其他内容，需根据工程实际情况及业主要求而定。

项目实施过程中，需要编制何专业、何分部工程的监理实施细则，也需要根据工程复杂程度及业主要求而定。以下是一工程施工阶段的安全监理实施细则的简化版，供大家参考

学习。

注：详细内容见本教材多媒体教学电子傣件。

项目四　建设工程监理其他文件

建设工程监理实施过程中，随着监理工作的不断开展、深入，记录监理工作信息的文件除了监理大纲、监理规划、监理实施细则等规划性文件外，还有许多其他文件，如施工旁站监理记录、会议纪要、监理日记、监理日志、监理月报、监理工作总结、监理工作基本表式等。这些文件既是监理单位的重要文件，也是建设工程项目不可缺少的文件。

任务一　施工旁站监理记录

一、施工旁站监理概述

1. 施工旁站监理（以下简称旁站监理）概念

旁站监理是指监理人员在工程施工阶段监理中，对关键部位、关键工序的施工质量实施全过程现场跟班的监督活动。

监理企业在编制监理规划时，应当制定旁站监理方案，明确旁站监理的范围、内容、程序和旁站监理人员职责等。旁站监理方案应当送建设单位和施工企业各一份，并抄送工程所在地的建设行政主管部门或其委托的工程质量监督机构。

2. 房屋建筑工程的关键部位、关键工序

在基础工程方面包括：土方回填，混凝土灌注桩浇筑，地下连续墙、土钉墙、后浇带及其他结构混凝土、防水混凝土浇筑，卷材防水层细部构造处理，钢结构安装。在主体结构工程方面包括：梁柱节点钢筋隐蔽过程，混凝土浇筑，预应力张拉，装配式结构安装，钢结构安装，网架结构安装，索膜安装。

施工企业根据监理企业制定的旁站监理方案，在需要实施旁站监理的关键部位、关键工序进行施工前 24 小时，应当书面通知监理企业派驻工地的项目监理机构。项目监理机构应当安排旁站监理人员按照旁站监理方案实施旁站监理。

3. 旁站监理人员的主要职责

（1）检查施工企业现场质检人员到岗、特殊工种人员持证上岗以及施工机械、建筑材料准备情况。

（2）在现场跟班监督关键部位、关键工序的施工执行施工方案以及工程建设强制性标准情况。

（3）核查进场建筑材料、建筑构配件、设备和商品混凝土的质量检验报告等，并可在现场监督施工企业进行检验或者委托具有资格的第三方进行复验。

（4）做好旁站监理记录和监理日记，保存旁站监理原始资料。

旁站监理人员应当认真履行职责，对需要实施旁站监理的关键部位、关键工序在施工现场跟班监督，及时发现和处理旁站监理过程中出现的质量问题，如实准确地做好旁站监理记录。凡旁站监理人员和施工企业现场质检人员未在旁站监理记录上签字的，不得进行下一道工序施工。

旁站监理人员实施旁站监理时，发现施工企业有违反工程建设强制性标准行为的，有权责令施工企业立即整改；发现其施工活动已经或者可能危及工程质量的，应当及时向监理工程师或者总监理工程师报告，由总监理工程师下达局部暂停施工指令或者采取其他应急措施。

二、施工旁站监理记录

工程监理旁站是监理人员控制工程质量、保证项目目标实现必不可少的重要手段。认真贯彻执行旁站监理工作，并对旁站监理做详细的记录，是监理单位的重要工作之一。

1. 旁站监理记录的填写

（1）基本情况

包括工程名称、编号、日期及天气、工程地点、旁站监理的部位或工序、旁站监理开始时间、旁站监理结束时间。

①编号要合理确定，方便整理和查找。旁站监理记录表最好定期（如一个月）进行整理装订，方便日后使用和管理。

②天气包括阴、晴、雨、雪和温度变化（最高气温、最低气温）、风力。准确的天气情况，可以让监理人员判断旁站监理部位是否具备天气条件或根据天气情况要求施工单位采取相应的作业措施。温度对混凝土及砂浆强度的增长速度有明显影响，而下雨则会影响砂、石的含水率，关系到混凝土、砂浆的配合比，进而影响其强度，所以认真记录天气情况是相当重要的一环。

③旁站监理的部位或工序应写清所在部位的标高，或某一分部（子分部）工程、分项工程名称。

（2）施工情况

主要记录施工单位在该关键部位或关键工序的施工过程情况、试验与检验情况、机械设备和材料的使用情况、安全文明施工情况等。

旁站监理记录应详实记录施工作业人员的数量。

（3）监理情况

主要反映项目监理机构在旁站监理过程中的三控制（投资、进度、质量控制）、三管理（合同、安全、信息管理）、一协调（协调各方关系）的行为。

（4）问题及处理

包括发现问题、处理意见、备注三方面。发现问题可以是监理人员发现的，也可以是施工、设计、建设单位的人员发现提出的。处理意见应是对问题做分析后而得出的一个结论意见（不一定是最终结论，如项目监理机构将问题的分析意见转交设计或建设部门处理）。备注就是对问题和处理的跟踪记录，是问题处理后的最终结论记录，也就是对整个问题处理完后的"闭合"。

（5）施工、监理人员签字确认

按时签字确认是旁站监理记录的重要环节之一，没有施工质检员、旁站监理人员签字的旁站监理记录是无效的。建议旁站监理人员在旁站监理结束后24小时内写好、确认签字，并送达施工质检员手里；施工质检员在收到旁站监理记录后24小时内确认签字，并送还给旁站监理人员，如果中间有任何疑问也应在 24 小时内双方商议解决。

2. 填写旁站监理记录须注意的主要问题

（1）旁站监理记录作为旁站监理工作的真实记载，应与监理日记有所区别，因此，两者应分别记录，不能合并，且内容也应有所不同。如监理日记是天天都要记录，有一个连续性，而旁站监理记录只是在发生旁站监理的情况下才记录，没有发生则不需记录。

（2）建议旁站监理记录一式三份，监理、施工、建设单位各执一份，但建设单位那份可以由项目监理机构每月汇总后再交，这样既可以避免作假，又能使各方均对工程的实施情况有一定的了解，也可以让建设单位及时做出某些工程决策，让工程更顺利实施。

（3）旁站监理记录内容不能空泛笼统、单一片面。如"今天浇捣混凝土"、"同昨天"等。

（4）旁站监理记录写好后，要及时交项目总监理工程师审查，以便及时沟通和了解，从而促进监理工作正常有序地开展。

表 5 - 4　旁站监理记录表

工程名称：　　　　　　　　　　　　　　　　　　　　　　　　　　　　　编号：

日期及天气：	工程地点：
旁站监理的部位或工序：	
旁站监理开始时间：	旁站监理结束时间：
施工情况：	
监理情况：	
发现问题：	
处理意见：	
备注：	
承包单位： 项目经理部： 质检员（签字）： 　　　　　　　年　月　日	监理单位： 项目经理机构： 旁站监理人员（签字）： 　　　　　　　年　月　日

旁站监理记录是监理工程师或者总监理工程师依法行使有关签字权的重要依据。对于需要旁站监理的关键部位、关键工序施工，凡没有实施旁站监理或者没有旁站监理记录的，监理工程师或者总监理工程师不得在相应文件上签字。在工程竣工验收后，监理企业应当将旁站监理记录存档备查。

对于按照本办法规定的关键部位、关键工序实施旁站监理的，建设单位应当严格按照国家规定的监理取费标准执行；对于超出本办法规定的范围，建设单位要求监理企业实施旁站监理的，建设单位应当另行支付监理费用，具体费用标准由建设单位与监理企业在合同中约定。

任务二　会议与会议纪要

监理工作实践中常见的会议主要有第一次工地会议、监理例会、专题工地会议三种形式。

一、第一次工地会议

第一次工地会议是建设工程尚未全面展开前，履约各方相互认识、确定联络方式的会议，也是检查开工前各项目准备工作是否就绪并明确监理程序的会议。第一次工地会议应在项目总监理工程师下达开工令之前举行，会议由建设单位主持召开。监理单位和总承包单位的授权代表参加，也可邀请分包单位参加，必要时邀请有关勘察设计单位人员参加。

第一次工地例会主要包括以下内容：

(1)建设单位、施工单位、工程监理单位分别介绍各自驻现场组织机构、人员和分工。

(2)建设单位介绍工程开工准备情况。

(3)施工单位介绍施工准备情况。

(4)建设单位代表和总监理工程师对施工准备情况提出意见和要求。

(5)总监理工程师介绍监理规划的主要内容。

(6)研究确定召开监理例会的周期、地点、议题及各方在施工过程中参加监理例会的主要人员。

(7)其他有关事项。

二、监理例会

监理例会是由项目监理机构主持的，在工程实施过程中针对工程质量、造价、进度、合同管理等事宜定期召开的、由有关单位参加的会议。

1.监理例会的一般要求

(1)监理例会是由总监理工程师主持，按一定程序召开的，研究施工中出现的计划、进度、质量及工程款支付等问题的工地会议。

(2)监理例会应当定期召开，宜每周召开一次。

(3)参加人员包括项目总监理工程师(也可为总监理工程师代表)、其他有关监理人员、承包商项目经理、承包单位其他有关人员。需要时，还可邀请其他有关单位代表参加。

(4)会议纪要由项目监理机构起草，经与会各方签认，然后分发给有关单位。

2. 例会的主要议题

（1）检查上次例会议定事项的落实情况，分析未完事项原因。

（2）检查分析工程项目进度计划完成情况，提出下一阶段进度目标及其落实措施。

（3）检查分析工程项目质量状况，针对存在的质量问题提出改进措施。

（4）检查工程量核定及工程款支付情况。

（5）解决需要协调的有关事项。

（6）其他有关事宜。

3. 会议纪要主要内容

（1）会议地点与时间。

（2）出席者姓名、职务及他们代表的单位。

（3）会议中发言者的姓名及所发表的主要内容。

（4）决定事项。

（5）诸事项分别由何人何时执行。

三、专题工地会议

除定期召开工地监理例会以外，总监理工程师或专业监理工程师应根据需要及时组织召开专题会议，解决施工过程中的各种专项问题。例如安全检查专题会议、技术方案专题会议、工程款支付专题会议及工程索赔专题会议等。

专题工地会议是为解决施工过程中的专门问题而召开的会议，由总监理工程师或其授权的监理工程师主持。工程项目各主要参建单位均可向项目监理机构书面提出召开专题工地会议的建议。建议内容包括主要议题，与会单位、人员及召开时间。经总监理工程师与有关单位协商，取得一致意见后，由总监理工程师签发召开专题工地会议的书面通知，与会各方应认真做好会前准备。专题工地会议纪要的形成过程与监理例会相同。

任务三　监理日志

一、监理日记

根据《建设工程监理规范》中3.2.5第七款"（专业监理工程师）根据本专业监理工作的实际情况做好监理日记"和3.2.6第六款"（监理员应履行以下职责）做好监理日记和有关的监理记录"，监理日记应由专业监理工程师和监理员书写。监理日记和施工日记一样，都是反映工程施工过程的实录，一个同样的施工行为，往往两本日记可能记载有不同的结论，事后在工程发现问题时，日记就起了重要的作用，因此，认真、及时、真实、详细、全面地做好监理日记，对发现问题、解决问题，甚至仲裁、起诉都有作用。

二、监理日志

1. 监理日志的概念

监理日志就是项目监理机构每日对建设工程监理工作及建设工程实施情况所做的记录。

2.监理日志的作用

监理日志是监理实施监理人员活动的原始记录，是监理档案的基本组成部分。它反映了工程建设过程中监理人员参与工程投资、进度、质量、合同管理及现场协调的实际情况。它对监理工作的重要性体现在以下几方面：

（1）监理日志是监理公司、监理工程师工作内容、效果的重要外在表现。管理部门也主要通过监理日志的记录内容了解监理公司的管理活动。

（2）通过监理日志，监理工程师可以对一些质量问题和重要事件进行准确追溯和定位，为监理工程师的重要决定提供依据。

（3）对监理日志进行统计和总结，可以为监理月报、质量评估报告、监理工作总结、监理例会等提供重要内容。

3.监理日志主要内容

（1）天气和施工环境情况，包括气象及周边环境等情况。

（2）施工进展情况，包括施工内容、施工进度等情况。

（3）监理工作情况，包括旁站、巡视、见证取样、平行检验等情况。

（4）存在的问题及协调解决情况，如施工中发现的问题及协商解决的结果。

（5）其他有关事项，如需要说明的问题。

4.监理日志填写要求

（1）监理日志由总监理工程师根据驻地监理机构的组成形式，实行分级填写办法，指定专人负责填写。要求做到逐日记录监理活动，追记时间不得超过24小时；记述要求扼要、清晰，事实准确。

（2）日期、日气象（含晴、阴、雨、雪、冰冻及温度、湿度、风向、风级）须天天填写。

（3）内容应按以下四个方面分别写：

①简述施工情况。当日施工部位，人员、机械、材料、构配件的进（出）场动态。

②重点记述监理实施情况。包括监理人员到位情况，抽检与复核，质量验收、签证等。

③重要事件，如项目法人指令、设计变更、会议、质量及安全事故、停水停电等，必须记录。

④存在问题和处理情况。凡当日发生并已及时处理的问题，当日处理的此前遗留问题，当日发生而未及时处理、计划日后处理的问题，均应于当日做出记录，以保持监理日志的连续性，做到前后呼应，促使所有发生的问题必定都有处理结论。

（4）总监理工程师要定期检查监理日志，并在查阅过的监理日志上签字。

三、监理日记与监理日志的区别与联系

监理日记与监理日志是两个完全不同的概念。监理日记的记录人可以是监理工程师，也可以是监理员，其所从事的专业、所负责的具体工程不同，就有不同角度的记录，专业监理工程师可以从专业的角度进行记录，监理员可以从负责的单位工程、分部工程、分项工程的具体部位施工情况进行记录，侧重点不同，记录的内容、范围也不同。而监理日志是项目总监理工程师指定的一名监理工程师对项目每天总的情况进行的记录。所以监理日志的记录人是监理工程师，其记录的内容比监理日记更全面，是项目监理机构每天工作的情况汇总。

表 5 - 5 监理日志

填写人：×××   日期：××年××月××日

天气	白天		夜晚	
施工部位、施工内容及施工形象	单位工程：××× 分部工程：××× 施工形象：×××			
施工质量检验、安全作业情况	一、检查内容： 二、检测内容： 三、安全作业情况：施工现场临时用水、电安装情况×××。			
施工作业中存在的问题及处理情况	监理工程师×××在巡视过程中发现，×××。 处理方法：			
承包人的管理人员及主要技术人员到位情况	项目经理：×××；技术负责人：×××；初检员×××；复检员×××；安全员×××；施工员×××、×××在岗。			
施工机械投入运行和设备完好情况	（检查设备完好情况）			
其他				

说明：本表由监理机构指定专人填写，按月装订成册。

任务四　监理月报

一、监理月报概述

监理月报是监理机构每月向建设单位提交的建设工程监理工作及建设工程实施情况的分析总结报告。是记录、分析总结项目监理机构监理工作及工程实施情况的文档资料，既能反映建设工程监理工作及建设工程实施情况，也能确保建设工程监理工作可追溯。

监理月报由项目总监理工程师组织编写，由总监理工程师签认，报送建设单位和本监理单位。报送建设单位时间由监理单位和建设单位协商确定，一般在收到承包单位项目经理部报送来的工程进度后，汇总了本月已完工程量和本月计划完成工程量的工程量表、工程款支付申请表等相关资料后，在最短的时间内提交，大约是 5~7 天。

二、监理月报的主要内容

1. 本月工程概况

主要描述本月承包单位人、材、机进场及使用情况。

2. 本月工程形象进度

主要从外观描述施工进展情况。

3. 工程进度

(1)本月实际完成情况与计划进度比较。

(2)对进度完成情况及采取措施效果的分析。

4. 工程质量

(1)本月工程质量情况分析。

(2)本月采取的工程质量措施及效果。

5. 工程计量与工程款支付

(1)工程量审核情况，简单描述承包单位申报工程量与监理单位审核工程量情况。

(2)工程款审批情况及月支付情况，主要记录承包单位申报工程款、监理单位审批工程款及本月实际支付工程款情况。

(3)工程款支付情况分析，本月计划支付工程款与实际支付工程款的对比分析，工程款累计支付情况分析等。

(4)本月采取的措施及效果。

6. 合同其他事项的处理情况

(1)工程变更，包括业主单位、承包单位、监理单位提出的工程变更。

(2)工程延期，包括非承包单位原因引起的工程延期及承包单位自身原因引起的工程延误。

(3)费用索赔，包括因设计变更、地质情况变化及异常恶劣的天气条件等非施工单位原因引起的费用索赔情况。

7. 本月监理工作小结

(1)对本月进度控制、质量控制、工程量计量与工程款支付、安全生产管理等方面情况的综合评价。

(2)本月监理工作情况。

(3)有关本工程的意见和建议。

8. 下月监理工作的重点

(1)在工程管理方面的工作重点，主要针对技术复杂及容易出现问题的部位采取措施，加强管理。

(2)在项目监理机构内部管理方面的工作重点。

根据工程实际情况，监理月报的内容还可以填写其他内容，如承包单位、分包单位机构、人员、设备、材料构配件变化情况，分部、分项工程验收情况，主要施工试验情况，天气、温度、其他原因对施工的影响情况，工程项目监理部机构、人员变动情况等的动态数据，使月报更能反映不同工程当月施工实际情况。但一般应包含以上八项内容。

任务五　监理工作总结

一、监理工作总结概述

监理工作总结是指监理单位对履行委托监理合同情况进行的综合性总结。

监理工作总结有工程竣工总结、专题总结、月报总结三种类型，由总监理工程师组织项目监理机构有关人员进行编写。

二、监理工作总结的主要内容

1. 工程概况

主要说明本工程的地理位置，设计、施工、监理单位，建筑面积、层数、层高，建筑物功能，结构类型，投资情况等。

2. 监理组织机构、监理人员和投入的监理设施

3. 监理合同履行情况

监理合同履行情况应包括目标控制情况、委托监理合同纠纷的处理情况。

4. 监理工作成效

监理工作成效部分应包括目标完成情况、合理化建议产生的实际效果情况。

5. 监理过程中出现的问题及其处理情况和建议

该内容为总结的要点，主要内容有质量问题、质量事故、合同争议、违约、索赔等处理情况。

6. 说明和建议

7. 工程照片（有必要时）

工程照片也是重要的工程资料，必要时需留存。

在监理工作过程中，部分监理资料及与工程质量有关的隐蔽工程验收资料和质量评定资料，项目监理机构均已提交给建设单位，故监理工作结束时，监理单位只向建设单位提交监理工作总结。

监理工作完成后，项目监理机构除向业主提交监理工作总结外，也应向监理单位提交监理工作总结，主要内容包括：监理工作的经验，可以是监理技术、方法，某种经济措施、组织措施，也可以是委托监理合同执行方面的经验，特别是处理与业主、承包单位关系方面的经验尤为重要；监理工作中存在的问题及改进的建议。

任务六　监理工作基本表式应用

一、监理工作的基本表式

建设工程监理在施工阶段的基本表式按照《建设工程监理规范》附录执行，该类表式可以一表多用，由于各行业各部门各地区已经各自形成一套表式，使得建设工程参建各方的信息

行为不规范、不协调，因此，建立一套通用的，适合建设、监理、施工、供货各方，适合各个行业、各个专业的统一表式有充分的必要性，可以大大提高我国建设工程信息的标准化、规范化。根据《建设工程监理规范》，基本表式有三类：

A 类表共 10 个表(A1~A10)，为承包单位用表，是承包单位与监理单位之间的联系表，由承包单位填写，向监理单位提交申请或回复。B 类表共 6 个表(B1~B6)，为监理单位用表，是监理单位与承包单位之间的联系表，由监理单位填写，向承包单位发出指令或批复。C 类表共 2 个表(C1、C2)，为各方通用表，是工程项目监理单位、承包单位、建设单位等有关单位之间的联系表。

(一)承包单位用表(A 类表，详见本教材附录)

本类表共 10 个，A1~A10，主要用于施工阶段。使用时应注意以下事项：

1. 工程开工/复工报审表(A1)

(1)本表用于工程项目开工及停工后恢复施工时使用。

(2)如整个项目一次开工，只填报一次，如工程项目中涉及较多单位工程，且开工时间不同，则每个单位工程开工都应填报一次。

(3)表中证明文件，是指证明已具备开工或复工条件的相关资料。

(4)申请开工/复工时，承包单位向项目监理部申报"工程开工/复工报审表"，监理工程师审核，认为具备开工条件时，由总监理工程师签署意见，报建设单位。

2. 施工组织设计(方案)报审表(A2)

(1)本表用于承包单位报审施工组织设计(方案)时使用。

(2)施工过程中，如经批准的施工组织设计(方案)发生改变，项目监理机构要求将变更的方案报送时，也可使用此表。

(3)承包单位对重点部位、关键工序的施工工艺、新工艺、新材料、新技术、新设备的报审，也可采使此表。

3. 分包单位资格报审表(A3)

(1)当有分包单位时，本表由承包单位报送监理单位，专业监理工程师和总监理工程师分别签署意见，审查批准后，分包单位完成相应的施工任务。

(2)审核的主要内容有：①分包单位资质(营业执照、资质等级)，②分包单位业绩材料，③拟分包工程内容、范围，④专职管理人员和特种作业人员的资格证、上岗证。

4. _____报验申请表(A4)

(1)本表主要用于工程质量检查验收申报时使用。

(2)用于隐蔽工程的检查和验收时，当承包单位完成自检，填报此表提请监理人员确认。在填报此表时应附有相应工序和部位的工程质量检查证。

(3)用于施工放样报检申请时，应附有承包单位的施工放样成果。

(4)用于分项、分部、单位工程质量检验评定报审时，应附有相关的质量检验评定标准要求的资料及规范规定的表。

5. 工程款支付申请表(A5)

(1)承包单位要求建设单位支付合同内项目及合同外项目的工程款时，填写本表向工程项目监理部申报。

(2)表中附件是指和付款申请有关的资料，如已完成合格工程的工程量清单、价款计算及其他和付款有关的证明文件和资料。

6.监理工程师通知回复单(A6)

(1)本表用于承包单位接到项目监理部的"监理工程师通知单"(B1),并已完成了监理工程师通知单上的工作后,报请项目监理部进行核查。

(2)回复单应根据"监理工程师通知单"的要求,简要说明落实整改的过程、结果及自检情况,必要时应附整改相关证明材料,包括检查记录、影像资料等。

(3)监理工程师应对本表所述完成的工作进行核查,签署意见,批复给承包单位。

(4)本表一般可由专业监理工程师签认,重大问题由总监理工程师签认。

7.工程临时延期申请表(A7)

(1)当发生工程延期事件,并有持续性影响时,承包单位填报本表,向工程项目监理部申请工程临时延期。

(2)工程延期事件结束,承包单位向工程项目监理部最终申请确定工程延期的日历天数及延迟后的竣工日期。

8.费用索赔申请表(A8)

(1)本表用于费用索赔事件结束后,承包单位向项目监理部提出费用索赔时填报。

(2)本表经过承包单位项目经理签字,总监理工程师应组织监理工程师对本表所述情况及所提的要求进行审查与评估,并与建设单位协商后,在施工合同规定的期限内签署"费用索赔审批表"(B6)或要求承包单位进一步提交详细资料后重报申请,批复承包单位。

(3)本表中的证明材料应包括索赔意向书及索赔事项的相关证明资料。

9.工程材料/构配件/设备报审表(A9)

(1)本表用于承包单位将进入施工现场的工程材料/构配件经自检合格后,由承包单位项目经理签章,向工程项目监理部申请验收时使用。

(2)对运到施工现场的设备,经检查包装无破损后,向项目监理部申请验收,并移交给设备安装单位。

(3)工程材料/构配件还应注明使用部位。

(4)项目监理部应对进入施工现场的工程材料/构配件进行检验(包括抽验、平行检验、见证取样送检等),对进厂的大中型设备要会同设备安装单位共同开箱验收。

(4)检验合格后,监理工程师在本表上签认,注明质量控制资料和材料试验合格的有关说明;检验不合格时,在本表上签批不同意验收,工程材料/构配件/设备应清退出场,也可据情况批示同意进场但不得使用于原拟定部位。

10.工程竣工报验单(A10)

(1)在单位工程竣工、承包单位自检合格、各项竣工资料齐备后,承包单位填报本表向工程项目监理部申请竣工验收。

(2)总监理工程师收到本表及附件后,应组织各专业监理工程师对竣工资料及对各专业工程的质量进行全面检查,对检查出的问题,应督促承包单位及时整改。

(3)合格后,总监理工程师签署本表,并向建设单位提出质量评估报告,完成竣工预验收。

(4)表中附件是指可用于证明工程已按合同约定完成并符合竣工验收要求的资料。

(二)监理单位用表(B 类表,详见本教材多媒体教学电子课件)

本类表共 6 个,B1～B6,主要用于施工阶段。使用时应注意以下内容:

1. 监理工程师通知单(B1)

(1)在监理工作中,项目监理机构按委托监理合同授予的权限,对承包单位所发出的指令、提出的要求,除另有规定外,均应采用此表。

(2)监理工程师现场发出的口头指令及要求,事后也应采用此表予以确认。

(3)本表一般可由专业监理工程师签发,但发出前必须经过总监理工程师同意,重大问题应由总监理工程师签发。

(4)施工单位收到"监理工程师通知单"后,须用"监理工程师通知回复单"(A6)回复,并附相关资料。

2. 工程暂停令(B2)

(1)本表适用于总监理工程师签发指令要求停工处理的事件。

(2)总监理工程师应根据停工原因、影响范围,确定工程停工范围,按照施工合同和监理合同的要求签发工程暂停令,向承包单位下达工程暂停的指令。

(3)签发本表时要慎重,应事前与建设单位协商,宜取得一致意见。

3. 工程款支付证书(B3)

(1)本表用于为项目监理部收到承包单位报送的"工程款支付申请表"(A5)后的批复。

(2)本表由各专业监理工程师按照施工合同进行审核,及时抵扣工程预付款后,确认应该支付工程款的项目及款额,提出意见,经过总监理工程师审核签认后,报送建设单位。

(3)作为支付的证明,随本表应附承包单位报送的"工程款支付申请表"及其附件。

4. 工程临时延期审批表(B4)

(1)本表用于工程项目监理部接到承包单位报送的"工程临时延期申请表"(A7),对申报情况进行调查、审核与评估后,初步做出是否同意延期申请的批复。

(2)本表由总监理工程师签发,签发前应征得建设单位同意。

(3)表中"说明",是指总监理工程师同意或不同意工程临时延期的理由和依据。

5. 工程最终延期审批表(B5)

(1)本表用于工程延期事件结束后,工程项目监理部根据承包单位报送的"工程临时延期申请表"(A7)及延期事件发展期间陆续报送的有关资料,对申报情况进行调查、审核与评估后,向承包单位下达的最终是否同意工程延期日数的批复。

(2)本表由总监理工程师签发,签发前应征得建设单位同意。

(3)表中"说明",是指总监理工程师同意或不同意工程最终延期的理由和依据。

6. 费用索赔审批表(B6)

(1)本表用于收到施工单位报送的"费用索赔申请表"(A8)后,工程项目监理部针对此项索赔事件进行全面的调查了解、审核与评估后做出的批复。

(2)本表由专业监理工程师审核后,报总监理工程师签批,签批前应与建设单位、承包单位协商确定批准的赔付金额。

(三)各方通用表(C 类表,详见本教材多媒体教学电子课件)

1. 监理工作联系单(C1)

(1)本表适用于施工过程中,与监理有关各方进行工作联系的用表。

（2）工作联系的内容包括告知、督促、建议等事项。

（3）发出单位有权签发的负责人应为建设单位的现场代表（施工合同中规定的工程师）、承包单位的项目经理、监理单位的项目总监理工程师、设计单位的本工程设计负责人、政府质量监督部门的负责监督该建设工程的监督师，不能任何人随便签发，若用正式函件形式进行通知或联系，则不宜使用本表。

2.工程变更单（C2）

（1）本表适用于参与建设工程的建设、施工、勘察设计、监理各方使用，在任一方提出工程变更时都要先填写该表。

（2）附件应包括工程变更的详细内容，变更的依据，对工程造价及工期的影响程度，对工程项目功能、安全的影响分析及必要的图示。

项目五 建设工程监理文件档案资料管理

任务一 建设工程文件档案资料管理概述

一、建设工程文件档案资料基础知识

1.建设工程文件

建设工程文件简称为工程文件，指在工程建设过程中形成的各种形式的信息记录，包括工程准备阶段文件、监理文件、施工文件、竣工图和竣工验收文件。

2.建设工程档案

建设工程档案简称为工程档案，指在工程建设活动中直接形成的具有归档保存价值的文字、图表、声像等各种形式的历史记录。

3.建设工程文件档案资料

建设工程文件和档案组成建设工程文件档案资料。

4.建设工程文件档案资料载体

（1）纸质载体：以纸张为基础的载体形式。

（2）缩微品载体：以胶片为基础，利用缩微技术对工程资料进行保存的载体形式。

（3）光盘载体：以光盘为基础，利用计算机技术对工程资料进行存储的形式。

（4）磁性载体：以磁性记录材料（磁带、磁盘等）为基础，对工程资料的电子文件、声音、图像进行存储的方式。

二、建设工程文件档案的分类

1.工程准备阶段文件

主要是指立项文件，建设用地、征地、拆迁文件，勘察、测绘、设计文件，招投标及合同文件，开工审批文件，财务文件，建设、施工、监理机构及负责人资料等文件。

2.监理文件

监理文件由监理单位的项目监理部在建设工程施工前期形成并收集汇编，包括监理规

划、监理实施细则、监理部总控制计划等。具体情况如下：

（1）监理月报中的有关质量问题，形成于监理工作实施的全过程中。

（2）监理会议纪要中的有关质量问题，形成于监理工作实施的全过程中。

（3）进度控制，在建设全过程监理中形成，包括工程开工/复工报审表、工程延期报审与批复、工程暂停令。

（4）质量控制，在建设全过程监理中形成，包括施工组织设计（方案）报审表、工程质量报验申请表、工程材料/构配件/设备报审表、工程竣工报验单、不合格项目处置记录、质量事故报告及处理结果。

（5）造价控制，在建设全过程监理中形成，包括工程款支付申请表、工程款支付证书、工程变更费用报审与签认。

（6）分包资质，在工程施工期形成，包括分包单位资质报审表、供货单位资质材料、试验等单位资质材料。

（7）监理通知及回复，在建设全过程监理中形成，包括有关进度、质量、造价控制的监理通知及回复等。

（8）合同及其他事项管理，在建设全过程中形成，包括费用索赔报告及审批，工程及合同变更、合同争议、违约报告及处理意见。

（9）监理工作总结，在建设全过程监理中形成，包括专题总结、月报总结、工程竣工总结、质量评估报告。

3.施工文件

主要是指建筑安装工程和市政基础设施工程两类。

三、建设工程文件档案资料管理各单位职责

建设工程档案资料的管理涉及建设单位、监理单位、施工单位等以及地方城建档案管理部门。对于一个建设工程而言，归档有三方面含义：①建设、勘察、设计、施工、监理等单位将本单位在工程建设过程中形成的文件向本单位档案管理机构移交；②勘察、设计、施工、监理等单位将本单位在工程建设过程中形成的文件向建设单位档案管理机构移交；③建设单位按照现行《建设工程文件归档整理规范》（GB/T50328—2001）要求，将汇总的该建设工程文件档案向地方城建档案管理部门移交。现将各单位职责简单介绍如下：

1.各单位通用职责

（1）工程各参建单位填写的建设工程档案应以施工及验收规范、工程合同、设计文件、工程施工质量验收统一标准等为依据。

（2）工程档案资料应随工程进度及时收集、整理，并应按专业归类，认真书写，字迹清楚，项目齐全、准确、真实，无未了事项。表格应采用统一表格，特殊要求需增加的表格应统一归类。

（3）工程档案资料进行分级管理，建设工程项目各单位技术负责人负责本单位工程档案资料的全过程组织工作并负责审核，各相关单位档案管理员负责工程档案资料的收集、整理工作。

（4）对工程档案资料进行涂改、伪造、随意抽撤或损毁、丢失等，应按有关规定予以处罚，情节严重的，应依法追究法律责任。

2.建设单位职责

(1)在工程招标及与勘察、设计、监理、施工等单位签订协议、合同时，应对工程文件的套数、费用、质量、移交时间等提出明确要求。

(2)收集和整理工程准备阶段、竣工验收阶段形成的文件，并应进行立卷归档。

(3)负责组织、监督和检查勘察、设计、施工、监理等单位的工程文件的形成、积累和立卷归档工作；也可委托监理单位监督、检查工程文件的形成、积累和立卷归档工作。

(4)收集和汇总勘察、设计、施工、监理等单位立卷归档的工程档案。

(5)在组织工程竣工验收前，应提请当地城建档案管理部门对工程档案进行预验收；未取得工程档案验收认可文件，不得组织工程竣工验收。

(6)对列入当地城建档案管理部门接收范围的工程，工程竣工验收3个月内，向当地城建档案管理部门移交一套符合规定的工程文件。

(7)必须向参与工程建设的勘察、设计、施工、监理等单位提供与建设工程有关的原始资料，原始资料必须真实、准确、齐全。

(8)可委托承包单位、监理单位组织工程档案的编制工作，负责组织竣工图的绘制工作，也可委托承包单位、监理单位、设计单位完成，收费标准按照所在地相关文件执行。

3.监理单位职责

(1)应设专人负责监理资料的收集、整理和归档工作，在项目监理部，监理资料的管理应由总监理工程师负责，并指定专人具体实施，监理资料应在各阶段监理工作结束后及时整理归档。

(2)监理资料必须及时整理、真实完整、分类有序。在设计阶段，对勘察、测绘、设计单位的工程文件的形成、积累和立卷归档进行监督、检查；在施工阶段，对施工单位的工程文件的形成、积累、立卷归档进行监督、检查。

(3)可以按照委托监理合同的约定，接受建设单位的委托，监督、检查工程文件的形成积累和立卷归档工作。

(4)编制的监理文件的套数、提交内容、提交时间，应按照现行《建设工程文件归档整理规范》(GB/T50328—2001)和各地城建档案管理部门的要求，编制移交清单，双方签字、盖章后，及时移交建设单位，由建设单位收集和汇总。监理公司档案部门需要的监理档案，按照《建设工程监理规范》的要求，及时由项目监理部提供。

4.施工单位职责

(1)实行技术负责人负责制，逐级建立健全施工文件管理岗位责任制，配备专职档案管理员，负责施工资料的管理工作。工程项目的施工文件应设专门的部门(专人)负责收集和整理。

(2)建设工程实行总承包的，总承包单位负责收集、汇总各分包单位形成的工程档案，各分包单位应将本单位形成的工程文件整理、立卷后及时移交总承包单位。建设工程项目由几个单位承包的，各承包单位负责收集、整理、立卷其承包项目的工程文件，并应及时向建设单位移交，各承包单位应保证归档文件的完整、准确、系统，能够全面反映工程建设活动的全过程。

(3)可以按照施工合同的约定，接受建设单位的委托进行工程档案的组织、编制工作。

(4)按要求在竣工前将施工文件整理汇总完毕，再移交建设单位进行工程竣工验收。

（5）负责编制的施工文件的套数不得少于地方城建档案管理部门要求，但应有完整施工文件移交建设单位及自行保存，保存期可根据工程性质以及地方城建档案管理部门有关要求确定。如建设单位对施工文件的编制套数有特殊要求的，可另行约定。

5. 地方城建档案管理部门职责

（1）负责接收和保管所辖范围内应当永久和长期保存的工程档案和有关资料。

（2）负责对城建档案工作进行业务指导，监督和检查有关城建档案法规的实施。

（3）列入向本部门报送工程档案范围的工程项目，其竣工验收应有本部门参加并负责对移交的工程档案进行验收。

四、建设工程文件档案编制质量要求与组卷方法

（一）归档文件的质量要求

（1）归档的工程文件一般应为原件。

（2）工程文件的内容及其深度必须符合国家有关工程勘察、设计、施工、监理等方面的技术规范、标准和规程。

（3）工程文件的内容必须真实、准确，与工程实际相符合。

（4）工程文件应采用耐久性强的书写材料，如碳素墨水、蓝黑墨水，不得使用易褪色的书写材料，如红色墨水、纯蓝墨水、圆珠笔、复写纸、铅笔等。

（5）工程文件应字迹清楚，图样清晰，图表整洁，签字盖章手续完备。

（6）工程文件中文字材料幅面尺寸规格宜为 A4 幅面（297 mm×210 mm）。图纸宜采用国家标准图幅。

（7）工程文件的纸张应采用能够长期保存的韧力大、耐久性强的纸张。图纸一般采用蓝晒图，竣工图应是新蓝图。计算机出图必须清晰，不得使用计算机所出图纸的复印件。

（8）所有竣工图均应加盖竣工图章。

（9）利用施工图改绘竣工图，必须标明变更修改依据；凡施工图结构、工艺、平面布置等有重大改变，或变更部分超过图面 1/3 的，应当重新绘制竣工图。

（10）不同幅面的工程图纸应按《技术制图复制图的折叠方法》（GB/10609.3—89）统一折叠成 A4（297 mm×210 mm）幅面，图标栏露在外面。

（11）工程档案资料的缩微制品，必须按国家缩微标准进行制作，主要技术指标要符合国家标准，保证质量，以适应长期安全保管。

（12）工程档案资料的照片（含底片）及声像档案，要求图像清晰、声音清楚、文字说明或内容准确。

（13）工程文件应采用打印的形式并使用档案规定用笔手工签字，在不能够使用原件时，应在复印件或抄件上加盖公章并注明原件保存处。

（二）归档工程文件的组卷要求

1. 立卷的原则和方法

（1）立卷应遵循工程文件的自然形成规律，保持卷内文件的有机联系，便于档案的保管和利用。

（2）一个建设工程由多个单位工程组成时，工程文件应按单位工程组卷。

（3）立卷采用如下方法：①工程文件可按建设程序划分为工程准备阶段的文件、监理文件、施工文件、竣工图、竣工验收文件5部分；②工程准备阶段文件可按单位工程、分部工程、专业、形成单位等组卷；③监理文件可按单位工程、分部工程、专业、阶段等组卷；④施工文件可按单位工程、分部工程、专业、阶段等组卷；⑤竣工图可按单位工程、专业等组卷；⑥竣工验收文件可按单位工程、专业等组卷。

（4）立卷过程中宜遵循下列要求：①案卷不宜过厚，一般不超过40 mm；②案卷内不应有重复文件，不同载体的文件一般应分别组卷。

2. 卷内文件的排列

（1）文字材料按事项、专业顺序排列。同一事项的请示与批复、同一文件的印本与定稿、主件与附件不能分开，并按批复在前、请示在后，印本在前、定稿在后，主件在前、附件在后的顺序排列。

（2）图纸按专业排列，同专业图纸按图号顺序排列。

（3）既有文字材料又有图纸的案卷，文字材料排前，图纸排后。

3. 案卷的编目

（1）编制卷内文件页号应符合下列规定：①卷内文件均按有书写内容的页面编号。②页号编写位置：单页书写的文字在右下角；双面书写的文件，正面在右下角，背面在左下角；折叠后的图纸一律在右下角。③成套图纸或印刷成册的科技文件材料，自成一卷的，原目录可代替卷内目录，不必重新编写页码。④案卷封面、卷内目录、卷内备考表不编写页号。

（2）卷内目录的编制应符合下列规定：①卷内目录式样宜符合现行《建设工程文件归档整理规范》中附录B的要求。②序号：以一份文件为单位，用阿拉伯数字从1依次标注。③责任者：填写文件的直接形成单位和个人。有多个责任者时，选择两个主要责任者，其余用"等"代替。④文件标号：填写工程文件原有的文号或图号。⑤文件题名：填写文件标题的全称。⑥日期：填写文件形成的日期。⑦页次：填写文件在卷内所排列的起始页号。最后一份文件填写起止页号。⑧卷内目录排列在卷内文件之前。

（3）卷内备考表的编制应符合下列规定：①卷内备考表的式样宜符合现行《建设工程文件归档整理规范》中附录C的要求。②卷内备考表主要标明卷内文件的总页数、各类文件数，以及立卷单位对案卷情况的说明。③卷内备考表排列在卷内文件的尾页之后。

（4）案卷封面的编制应符合下列规定：①案卷封面印刷在卷盒、卷夹的正表面。案卷封面的式样宜符合《建设工程文件归档整理规范》中附录D的要求。②案卷封面的内容应包括档号、档案馆代号、案卷题名、编制单位、起止日期、密级、保管期限、共几卷、第几卷。③档号应由分类号、项目号和案卷号组成。档号由档案保管单位填写。④档案馆代号应填写国家给定的本档案馆的编号。档案馆代号由档案馆填写。⑤案卷题名应简明、准确地揭示卷内文件的内容。案卷题名应包括工程名称、专业名称、卷内文件的内容。⑥编制单位填写案卷内文件的形成单位或主要责任者。⑦应填写案卷内全部文件形成的起止日期。⑧保管期限分为永久、长期、短期三种期限。各类文件的保管期限见《建设工程文件归档整理规范》中附录A的要求。永久是指工程档案需永久保存。长期是指工程档案的保存期等于该工程的使用寿命。短期是指工程档案保存20年以下。同一卷内有不同保管期限的文件，该卷保管期限应从长。⑨工程档案套数一般不少于2套，一套由建设单位保管，另一套原件要求移交当地城建档案管理部门保存。⑩密级分为绝密、机密、秘密三种。同一案卷内有不同密级的文件，应以高密级为本卷密级。

(5)卷内目录、卷内备考表、卷内封面应采用 70 g 以上白色书写纸制作，幅面统一采用A4 幅面。

五、建设工程文件档案验收与移交

1. 档案验收

(1)列入城建档案管理部门档案接收范围的工程，建设单位在组织工程竣工验收前，应提请城建档案管理部门对工程档案进行预验收。建设单位未取得城建档案管理部门出具的认可文件，不得组织工程竣工验收。

(2)城建档案管理部门在进行工程档案预验收时，应重点验收以下内容：

①工程档案分类齐全、系统完整。

②工程档案的内容真实、准确地反映工程建设活动和工程实际状况。

③工程档案已整理立卷，立卷符合《建设工程文件归档整理规范》的规定。

④竣工图绘制方法、图式及规格等符合专业技术要求，图面整洁，盖有竣工图章。

⑤文件的形成、来源符合实际，要求单位或个人签章的文件，其签章手续完备。

⑥文件材质、幅面、书写、绘图、用墨、托棱等符合要求。

工程档案由建设单位进行验收，属于向地方城建档案管理部门报送工程档案的工程项目还应会同地方城建档案管理部门共同验收。

(3)国家、省市重点工程项目或一些特大型、大型工程项目的预验收和验收，必须有地方城建档案管理部门参加。

(4)为确保工程档案的质量，各编制单位、地方城建档案管理部门、建设行政管理部门等要对工程档案进行严格检查、验收。编制单位、制图人、审核人、技术负责人必须进行签字或盖章。对不符合技术要求的，一律退回编制单位进行改正、补齐，问题严重者可令其重做。不符合要求者，不能交工验收。

(5)凡报送的工程档案，如验收不合格将其退回建设单位，由建设单位责成责任者重新进行编制，待达到要求后重新报送。检查验收人员应对接收的档案负责。

(6)地方城建档案管理部门负责工程档案的最后验收，并对编制报送工程档案进行业务指导、督促和检查。

2. 档案移交

(1)列入城建档案管理部门接收范围的工程，建设单位在工程竣工验收后 3 个月内向城建档案管理部门移交一套符合规定的工程档案。

(2)停建、缓建工程的工程档案，暂由建设单位保管。

(3)对改建、扩建和维修工程，建设单位应当组织设计单位、监理单位、施工单位据实修改、补充和完善工程档案。对改变的部位，应当重新编写工程档案，并在工程竣工验收后 3个月内向城建档案管理部门移交。

(4)建设单位向城建档案管理部门移交工程档案时，应办理移交手续，填写移交目录，双方签字、盖章后交接。

(5)施工单位、监理单位等有关单位应在工程竣工验收前将工程档案按合同或协议规定的时间、套数移交给建设单位，办理移交手续。

任务二　建设工程监理文件档案资料管理

一、建设工程监理文件档案资料管理基础知识

1. 监理文件档案资料管理的基本概念

所谓建设工程监理文件档案资料的管理，是指监理工程师受建设单位委托，在进行建设工程监理的工作期间，对建设工程实施过程中形成的与监理相关的文件和档案进行收集积累、加工整理、立卷归档和检索利用等一系列工作。建设工程监理文件档案资料管理的对象是监理文件档案资料，它们是工程建设监理信息的主要载体之一。

2. 监理文件档案资料管理的作用

（1）是监理工程师进行建设工程目标控制的客观依据。对监理文件档案资料进行科学管理，可以为建设工程监理工作的顺利开展创造良好的前提条件。

（2）对监理文件档案资料进行科学管理，可以极大地提高监理工作效率。

（3）对监理文件档案资料进行科学管理，可以为建设工程档案的归档提供可靠保证。

（4）对监理文件档案资料进行科学管理，有利于不断提高建设工程监理工作水平。

二、施工阶段的监理档案资料的主要内容与组卷要求

1. 施工阶段监理档案资料的主要内容

（1）施工合同文件及委托监理合同

合同争议、违约报告及处理意见：建设单位永久保存，监理单位长期保存，送城建档案管理部门保存。

（2）勘察设计文件

（3）监理规划：建设单位长期保存，监理单位短期保存，送城建档案管理部门保存。

（4）监理实施细则：建设单位长期保存，监理单位短期保存，送城建档案管理部门保存。

（5）分包单位资格报审表

①分包单位资质材料：建设单位长期保存。

②供货单位资质材料：建设单位长期保存。

③试验等单位资质材料：建设单位长期保存。

（6）设计交底与图纸会审会议纪要

（7）施工组织设计（方案）报审表

（8）工程开工/复工报审表及工程暂停令

①工程开工/复工审批表：建设单位、监理单位长期保存，送城建档案管理部门保存。

②工程暂停令：建设单位、监理单位长期保存，送城建档案管理部门保存。

（9）测量核验资料

（10）工程进度计划

总控制计划：建设单位长期保存，监理单位短期保存。

（11）工程材料、构配件、设备的质量证明文件

（12）检查试验资料

（13）工程变更资料

①工程延期报告及审批材料：建设单位、监理单位长期保存，送城建档案管理部门保存。

②合同变更材料：建设单位、监理单位长期保存，送城建档案管理部门保存。

（14）隐蔽工程验收资料

（15）工程计量单和工程款支付证书

①预付款报审与支付：建设单位短期保存。

②月付款报审与支付：建设单位短期保存。

③设计变更、洽商费用报审与签认：建设单位长期保存。

（16）监理工程师通知单

①有关进度控制的监理通知：建设单位、监理单位长期保存。

②有关质量控制的监理通知：建设单位、监理单位长期保存。

③有关造价控制的监理通知：建设单位、监理单位长期保存。

（17）监理工作联系单

（18）报验申请表

（19）会议纪要

监理会议纪要中的有关质量问题：建设单位、监理单位长期保存，送城建档案管理部门保存。

（20）与各单位来往函件

（21）监理日记/监理日志

（22）监理月报

监理月报中的有关质量问题：建设单位、监理单位长期保存，送城建档案管理部门保存。

（23）质量缺陷与事故的处理文件

①不合格项目通知：建设单位、监理单位长期保存，送城建档案管理部门保存。

②质量事故报告及处理意见：建设单位、监理单位长期保存，送城建档案管理部门保存。

（24）分部工程、单位工程等验收资料

（25）索赔文件资料

费用索赔报告及审批：建设单位、监理单位长期保存。

（26）竣工结算审核意见书：建设单位长期保存，送城建档案管理部门保存。

（27）监理工作总结

①专题总结：建设单位长期保存，监理单位短期保存。

②月报总结：建设单位长期保存，监理单位短期保存。

③工程竣工总结：建设单位、监理单位长期保存，送城建档案管理部门保存。

④质量评估报告：建设单位、监理单位长期保存，送城建档案管理部门保存。

2.施工阶段监理档案资料的组卷要求

监理档案资料的管理不仅要求真实、完整，还应该按不同的类别进行整理、组卷。一般情况按下列内容进行组卷：

（1）第一卷　合同卷

包括：①合同文件，包括监理合同、施工招投标文件、施工承包合同、分包合同、各类订货采购合同；②与合同有关的其他事项，包括工程延期报告、费用索赔与审批资料、合同争议、合同变更、违约报告处理等；③资质文件，包括承包单位资质、分包单位资质、监理单位资质、各单位参建人员资质、供货单位资质、检测实验单位资质等；④建设单位对项目监理机构的授权书及其他与合同管理有关的来住信函。

（2）第二卷　技术文件卷

包括①设计文件，包括地质勘察报告、测量基础资料、设计审查文件、设计图纸等；②设计变更文件，包括设计交底记录、设计变更图纸、设计变更联系单等；③施工组织设计，包括施工方案、控制性计划及施工组织设计报审资料等。

（3）第三卷　项目监理文件

包括监理大纲、监理规划、监理实施细则，监理月报，监理日记与监理日志，会议纪要，监理总结，监理旁站记录等文件。

（4）第四卷　工程项目实施过程文件

包括进度控制文件、质量控制文件、投资控制文件、信息与安全管理文件。

5．第五卷　竣工验收文件

包括分部工程验收文件、竣工预验收文件、质量评估报告、验收过程中形成的现场照片及其他摄影资料。

三、建设工程监理文件档案资料管理

1．档案资料管理要求

（1）监理资料必须及时整理、真实完整、分类有序。

（2）监理资料的管理应由总监理工程师负责，并指定专人具体实施。

（3）监理资料应在各阶段监理工作结束后及时整理归档。

（4）监理档案的编制及保存应按有关规定执行。档案资料的管理应按照《建设工程文件归档整理规范》的要求归档保存。

2．档案资料管理内容

（1）监理文件和档案收文与登记

所有收文应在收文登记表上进行登记(按监理信息分类别进行登记)。应记录文件名称、文件摘要信息、文件的发放单位(部门)、文件编号以及收文日期，必要时应注明接收文件的具体时间，最后由项目监理部负责收文人员签字。在分类存放的情况下，应在文件和记录上注明相关信息的编号和存放处。

（2）监理文件档案资料传阅

由建设工程项目监理部总监理工程师或其授权的监理工程师确定文件、记录是否需传阅，如需传阅应确定传阅人员名单和范围，并注明在文件传阅纸上，随同文件和记录进行传阅。每位传阅人员阅后应在文件传阅纸上签字，并注明日期。文件和记录传阅期限不应超过该文件的处理期限。传阅完毕后，文件原件应交还信息管理人员归档。

（3）监理文件资料发文与登记

发文由总监理工程师或其授权的监理工程师签名，并加盖项目监理部图章，对盖章工作应进行专项登记。所有发文按监理信息资料分类和编码要求进行分类编码，并在发文登记表上登记。收件人收到文件后应签名。发文应留有底稿，并附一份文件传阅纸。文件传阅过程中，每位传阅人阅后应签名并注明日期。

（4）监理文件档案资料分类存放

项目监理部应备有存放监理信息的专用资料柜和用于监理信息分类归档存放的专用资料夹。文件档案资料应保持清晰，不得随意涂改记录，保存过程中应保持记录介质的清洁和不破损。

（5）监理文件档案资料归档

监理文件档案资料归档内容、组卷方法以及监理档案的验收、移交和管理工作，应根据《建设工程监理规范》及《建设工程文件归档整理规范》并参考工程项目所在地区建设工程行政主管部门、建设监理行业主管部门、地方城市建设档案管理部门的规定执行。

（6）监理文件档案资料借阅、更改与作废

项目监理部存放的文件和档案原则上不得外借，如政府部门、建设单位或施工单位确有需要，应经过总监理工程师或其授权的监理工程师同意，并在信息管理部门办理借阅手续。监理人员在项目实施过程中需要借阅文件和档案时，应填写文件借阅单，并明确归还时间。信息管理人员办理有关借阅手续时，应在文件夹的内附目录上做特殊标记，避免其他监理人员查阅该文件时，因找不到文件引起工作混乱。

监理文件档案的更改应由原制定部门相应责任人执行，涉及审批程序的，由原审批责任人执行。若指定其他责任人进行更改和审批时，新责任人必须获得所依据的背景资料。监理文件档案更改后，由信息管理部门填写监理文件档案更改通知单，并负责发放新版本文件。发放过程中必须保证项目参建单位中所有相关部门都得到相应文件的有效版本。文件档案换发新版时，应由信息管理部门负责将原版本收回作废。考虑到日后有可能出现追溯需求，信息管理部门可以保存作废文件的样本以备查阅。

3. 档案资料管理中监理人员的职责

档案资料管理实施总监理工程师负责制，专业监理工程师、监理员和项目监理专职档案资料员在总监理工程师的安排下分工合作，按照"形成规范、真实齐全、整理及时、分类有序"的原则形成监理文件档案资料。具体分工如下：

（1）总监理工程师的职责

①负责项目监理部档案资料管理的全面工作，并对档案资料的真实性、有效性负责。

②制定项目监理部档案资料管理的规章制度，并指定专人负责档案资料的具体管理。

③组织各专业监理人员整理监理档案，并于工程竣工后，按照城建档案管理的有关要求，向建设单位和本单位管理部门移交监理档案资料。

④督促检查各承包单位的工程档案资料，并对不合格的档案资料提出整改意见。

⑤单位工程竣工预验收前，提请城建档案管理部门进行工程档案资料预验收。

（2）监理工程师、监理员的职责

①如实填写监理日记，并有专门的监理工程师填写监理日志，如实记录工程质量、进度、投资控制及合同、安全、信息管理方面的有关问题及处理情况。

②督促承包单位按时报送有关报表，并审核、检查其真实性、准确性和完整性。

③及时收集整理在施工现场巡视、检验、检查、量测、旁站和验收等监理工作过程中形成的各种基础性记录，并对其真实性、可靠性负责。

④每月按时向项目监理部提交自己工作过程中所形成和收集的监理文件、报表，归档整理必须符合城建档案管理部门的要求。

（3）项目监理部专职档案资料员的职责

①负责收集工程准备阶段建设单位形成的应向监理单位提供的相关文件，如工程建设审批文件、建设工程施工合同等。

②收集、整理项目监理部形成的应归档保存的监理文件，如监理规划、监理实施细则、监理月报以及监理工作会议形成的监理工作报告、会议纪要、文件和指令。

③按月汇总、整理各专业监理工程师在工程实施过程中形成的各种签证、见证记录、报验审批资料等。

④对各专业监理资料的形成、积累、组卷和归档进行指导、监督和检查。

⑤负责项目监理部资料的保管、传阅和借阅。

⑥督促施工单位按照城建档案管理部门的要求做好工程档案资料的形成、收集、积累、整理和移交工作。

⑦在项目总监理工程师指导下，按照城建档案管理的有关规定编制监理档案，并负责向建设单位和本单位档案部门移交监理档案资料。

实训项目

一、编制监理规划

案例：根据以下资料编写该项目监理规划

1. 工程项目概况。

1.1　工程概况

1.1.1　工程名称：×××二期工程。

1.1.2　工程地点：×××市×××区×××大道与×××路交会处。

1.1.3　工程规模：本工程总建筑面积72000 m^2，含三栋高层住宅，一栋办公酒店综合楼，均建于一层地下室大底盘上。本工程±0.000相当于绝对标高34.15 m，室内外高差0.45 m，总高77.3 m；住宅1、2号楼共26层，层高2.9 m，住宅3号楼共28层，层高2.9 m，总高84.0 m；办公酒店综合楼共23层，三层裙房，总高90.45 m。地下室顶板标高−1.350 m，覆土0.9 m，层高3.7 m，地下室考虑六级人防，平战结合。高层住宅均采用钢筋混凝土剪力墙结构；办公酒店综合楼为钢筋混凝土框架−剪力墙结构；地下室采用钢筋混凝土框架结构。

1.1.4　工程总投资：约8000万（人民币）。

1.1.5　本工程建设单位×××有限公司，设计单位×××建筑设计有限公司，监理单位×××建设监理有限公司，施工单位×××建设工程有限公司。

1.1.6　工期要求：650天。

1.2　工程主要施工阶段的划分

1.2.1　施工准备阶段。

1.2.2　施工阶段。

1.2.3　交工及保修阶段。

1.3　工程特点

综合性强：本工程属高层住宅及综合楼工程。工程内容包括土建工程、给排水、强弱电系统、消防工程、人防工程、设备安装工程、小区配套工程等多项专业内容，需要经验丰富的专业队伍，在强有力的统一调度下，共同配合，方能顺利完成任务。

工程施工总体组织重要：对本工程具有建设工程专业穿插配套作业多，施工难度大等主要特点，必须合理划分施工段和流水节拍，强调业主统一协调、监理部监督落实的管理办法，并根据施工进度的变化，动态组织施工。

安全、文明施工程度要求高：本工程西边为×××一期，已建成并投入使用，南边为东西主干道×××东路，施工期间必须合理组织周边交通运输，需保证行人过往和施工安全，同时减少施工噪声、渣土、污水等对周边环境影响，做好降尘措施。

2. 监理工作概况

2.1　监理工作目标

2.1.1　投资目标：工程造价控制在8000万元内。

2.1.2　进度目标：工期控制在计划进度内。

2.1.3　质量目标：建设、施工、监理三方密切配合，争创优良工程。

2.1.4　安全目标：杜绝重大伤亡事故，一般事故率控制在0.2‰以内。

2.2　监理工作范围

监理的范围：×××二期建设工程施工全过程监理服务。具体监理服务范围包括土建、给排水、强弱电、道路、消防、人防、设备安装、防雷、工程造价等专业，并按监理规范负责提供整套监理资料。

2.3　监理工作阶段

施工准备阶段、施工阶段、竣工保修阶段。

2.4　监理原则及依据

2.4.1　监理原则：我公司监理人员应按照"严格监理、热情服务、秉公办事、一丝不苟"的监理原则，认真贯彻执行有关监理的各项方针政策、法规，制订详细的工作计划，明确岗位职责，严格检查制度，努力做好施工监理工作。

2.4.2　监理依据：

(1)依据建设工程委托监理合同，建设单位与承包单位签定的施工合同及附件；

(2)依据国家现行有关法律、法规，如《中华人民共和国建筑法》、《中华人民共和国安全法》、《建设工程管理条例》、《建设工程安全生产管理条例》、《建设工程监理规范》等；

(3)依据设计单位的设计图纸、设计变更及有关标准图集；

(4)依据《建设工程质量统一标准》和有关验收规范。

二、编制监理实施细则

案例：根据以下工程概况编写该项目土建监理实施细则

1. 工程基本情况

×××市×××工程，总建筑面积3286.6 m^2，其中基底面积671.27 m^2。建筑规模：框架结构16层。建筑高度25.6m。

2. 设计基本情况

2.1　结构设计特点

2.1.1　本工程地上结构均为框架结构，层数为 6 层。结构体系采用钢筋混凝土框架结构，沿建筑竖向楼设有电梯间井筒。楼屋盖均采用现浇钢筋混凝土梁板结构。

2.1.2　本工程结构设计使用年限为 50 年。

2.1.3　建筑结构安全等级为二级。

2.1.4　建筑抗震设防类别为乙级。

2.1.5　工程地基基础设计等级乙级。

2.1.6　建筑耐火等级为二级。

序号	项　目		内　容
1	结构形式	基础结构形式	人工挖孔桩基础
		主体结构形式	框架结构
2	混凝土强度等级	基础承台、地梁 C30，主体框架 C30	
3	抗震等级	工程设防烈度	6 度
		抗震等级	二级
4	钢筋类别	热轧钢筋：HPB335、HRB335、HRB400 冷轧扭钢筋：CRB550 级	
5	砌体材料	±0.000 以上墙砌体选用 MU10 烧结多孔砖，砂浆选用 M7.5 混合砂浆，砌体自重不大于 19 kN/m³	

2.2　建筑设计特点

墙体：±0.000 以上建筑外围护墙采用 MU10 烧结多孔砖，砂浆选用 M7.5 混合砂浆。

屋面：防水等级为二级，采用 5mm 厚 SBS 卷材防水一道，30mm 厚聚苯板保温。

门：户内均采用木门、木隔断或玻璃隔断，分户防盗门采用成品（防火）防盗门。

窗：采用铝合金中空玻璃窗。

建筑外墙为外墙面砖及涂料装饰。

3.场地情况

本工程施工现场的"三通一平"工作已落实。施工现场的临时用电为建设单位提供的电源，临时用水为建设单位提供的给水管道。

4.工程特点、重点、难点与对策

4.1　质量要求高

本工程质量自报等级为一次性交验合格，质量目标为结构创省优质结构。因此，对本工程的施工过程中的质量控制及所采取的施工技术措施要求高，砼结构及结构施工过程中将以清水结构标准来要求和控制。

4.2　总承包管理难度大

本工程需要材料、设备量大，施工人员多且技术含量高，专业分包量多，如何组织好各专业分包分阶段进场，确保各工序有机的衔接，并在施工过程中及时协调好各专业分包的施工需要，对总承包单位的管理协调、综合能力提出了较高的要求。

4.3　工期要求紧，投入量大

特别是结构阶段施工量广、面大，工期非常紧，除加强科学管理，配备高素质的项目班子外，现场分为三个施工段交叉施工，需投入大量的人员、周转材料和机械设备。根据工程特点本工程安装一台塔吊。

4.4　现场文明施工要求高

本工程是重点工程，社会对工程现场文明施工要求较高，搞好文明标化施工非常关键。

【本模块小·结】

本模块从监理文件的构成出发，介绍了监理大纲、监理规划、监理实施细则的相关知识，引申出施工旁站监理记录、会议纪要、监理日志、监理月报、监理工作总结、监理工作基本表式等建设工程监理其他文件的内容及编制，最后介绍了建设工程文件档案资料管理的基础知识与要求。

复习思考题

1. 简述监理文件的构成。
2. 简述监理大纲的作用。
3. 简述监理规划的作用，编制的依据、内容及审核。
4. 简述监理实施细则的编制依据、程序及内容。
5. 简述监理大纲、监理规划、监理实施细则的关系。
6. 简述监理例会、专题工作会议、监理月报的内容。
7. 简述施工阶段监理资料的主要内容。
8. 简述监理文件档案资料管理的内容。

模块六 建设工程法律、法规

本模块教学目标	
1. 了解建设工程监理规范; 2. 理解工程建设相应法律、法规; 3. 了解相关的其他规定。	
主要学习内容	**主要知识与技能**
1.《建设工程监理规范》、《注册监理工程师管理规定》; 2.《中华人民共和国建筑法》、《中华人民共和国招标投标法》、《中华人民共和国安全生产法》中有关监理方面的规定; 3.《建设工程质量管理条例》、《房屋建筑工程质量保修办法》、《建设工程安全生产管理条例》; 4.《房屋建筑和市政基础设施工程竣工验收备案管理办法》	1. 依据相应法律、法规及相关规定的内容,做好相应具体工作; 2. 依据《建设工程质量管理条例》、《房屋建筑工程质量保修办法》等,能进行质量监理基本工作。 3. 根据竣工验收备案管理办法,能进行竣工验收阶段监理控制工作。
监理员岗位资格考试要求	1. 了解相关法律、法规及规定的施行时间和有关内容; 2. 了解相关法律、法规及规定中监理单位的责任和义务。

项目一 建设工程监理规范与相关规定

任务一 《建设工程监理规范》

我国自 1988 年开始,在工程建设领域实行了一项重要的管理体制改革,即推行建设工程监理制度。建设监理作为一项制度已被正式列入《中华人民共和国建筑法》中。为了提高监理工作水平,充分发挥监理作用,更有效地提高我国工程建设的投资效益,中华人民共和国建设部会同有关部门共同制定《建设工程监理规范》,编号为 GB50319—2000,自 2001 年 5 月 1 日起施行。

在我国的建设监理制度中,监理的工作范围包括两个方面:一是工程类别,其范围确定为各类土木工程、建筑工程、线路管道工程、设备安装工程和装修工程;二是工程建设阶段,其范围确定为工程建设投资决策阶段、招投标与勘察设计阶段、施工招投标与施工阶段(包括设备采购与制造和工程质量保修)。因此,本规范在工程类别方面适用各类新建、扩建、改建建设工程。由于目前我国的监理工作在工程建设投资决策阶段、勘察设计招投标与勘察设计阶段尚不够成熟，需要进一步探索完善，在施工招投标方面国家已有比较系统完整的规定和办法，而在施工阶段（包括设备采购与制造和工程质量保修）的监理工作已摸索总结出一套比较成熟的经验和做法，因而在工程建设阶段方面，《建设工程监理规范》适用范围仅限于建设工程施工阶段的监理。

监理工作的依据主要是建设工程委托监理合同和建设单位与承包单位签订的承包合同，因此实施建设工程监理前，监理单位必须与建设单位签订合法的书面委托监理合同，以明确双方的权利和义务。

建设工程的综合效益主要体现在工程质量、造价和工期三个方面，使之满足承包合同的要求，从而确保工程的投资效益。为了达到这一目的，建设单位应委托监理单位对工程质量、造价、进度三个目标进行全面控制和管理，并授予监理单位在三项目标控制中的相应权力，才能真正发挥监理作用。

鉴于建设单位已将工程项目的管理工作全部委托监理单位实施，监理单位即为代表建设单位的现场管理者，为了明确建设工程合同双方的责任，保证监理单位独立公正地做好监理工作，顺利完成工程建设任务，避免出现不必要的合同纠纷，建设单位与承包单位之间的各项联系工作，如果涉及建设工程合同，均应通过监理单位完成。

由总监理工程师全面负责建设工程监理的实施工作称为总监理工程师负责制。总监理工程师是由监理单位法定代表人任命的项目监理机构的负责人，是监理单位履行委托监理合同的全权代表，是实施监理工作的核心人员。因此，实施建设工程监理制度，在具体的工程项目中必然要实行总监理工程师负责制。

监理单位作为独立于工程建设承包合同双方之外的第三方，其工作职能是受建设单位委托管理承包合同、监督承包合同的履行，其工作依据主要是法律、法规及承包合同，其工作方式是依靠自身的专业技术知识管理工程建设的实施，因而监理工作具有公正、独立、自主的特点。监理单位必须依法执业，既要维护建设单位的利益，也不能损害承包单位的合法利益。

《建设工程监理规范》规定了建设工程监理工作的基本程序、内容和范围，在监理工作中涉及的工程专业技术，应当符合相关的国家现行强制性标准、规范的规定。

任务二 《注册监理工程师管理规定》

我国现行的《注册监理工程师管理规定》（以下简称《管理规定》）于 2005 年 12 月 31 日经建设部第 83 次常务会议讨论通过，自 2006 年 4 月 1 日起施行。共由七章共三十六条组成。

《管理规定》所称注册监理工程师，是指经考试取得中华人民共和国监理工程师资格证书（以下简称资格证书），并按照本规定注册，取得中华人民共和国注册监理工程师注册执业证书（以下简称注册证书）和执业印章，从事工程监理及相关业务活动的专业技术人员。未取得注册证书和执业印章的人员，不得以注册监理工程师的名义从事工程监理及相关业务活动。国务院建设主管部门对全国注册监理工程师的注册、执业活动实施统一监督管理。县级以上地方人民政府建设主管部门对本行政区域内的注册监理工程师的注册、执业活动实施监督管理。

1. 监理工程师的注册管理

（1）初始注册

初始注册者，可自资格证书签发之日起 3 年内提出申请。逾期未申请者，须符合继续教育的要求后方可申请初始注册。

申请初始注册，应当具备的条件为：经全国注册监理工程师执业资格统一考试合格，取得资格证书；受聘于一个相关单位；达到继续教育要求；没有本《管理规定》第十三条所列情形。

申请初始注册需要提交的材料有：申请人的注册申请表；申请人的资格证书和身份证复印件；申请人与聘用单位签订的聘用劳动合同复印件；所学专业、工作经历、工程业绩、工程类中级及中级以上职称证书等有关证明材料；逾期初始注册的，应当提供达到继续教育要求的证明材料。

对申请初始注册的，省、自治区、直辖市人民政府建设主管部门应当自受理申请之日起 20 日内审查完毕，并将申请材料和初审意见报国务院建设主管部门。国务院建设主管部门自收到省、自治区、直辖市人民政府建设主管部门上报材料之日起，应当在 20 日内审批完毕并作出书面决定，并自做出决定之日起 10 日内，在公众媒体上公告审批结果。

（2）延续注册

注册监理工程师每一注册有效期为 3 年，注册有效期满需继续执业的，应当在注册有效期满 30 日前，按照《管理规定》第七条规定的程序申请延续注册。延续注册有效期 3 年。

延续注册需要提交的材料为：申请人延续注册申请表；申请人与聘用单位签订的聘用劳动合同复印件，申请人注册有效期内达到继续教育要求的证明材料。

（3）变更注册

在注册有效期内，注册监理工程师变更执业单位，应当与原聘用单位解除劳动关系，并按《管理规定》第七条规定的程序办理变更注册手续，变更注册后仍延续原注册有效期。

变更注册需要提交的材料为：申请人变更注册申请表，申请人与新聘用单位签订的聘用劳动合同复印件，申请人的工作调动证明（与原聘用单位解除聘用劳动合同或者聘用劳动合同到期的证明文件、退休人员的退休证明）。

对申请变更注册、延续注册的，省、自治区、直辖市人民政府建设主管部门应当自受理申请之日起 5 日内审查完毕，并将申请材料和初审意见报国务院建设主管部门。国务院建设主管部门自收到省、自治区、直辖市人民政府建设主管部门上报材料之日起，应当在 10 日内审批完毕并做出书面决定。

对不予批准的，应当说明理由，并告知申请人享有依法申请行政复议或者提起行政诉讼的权利。

申请人有下列情形之一的，不予初始注册、延续注册或者变更注册：不具有完全民事行为能力的；刑事处罚尚未执行完毕或者因从事工程监理或者相关业务受到刑事处罚，自刑事处罚执行完毕之日起至申请注册之日止不满 2 年的；未达到监理工程师继续教育要求的；在两个或者两个以上单位申请注册的；以虚假的职称证书参加考试并取得资格证书的；年龄超过 65 周岁的；法律、法规规定不予注册的其他情形。

注册证书和执业印章是注册监理工程师的执业凭证，由注册监理工程师本人保管、使用。注册证书和执业印章的有效期为 3 年。注册监理工程师在每一注册有效期内应当达到国务院建设主管部门规定的继续教育要求。继续教育作为注册监理工程师逾期初始注册、延续注册和重新申请注册的条件之一。

注册监理工程师在执业过程中注册证书、执业印章失效或注册证书、执业印章作废的相关情形请参照《管理办法》，在此不一一详述。被注销注册者或者不予注册者，在重新具备初始注册条件，并符合继续教育要求后，可以按照《管理规定》第七条规定的程序重新申请注册。

2. 注册监理工程师执业

取得资格证书的人员，应当受聘于一个具有建设工程勘察、设计、施工、监理、招标代理、造价咨询等一项或者多项资质的单位，经注册后方可从事相应的执业活动。从事工程监理执业活动的，应当受聘并注册于一个具有工程监理资质的单位。

注册监理工程师可以从事工程监理、工程经济与技术咨询、工程招标与采购咨询、工程项目管理服务以及国务院有关部门规定的其他业务。

工程监理活动中形成的监理文件由注册监理工程师按照规定签字盖章后方可生效。修改经注册监理工程师签字盖章的工程监理文件，应当由该注册监理工程师进行；因特殊情况，该注册监理工程师不能进行修改的，应当由其他注册监理工程师修改，并签字、加盖执业印章，对修改部分承担责任。

注册监理工程师从事执业活动，由所在单位接受委托并统一收费。因工程监理事故及相关业务造成的经济损失，聘用单位应当承担赔偿责任；聘用单位承担赔偿责任后，可依法向负有过错的注册监理工程师追偿。

3. 注册监理工程师的法律地位和法律责任

（1）注册监理工程师享有的权利

使用注册监理工程师称谓，在规定范围内从事执业活动，依据本人能力从事相应的执业活动，保管和使用本人的注册证书和执业印章，对本人执业活动进行解释和辩护，接受继续教育，获得相应的劳动报酬，对侵犯本人权利的行为进行申诉。

（2）注册监理工程师应当履行的义务

遵守法律、法规和有关管理规定；履行管理职责，执行技术标准、规范和规程；保证执业活动成果的质量，并承担相应责任；接受继续教育，努力提高执业水准；在本人执业活动所形成的工程监理文件上签字、加盖执业印章；保守在执业中知悉的国家秘密和他人的商业、技术秘密；不得涂改、倒卖、出租、出借或者以其他形式非法转让注册证书或者执业印章；不得同时在两个或者两个以上单位受聘或者执业；在规定的执业范围和聘用单位业务范围内从事执业活动；协助注册管理机构完成相关工作。

（3）注册监理工程师的法律责任

隐瞒有关情况或者提供虚假材料申请注册的，建设主管部门不予受理或者不予注册，并给予警告，1 年之内不得再次申请注册。

以欺骗、贿赂等不正当手段取得注册证书的，由国务院建设主管部门撤销其注册，3 年内不得再次申请注册，并由县级以上地方人民政府建设主管部门处以罚款，其中没有违法所得的，处以 1 万元以下罚款，有违法所得的，处以违法所得 3 倍以下且不超过 3 万元的罚款；构成犯罪的，依法追究刑事责任。

违反《管理规定》，未经注册，擅自以注册监理工程师的名义从事工程监理及相关业务活动的，由县级以上地方人民政府建设主管部门给予警告，责令停止违法行为，处以3万元以下罚款；造成损失的，依法承担赔偿责任。

违反《管理规定》，未办理变更注册仍执业的，由县级以上地方人民政府建设主管部门给予警告，责令限期改正；逾期不改的，可处以5000元以下的罚款。

注册监理工程师在执业活动中有以个人名义承接业务、涂改、倒卖、出租、出借或者以其他形式非法转让注册证书或者执业印章等相关行为的，由县级以上地方人民政府建设主管部门给予警告，责令其改正，没有违法所得的，处以1万元以下罚款，有违法所得的，处以违法所得3倍以下且不超过3万元的罚款；造成损失的，依法承担赔偿责任；构成犯罪的，依法追究刑事责任。

有工作人员滥用职权、玩忽职守颁发注册证书和执业印章等情形的，国务院建设主管部门依据职权或者根据利害关系人的请求，可以撤销监理工程师注册。

县级以上人民政府建设主管部门的工作人员，在注册监理工程师管理工作中，有对不符合法定条件的申请人颁发注册证书和执业印章，利用职务上的便利收受他人财物或者其他好处的等情形之一的，依法给予处分；构成犯罪的，依法追究刑事责任。

项目二　建设工程法律、法规

任务一　《中华人民共和国建筑法》

我国现行的《中华人民共和国建筑法》（以下简称《建筑法》）于1997年11月1日第八届全国人民代表大会常务委员会第二十八次会议通过，自1998年3月1日起施行，2011年4月22日第十一届全国人民代表大会常务委员会第二十次会议修改。本法分为八章，由八十五条组成。

《建筑法》规定在中华人民共和国境内从事建筑活动，实施对建筑活动的监督管理，应当遵守本法。国务院建设行政主管部门对全国的建筑活动实施统一监督管理。《建筑法》所称建筑活动，是指各类房屋建筑及其附属设施的建造和与其配套的线路、管道、设备的安装活动。建筑活动应当确保建筑工程质量和安全，符合国家的建筑工程安全标准。国家扶持建筑业的发展，支持建筑科学技术研究，提高房屋建筑设计水平，鼓励节约能源和保护环境，提倡采用先进技术、先进设备、先进工艺、新型建筑材料和现代管理方式。从事建筑活动应当遵守法律、法规，不得损害社会公共利益和他人的合法权益。任何单位和个人都不得妨碍和阻挠依法进行的建筑活动。

《建筑法》第四章对建筑工程监理作了规定，共六条，主要内容有：

第三十条　国家推行建筑工程监理制度。国务院可以规定实行强制监理的建筑工程的范围。

第三十一条　实行监理的建筑工程，由建设单位委托具有相应资质条件的工程监理单位监理。建设单位与其委托的工程监理单位应当订立书面委托监理合同。

第三十二条　建筑工程监理应当依照法律、行政法规及有关的技术标准、设计文件和建筑工程承包合同，对承包单位施工质量、建设工期和建设资金使用等方面，代表建设单位实施监督。

工程监理人员认为工程施工不符合工程设计要求、施工技术标准和合同约定的,有权要求建筑施工企业改正。

工程监理人员发现工程设计不符合建筑工程质量标准或者合同约定的质量要求的,应当报告建设单位要求设计单位改正。

第三十三条 实施建筑工程监理前,建设单位应当将委托的工程监理单位、监理的内容及监理权限,书面通知被监理的建筑施工企业。

第三十四条 工程监理单位应当在其资质等级许可的监理范围内,承担工程监理业务。

工程监理单位应当根据建设单位的委托,客观、公正地执行监理任务。

工程监理单位与被监理工程的承包单位以及建筑材料、建筑构配件和设备供应单位不得有隶属关系或者其他利害关系。

工程监理单位不得转让工程监理业务。

第三十五条 工程监理单位不按照委托监理合同的约定履行监理义务,对应当监督检查的项目不检查或者不按照规定检查,给建设单位造成损失的,应当承担相应的赔偿责任。

工程监理单位与承包单位串通,为承包单位谋取非法利益,给建设单位造成损失的,应当与承包单位承担连带赔偿责任。

任务二 《中华人民共和国招标投标法》

《中华人民共和国招标投标法》(以下简称《招标投标法》)于 1999 年 8 月 30 日第九届全国人民代表大会常务委员会第十一次会议通过,1999 年 8 月 30 日中华人民共和国主席令第 21 号发布,自 2000 年 1 月 1 日起施行。本法分为六章,共六十八条组成。

招标投标法是国家用来规范招标投标活动、调整在招标投标过程中产生的各种关系的法律规范的总称。按照法律效力的不同,招标投标法法律规范分为三个层次:第一层次是由全国人大常委会颁布的《招标投标法》;第二层次是由国务院颁发的招标投标行政法规以及有立法权的地方人大颁发的地方性招标投标法规,如《中华人民共和国招标投标法实施条例》;第三层次是由国务院有关部门颁发的招标投标的部门规章以及有立法权的地方人民政府颁发的地方性招标投标规章。《招标投标法》,是属第一层次上的,是社会主义市场经济法律体系中非常重要的一部法律,是整个招标投标领域的基本法,一切有关招标投标的法规、规章和规范性文件都必须与其相一致。

《招标投标法》规定在中华人民共和国境内进行下列工程建设项目包括项目的勘察、设计、施工、监理以及与工程建设有关的重要设备、材料等的采购,必须进行招标:

(1)大型基础设施、公用事业等关系社会公共利益、公众安全的项目;

(2)全部或者部分使用国有资金投资或者国家融资的项目;

(3)使用国际组织或者外国政府贷款、援助资金的项目。

前款所列项目的具体范围和规模标准,由国务院发展计划部门会同国务院有关部门制定,报国务院批准。法律或者国务院对必须进行招标的其他项目的范围有规定的,依照其规定。任何单位和个人不得将依法必须进行招标的项目化整为零或者以其他任何方式规避招标。

招标投标活动应当遵循公开、公平、公正和诚实信用的原则。依法必须进行招标的项目，其招标投标活动不受地区或者部门的限制。任何单位和个人不得违法限制或者排斥本地区、本系统以外的法人或者其他组织参加投标，不得以任何方式非法干涉招标投标活动。

招标投标活动及其当事人应当接受依法实施的监督。有关行政监督部门依法对招标投标活动实施监督，依法查处招标投标活动中的违法行为。对招标投标活动的行政监督及有关部门的具体职权划分，由国务院规定。

《招标投标法》第二、三、四章分别对招标、投标、开标、评标和中标做出了规定，第五、六章内容分别为招标投标中相应的法律责任及附则。

任务三　《建设工程质量管理条例》

《建设工程质量管理条例》于2000年1月10日国务院第25次常务会议通过，2000年1月30日中华人民共和国国务院令第279号公布，自公布之日起施行。本条例共由九章八十二条组成，并附《中华人民共和国刑法》第一百三十七条相关条款。

为了加强对建设工程质量的管理，保证建设工程质量，保护人民生命和财产安全，根据《中华人民共和国建筑法》，制定本条例。凡在中华人民共和国境内从事建设工程的新建、扩建、改建等有关活动及实施对建设工程质量监督管理的，必须遵守本条例。条例所称建设工程，是指土木工程、建筑工程、线路管道和设备安装工程及装修工程。

建设单位、勘察单位、设计单位、施工单位、工程监理单位依法对建设工程质量负责。从事建设工程活动，必须严格执行基本建设程序，坚持先勘察、后设计、再施工的原则。县级以上人民政府建设行政主管部门和其他有关部门应当加强对建设工程质量的监督管理，但不得超越权限审批建设项目或者擅自简化基本建设程序。

条例中第五章为《工程监理单位的质量责任和义务》，对监理单位的规定主要内容有：

工程监理单位应当依法取得相应等级的资质证书，并在其资质等级许可的范围内承担工程监理业务。禁止工程监理单位超越本单位资质等级许可的范围或者以其他工程监理单位的名义承担工程监理业务。禁止工程监理单位允许其他单位或者个人以本单位的名义承担工程监理业务。工程监理单位不得转让工程监理业务。

工程监理单位与被监理工程的施工承包单位以及建筑材料、建筑构配件和设备供应单位有隶属关系或者其他利害关系的，不得承担该项建设工程的监理业务。

工程监理单位应当依照法律、法规以及有关技术标准、设计文件和建设工程承包合同，代表建设单位对施工质量实施监理，并对施工质量承担监理责任。

工程监理单位应当选派具备相应资格的总监理工程师和监理工程师进驻施工现场。未经监理工程师签字，建筑材料、建筑构配件和设备不得在工程上使用或者安装，施工单位不得进行下一道工序的施工。未经总监理工程师签字，建设单位不拨付工程款，不进行竣工验收。

监理工程师应当按照工程监理规范的要求，采取旁站、巡视和平行检验等形式，对建设工程实施监理。

任务四 《房屋建筑工程质量保修办法》

《房屋建筑工程质量保修办法》于2000年6月26日经建设部第24次部常务会议讨论通过，中华人民共和国建设部令第80号予以发布，自发布之日起施行。本办法共由二十二条组成。

本办法为保护建设单位、施工单位、房屋建筑所有人和使用人的合法权益，维护公共安全和公众利益而制定，在中华人民共和国境内新建、扩建、改建各类房屋建筑工程（包括装修工程）的质量保修，适用本办法。办法由国务院建设行政主管部门负责解释。

房屋建筑工程在保修范围和保修期限内出现质量缺陷，施工单位应当履行保修义务。

办法所称房屋建筑工程质量保修，是指对房屋建筑工程竣工验收后在保修期限内出现的质量缺陷，予以修复。

本办法所称质量缺陷，是指房屋建筑工程的质量不符合工程建设强制性标准以及合同的约定。

国务院建设行政主管部门负责全国房屋建筑工程质量保修的监督管理。县级以上地方人民政府建设行政主管部门负责本行政区域内房屋建筑工程质量保修的监督管理。

办法主要规定了房屋建筑工程各部位的最低保修期限，保修期限中建设单位与施工单位就质量缺陷保修的处理方法程序、责任划分等内容。

任务五 《中华人民共和国安全生产法》

《中华人民共和国安全生产法》（以下简称《安全生产法》）于2002年6月29日第九届全国人民代表大会常务委员会第二十八次会议通过，2002年6月29日中华人民共和国主席令第七十号公布，自2002年11月1日起施行。现行的《安全生产法》通过2009年中华人民共和国第十一届全国人民代表大会常务委员会第十次会议《全国人民代表大会常务委员会关于修改部分法律的决定》进行修正。共由七章九十七条组成。

为了加强安全生产监督管理，防止和减少生产安全事故，保障人民群众生命和财产安全，促进经济发展，制定本法。在中华人民共和国领域内从事生产经营活动的单位（以下统称生产经营单位）的安全生产，适用本法；有关法律、行政法规对消防安全和道路交通安全、铁路交通安全、水上交通安全、民用航空安全另有规定的，适用其规定。

安全生产管理，坚持安全第一、预防为主的方针。生产经营单位必须遵守本法和其他有关安全生产的法律、法规，加强安全生产管理，建立、健全安全生产责任制度，完善安全生产条件，确保安全生产。生产经营单位的主要负责人对本单位的安全生产工作全面负责。

国务院和地方各级人民政府应当加强对安全生产工作的领导，支持、督促各有关部门依法履行安全生产监督管理职责。县级以上人民政府对安全生产监督管理中存在的重大问题应当及时予以协调、解决。国家实行生产安全事故责任追究制度，依照本法和有关法律、法规的规定，追究生产安全事故责任人员的法律责任。

《安全生产法》的内容主要从生产经营单位的安全生产保障、从业人员的权利和义务、安全生产的监督管理、生产安全事故的应急救援与调查处理、法律责任等方面进行了严格规定。

《安全生产法》附则中定义了危险物品及重大危险源的含义：危险物品，是指易燃易爆物品、危险化学品、放射性物品等能够危及人身安全和财产安全的物品。重大危险源，是指长期地或者临时地生产、搬运、使用或者储存危险物品，且危险物品的数量等于或者超过临界量的单元(包括场所和设施)。

任务六　《建设工程安全生产管理条例》

《建设工程安全生产管理条例》于2003年11月12日国务院第28次常务会议通过，由中华人民共和国国务院令第393号公布，自2004年2月1日起施行。条例共由八章七十一条组成。

为了加强建设工程安全生产监督管理，保障人民群众生命和财产安全，根据《中华人民共和国建筑法》、《中华人民共和国安全生产法》，制定本条例。在中华人民共和国境内从事建设工程的新建、扩建、改建和拆除等有关活动及实施对建设工程安全生产的监督管理，必须遵守本条例。本条例所称建设工程，是指土木工程、建筑工程、线路管道和设备安装工程及装修工程。

建设工程安全生产管理，坚持安全第一、预防为主的方针。建设单位、勘察单位、设计单位、施工单位、工程监理单位及其他与建设工程安全生产有关的单位，必须遵守安全生产法律、法规的规定，保证建设工程安全生产，依法承担建设工程安全生产责任。

条例主要从建设单位的安全责任、勘察、设计、工程监理及其他有关单位的安全责任、施工单位的安全责任、监督管理、生产安全事故的应急救援和调查处理及法律责任等几方面进行了规定。

在"附则"中规定，抢险救灾和农民自建低层住宅的安全生产管理，军事建设工程的安全生产管理不适用本条例。

任务七　《房屋建筑和市政基础设施工程竣工验收备案管理办法》

《房屋建筑和市政基础设施工程竣工验收备案管理办法》是中华人民共和国住房和城乡建设部第2号令中对《房屋建筑工程和市政基础设施工程竣工验收备案管理暂行办法》(以下简称《暂行办法》)(建设部令第78号)修改得名。于2009年10月19日发布，自发布之日起实行。

《暂行办法》共由十七条组成，本办法相对于《暂行办法》修改的主要内容为：

(1)名称修改为《房屋建筑和市政基础设施工程竣工验收备案管理办法》。

(2)第五条第一款第(三)项删去"公安消防"。

(3)第五条第一款增加一项"(四)法律规定应当由公安消防部门出具的对大型的人员密集场所和其他特殊建设工程验收合格的证明文件"。

(4)第五条第二款修改为"住宅工程还应当提交《住宅质量保证书》和《住宅使用说明书》"。

(5)第九条修改为"建设单位在工程竣工验收合格之日起15日内未办理工程竣工验收备

案的，备案机关责令限期改正，处 20 万元以上 50 万元以下罚款"。

此外，对部分条文的文字做相应的修改。

【本模块·小·结】

本模块针对于我国的建设工程监理行业有关法律、法规及相关规定进行了简要说明，以便同学们了解我国建设工程监理行业的现行的相关政策法规，方便同学们在今后的监理工作中能做到有法可依。（法律、法规具体条例内容见本教材多媒体教学电子课件）

复习思考题

1. 注册监理工程师的初始注册应具备哪些条件？提交哪些资料？
2. 注册监理工程师的法律地位和法律责任有哪些？
3. 《中华人民共和国建筑法》是何时施行的？主要内容有哪些？
4. 《中华人民共和国招标投标法》是何时施行的？主要内容有哪些？
5. 《建设工程质量管理条例》是何时施行的？主要内容有哪些？
6. 《房屋建筑工程质量保修办法》是何时施行的？主要内容有哪些？
7. 《中华人民共和国安全生产法》是何时施行的？主要内容有哪些？
8. 《建设工程安全生产管理条例》是何时施行的？主要内容有哪些？

附　录

附录一　施工阶段监理工作基本表式

A 类表(承包单位用表)

A1 工程开工/复工报审表

A2 施工组织设计(方案)报审表

A3 分包单位资格报审表

A4 _____报验申请表

A5 工程款支付申请表

A6 监理工程师通知回复单

A7 工程临时延期申请表

A8 费用索赔申请表

A9 工程材料/构配件/设备报审表

A10 工程竣工报验单

B 类表(监理单位用表)*

B1 监理工程师通知单

B2 工程暂停令

B3 工程款支付证书

B4 工程临时延期审批表

B5 工程最终延期审批表

B6 费用索赔审批表

C 类表(各方通用表)*

C1 监理工作联系单

C2 工程变更单

* 注：B 类表、C 类表具体内容见本教材多媒体教学电子课件。

工程开工/复工报审表

工程名称： 编号：

致： （监理单位）
我方承担的_____工程，已完成了以下各项工作，具备了开工/复工条件，特此申请施工，请核查并签发开工/复工指令。 　　附：1.开工报告； 　　　　2.证明文件。   　　　　　　　　　　　　　　　　　　　　承包单位(章)_____ 　　　　　　　　　　　　　　　　　　　　　　项目经理_____ 　　　　　　　　　　　　　　　　　　　　　　日　　期_____
审查意见：   　　　　　　　　　　　　　　　　　　　　项目监理机构_____ 　　　　　　　　　　　　　　　　　　　总监理工程师_____ 　　　　　　　　　　　　　　　　　　　　日　　期_____

A2

施工组织设计(方案)报审表

工程名称：　　　　　　　　　　　　　　　　　　　　　　编号：

致：　　　　　　　　　　　　　　　（监理单位）   　　我方已根据施工合同的有关规定完成了＿＿＿＿＿＿＿＿＿＿＿工程施工组织设计(方案)的编制，并经我单位上级技术负责人审核批准，请予以审查。   　　附：施工组织设计(方案)   承包单位(章)＿＿＿＿＿＿＿   项目经理＿＿＿＿＿＿＿   日　期＿＿＿＿＿＿＿
专业监理工程师审查意见：   专业监理工程师＿＿＿＿＿＿＿   日　期＿＿＿＿＿＿＿
总监理工程师审核意见：   项目监理机构＿＿＿＿＿＿＿   总监理工程师＿＿＿＿＿＿＿   日　期＿＿＿＿＿＿＿

A3

分包单位资格报审表

工程名称：   编号：

致：		（监理单位）	

　　经考察，我方认为拟选择的＿＿＿＿＿＿＿＿＿＿＿＿（分包单位）具有承担下列工程的施工资质和施工能力，可以保证本工程项目按合同的规定进行施工。分包后，我方仍承担总包单位的全部责任。请予以审查和批准。

　　附：1.分包单位资质材料；
　　　　2.分包单位业绩材料。

分包工程名称(部位)	工程数量	拟分包工程合同额	分包工程占全部工程比例
合　计			

承包单位(章)＿＿＿＿＿＿＿＿

项目经理＿＿＿＿＿＿＿＿

日　期＿＿＿＿＿＿＿＿

专业监理工程师审查意见：

专业监理工程师＿＿＿＿＿＿＿＿

日　期＿＿＿＿＿＿＿＿

总监理工程师审核意见：

项目监理机构＿＿＿＿＿＿＿＿

总监理工程师＿＿＿＿＿＿＿＿

日　期＿＿＿＿＿＿＿＿

A4

_____报验申请表

工程名称：   编号：

致：   （监理单位）

我单位已完成了_____工作，现报上该工程报验申请表，请予以审查和验收。

附件：

承包单位(章)_____

项目经理_____

日　期_____

审查意见：

项目监理机构_____

总/专业监理工程师_____

日　期_____

A5

工程款支付申请表

工程名称：   编号：

致：   （监理单位）

　　我方已完成了＿＿＿＿＿＿＿＿＿＿＿＿＿＿＿＿＿＿＿＿＿＿＿＿工作，按施工合同的规定，建设单位应在 ＿＿＿＿ 年 ＿＿ 月 ＿＿ 日前支付该项工程款共（大写）＿＿＿＿＿＿＿＿＿＿（小写：＿＿＿＿＿＿＿＿＿＿），现报上＿＿＿＿＿＿＿＿＿＿工程付款申请表，请予以审查并开具工程款支付证书。

　　附件：

　　　1. 工程量清单；

　　　2. 计算方法。

承包单位(章)＿＿＿＿＿＿＿＿

项目经理＿＿＿＿＿＿＿＿

日　期＿＿＿＿＿＿＿＿

A6

监理工程师通知回复单

工程名称：　　　　　　　　　　　　　　　　　　　　　编号：

致：　　　　　　　　　　　　　（监理单位）

　　我方接到编号为_____的监理工程师通知后，已按要求完成了_____工作，现报上，请予以复查。

　　详细内容：

承包单位(章)_____

项目经理_____

日　期_____

复查意见：

项目监理机构_____

总/专业监理工程师_____

日　期_____

工程临时延期申请表

工程名称： 编号：

致： （监理单位）

　　根据施工合同条款＿＿＿＿＿＿＿＿＿条的规定，由于＿＿＿＿＿＿＿＿＿＿＿＿＿＿＿＿＿＿原因，我方申请工程延期，请予以批准。

　　附件：

　　　1.工程延期的依据及工期计算。

合同竣工日期：

申请延长竣工日期：

　　　2.证明材料。

承包单位(章)＿＿＿＿＿＿＿＿＿

项目经理＿＿＿＿＿＿＿＿＿

日　期＿＿＿＿＿＿＿＿＿

A8

费用索赔申请表

工程名称：　　　　　　　　　　　　　　　　　　　　　　　　　　编号：

```
致：                                    （监理单位）

    根据施工合同条款_____条的规定，由于_____的原因，我
方要求索赔金额（大写）_____（小写：_____），请予以批准。
    索赔的详细理由及经过：




    索赔金额的计算：




    附：证明材料




                                                承包单位(章)_____
                                                   项目经理_____
                                                   日　　期_____
```

A9

工程材料/构配件/设备报审表

工程名称：　　　　　　　　　　　　　　　　　　　　　　　　　　编号：

致：　　　　　　　　　　　　　　　　（监理单位）

　　我方于　　　　　　年　　　月　　　日进厂的工程材料/构配件/设备数量如下（见附件）。现将质量证明文件及自检结果报上，拟用于下述部位：

_____

_____，

请予以审核。

　　附件：1. 数量清单；

　　　　　2. 质量证明文件；

　　　　　3. 自检结果。

承包单位(章)_____

项目经理_____

日　期_____

审查意见：

　　经检查，上述工程材料/构配件/设备，符合/不符合设计文件和规范的要求，准许/不准许进场，同意/不同意使用于拟定部位。

项目监理机构_____

总/专业监理工程师_____

日　期_____

A10

工程竣工报验单

工程名称： 　　　　　　　　　　　　　　　　　　　　　　　　编号：

致：　　　　　　　　　　　　　　（监理单位）

　　我方已按合同要求完成了＿＿＿＿＿＿＿＿＿＿＿＿＿＿＿＿＿＿＿工程，经自检合格，请予以检查和验收。

　　附件：

承包单位(章)＿＿＿＿＿＿＿＿

项目经理＿＿＿＿＿＿＿＿

日　期＿＿＿＿＿＿＿＿

审查意见：

　　经初步验收，该工程

　　1. 符合/不符合我国现行法律、法规要求；

　　2. 符合/不符合我国现行工程建设标准；

　　3. 符合/不符合设计文件要求；

　　4. 符合/不符合施工合同要求。

　　综上所述，该工程初步验收合格/不合格，可以/不可以组织正式验收。

项目监理机构＿＿＿＿＿＿＿＿

总监理工程师＿＿＿＿＿＿＿＿

日　期＿＿＿＿＿＿＿＿

附录二 监理工作主要程序

1. 施工准备阶段监理工作流程图

2. 施工组织设计(施工方案)审批监理工作流程图

3. 施工阶段监理工作流程图

4. 开工申请监理工作流程图

5. 单位工程质量控制监理工作流程图

6. 工程质量事故处理监理工作流程图

7. 施工进度控制监理工作流程图

8. 投资控制监理工作流程图

9. 工程测量监理工作程流图

10. 原材料、构配件及设备质量监理工作流程图

11. 工程隐检、预检及分部分项工程验收监理工作流程图

12. 工程暂停及复工管理监理工作流程图

13. 工程变更、洽商监理工作流程图

14. 保修阶段监理工作流程图

1. 施工准备阶段监理工作流程图

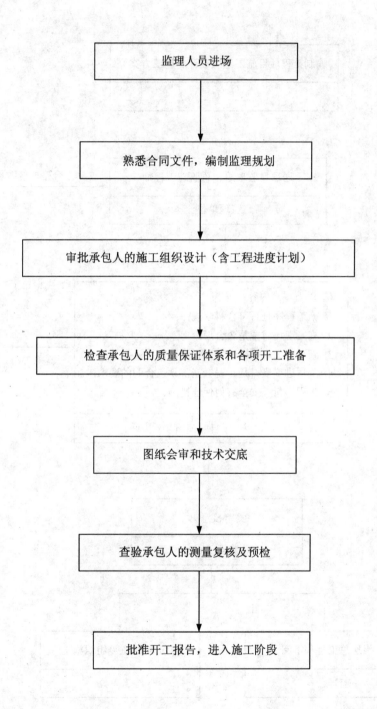

2. 施工组织设计(施工方案)审批监理工作流程图

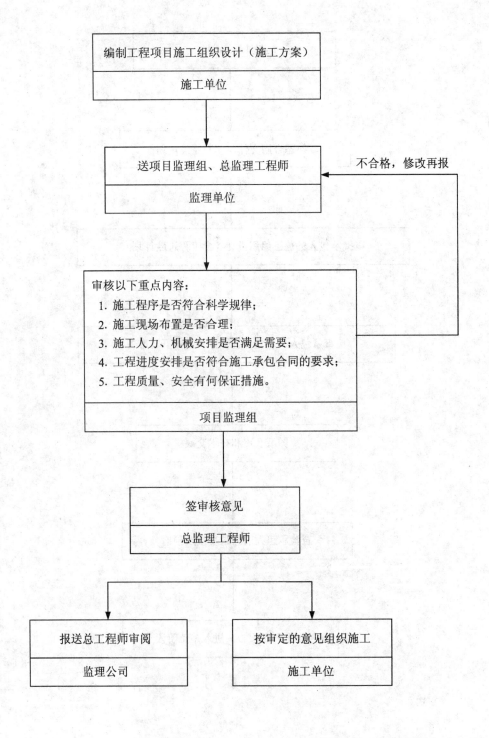

编制工程项目施工组织设计（施工方案）

施工单位

↓

送项目监理组、总监理工程师   不合格，修改再报

监理单位

↓

审核以下重点内容：
1. 施工程序是否符合科学规律；
2. 施工现场布置是否合理；
3. 施工人力、机械安排是否满足需要；
4. 工程进度安排是否符合施工承包合同的要求；
5. 工程质量、安全有何保证措施。

项目监理组

↓

签审核意见

总监理工程师

↓

报送总工程师审阅   按审定的意见组织施工

监理公司   施工单位

246

3. 施工阶段监理工作流程图

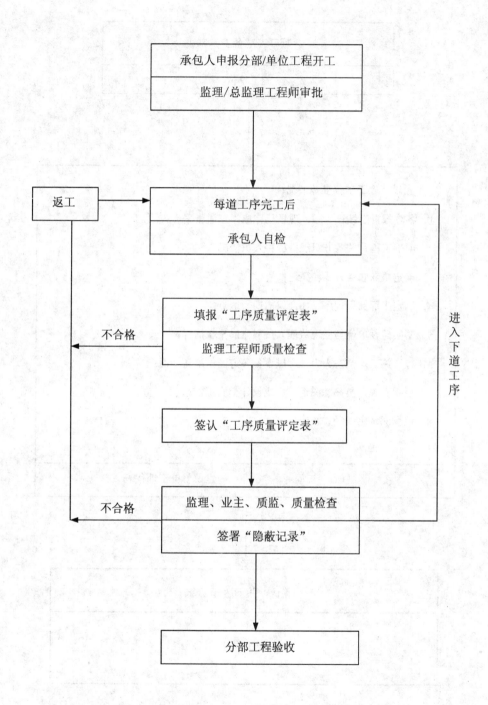

承包人申报分部/单位工程开工

监理/总监理工程师审批

返工

每道工序完工后

承包人自检

填报"工序质量评定表"

监理工程师质量检查

不合格

签认"工序质量评定表"

监理、业主、质监、质量检查

签署"隐蔽记录"

不合格

进入下道工序

分部工程验收

4. 开工申请监理工作流程图

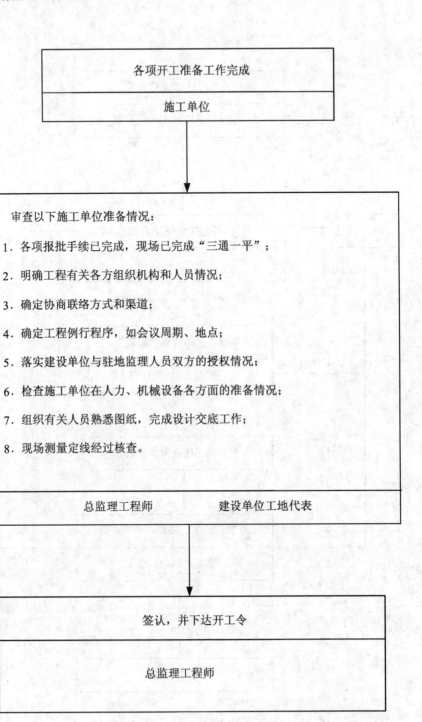

各项开工准备工作完成

施工单位

审查以下施工单位准备情况：

1. 各项报批手续已完成，现场已完成"三通一平"；

2. 明确工程有关各方组织机构和人员情况；

3. 确定协商联络方式和渠道；

4. 确定工程例行程序，如会议周期、地点；

5. 落实建设单位与驻地监理人员双方的授权情况；

6. 检查施工单位在人力、机械设备各方面的准备情况；

7. 组织有关人员熟悉图纸，完成设计交底工作；

8. 现场测量定线经过核查。

总监理工程师　　　　建设单位工地代表

签认，并下达开工令

总监理工程师

5. 单位工程质量控制监理工作流程图

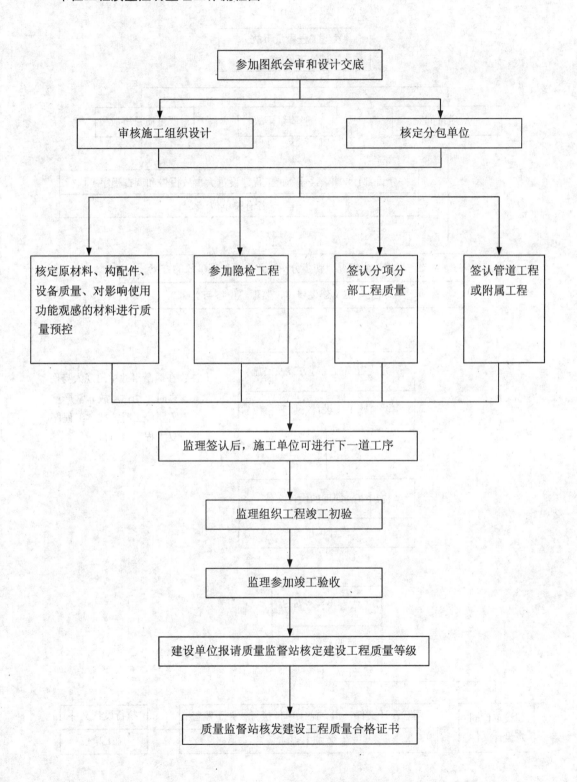

参加图纸会审和设计交底

审核施工组织设计

核定分包单位

核定原材料、构配件、设备质量、对影响使用功能观感的材料进行质量预控

参加隐检工程

签认分项分部工程质量

签认管道工程或附属工程

监理签认后，施工单位可进行下一道工序

监理组织工程竣工初验

监理参加竣工验收

建设单位报请质量监督站核定建设工程质量等级

质量监督站核发建设工程质量合格证书

6. 工程质量事故处理监理工作流程图

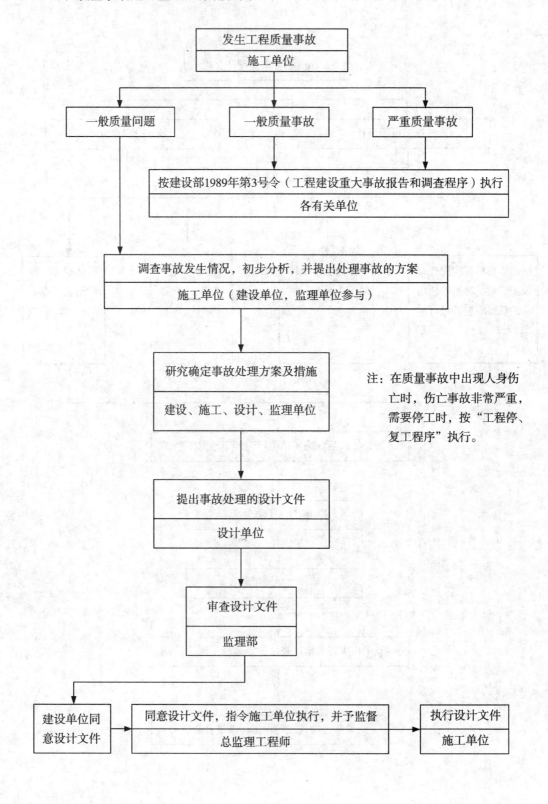

```
              ┌─────────────────────┐
              │   发生工程质量事故    │
              ├─────────────────────┤
              │      施工单位        │
              └─────────────────────┘
                        │
        ┌───────────────┼───────────────────┐
        ▼               ▼                   ▼
  ┌──────────┐   ┌──────────┐        ┌──────────┐
  │ 一般质量问题│   │ 一般质量事故│        │ 严重质量事故│
  └──────────┘   └──────────┘        └──────────┘
        │               │                   │
        │               └─────────┬─────────┘
        │                         ▼
        │   ┌────────────────────────────────────────────┐
        │   │ 按建设部1989年第3号令（工程建设重大事故报告和调查程序）执行 │
        │   ├────────────────────────────────────────────┤
        │   │               各有关单位                     │
        │   └────────────────────────────────────────────┘
        ▼
  ┌──────────────────────────────────────────────┐
  │ 调查事故发生情况，初步分析，并提出处理事故的方案  │
  ├──────────────────────────────────────────────┤
  │       施工单位（建设单位，监理单位参与）          │
  └──────────────────────────────────────────────┘
                        │
                        ▼
  ┌──────────────────────┐
  │ 研究确定事故处理方案及措施 │          注：在质量事故中出现人身伤
  ├──────────────────────┤          亡时，伤亡事故非常严重，
  │  建设、施工、设计、监理单位 │          需要停工时，按"工程停、
  └──────────────────────┘          复工程序"执行。
                        │
                        ▼
  ┌──────────────────────┐
  │   提出事故处理的设计文件   │
  ├──────────────────────┤
  │        设计单位         │
  └──────────────────────┘
                        │
                        ▼
  ┌──────────────────────┐
  │      审查设计文件       │
  ├──────────────────────┤
  │        监理部          │
  └──────────────────────┘
        │
        ▼
  ┌──────────┐  ┌────────────────────────────┐  ┌──────────┐
  │ 建设单位同 │  │ 同意设计文件，指令施工单位执行，并予监督 │  │ 执行设计文件│
  │ 意设计文件 │─▶├────────────────────────────┤─▶├──────────┤
  │          │  │          总监理工程师          │  │  施工单位  │
  └──────────┘  └────────────────────────────┘  └──────────┘
```

7. 施工进度控制监理工作流程图

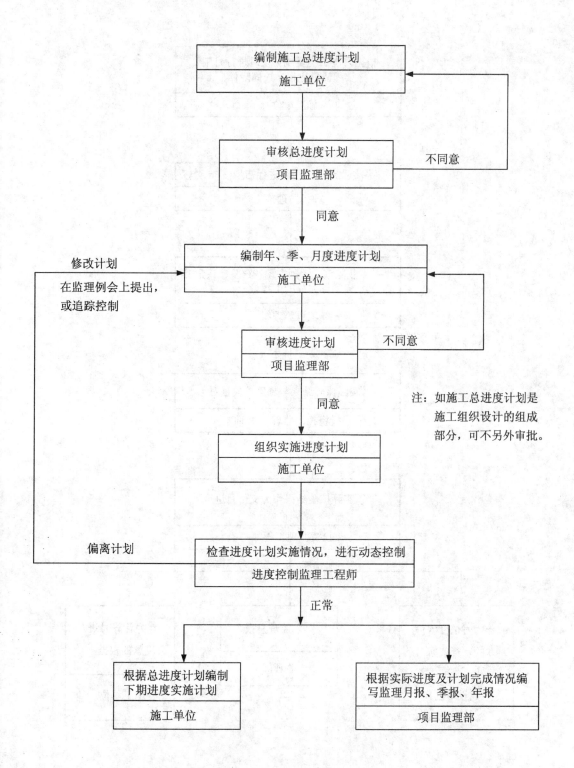

```
                    编制施工总进度计划
                    ┌──────────────────┐
                    │   施工单位        │◄──────────┐
                    └──────────────────┘            │
                             │                       │
                             ▼                       │
                    审核总进度计划                    │
                    ┌──────────────────┐            │
                    │   项目监理部      │──不同意────┘
                    └──────────────────┘
                             │
                           同意
                             │
修改计划                     ▼
在监理例会上提出，   编制年、季、月度进度计划
或追踪控制          ┌──────────────────┐
        ───────────►│   施工单位        │◄──────────┐
                    └──────────────────┘            │
                             │                       │
                             ▼                       │
                    审核进度计划      不同意          │
                    ┌──────────┐─────────────────────┘
                    │ 项目监理部 │
                    └──────────┘        注：如施工总进度计划是
                             │               施工组织设计的组成
                           同意              部分，可不另外审批。
                             │
                             ▼
                    组织实施进度计划
                    ┌──────────────────┐
                    │   施工单位        │
                    └──────────────────┘
                             │
偏离计划                     ▼
            检查进度计划实施情况，进行动态控制
        ───┌──────────────────────────────────┐
           │   进度控制监理工程师              │
           └──────────────────────────────────┘
                             │
                           正常
                             │
              ┌──────────────┴──────────────┐
              ▼                              ▼
    根据总进度计划编制              根据实际进度及计划完成情况编
    下期进度实施计划                写监理月报、季报、年报
    ┌──────────────┐              ┌──────────────────────┐
    │   施工单位    │              │     项目监理部         │
    └──────────────┘              └──────────────────────┘
```

8. 投资控制监理工作流程图

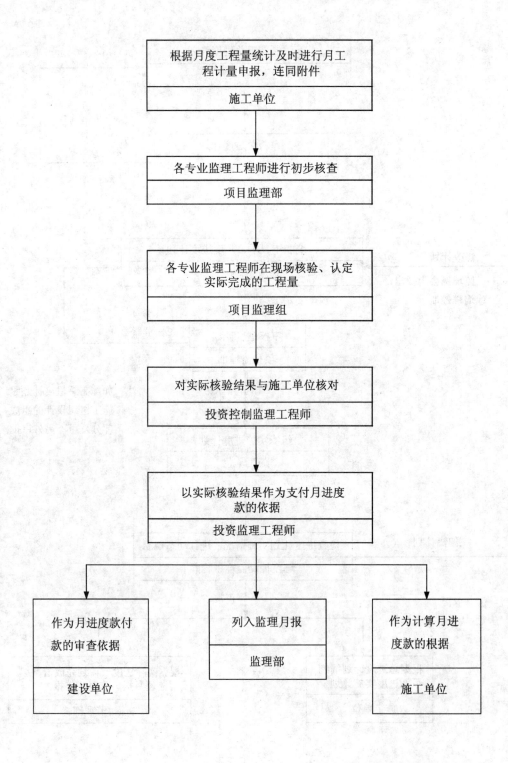

根据月度工程量统计及时进行月工程计量申报，连同附件
施工单位

各专业监理工程师进行初步核查
项目监理部

各专业监理工程师在现场核验、认定实际完成的工程量
项目监理组

对实际核验结果与施工单位核对
投资控制监理工程师

以实际核验结果作为支付月进度款的依据
投资监理工程师

作为月进度款付款的审查依据	列入监理月报	作为计算月进度款的根据
建设单位	监理部	施工单位

9. 工程测量监理工作程流图

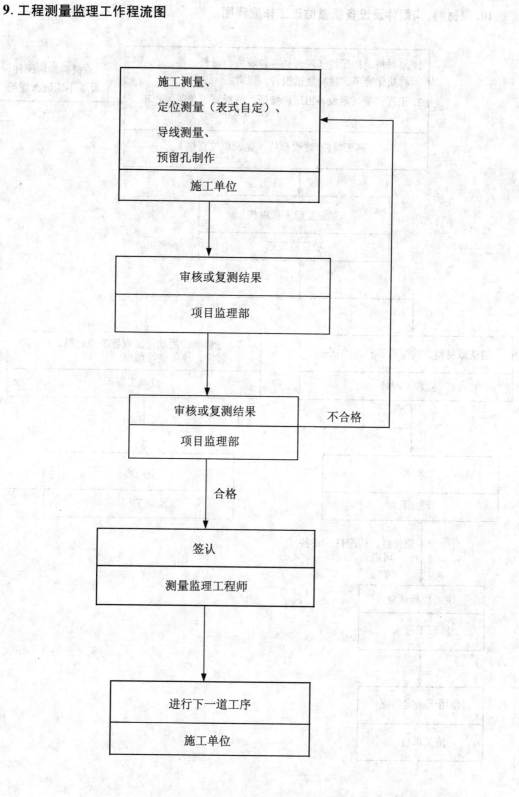

施工测量、
定位测量（表式自定）、
导线测量、
预留孔制作

施工单位

↓

审核或复测结果

项目监理部

↓

审核或复测结果

项目监理部

不合格

合格

↓

签认

测量监理工程师

↓

进行下一道工序

施工单位

10.原材料、构配件及设备质量监理工作流程图

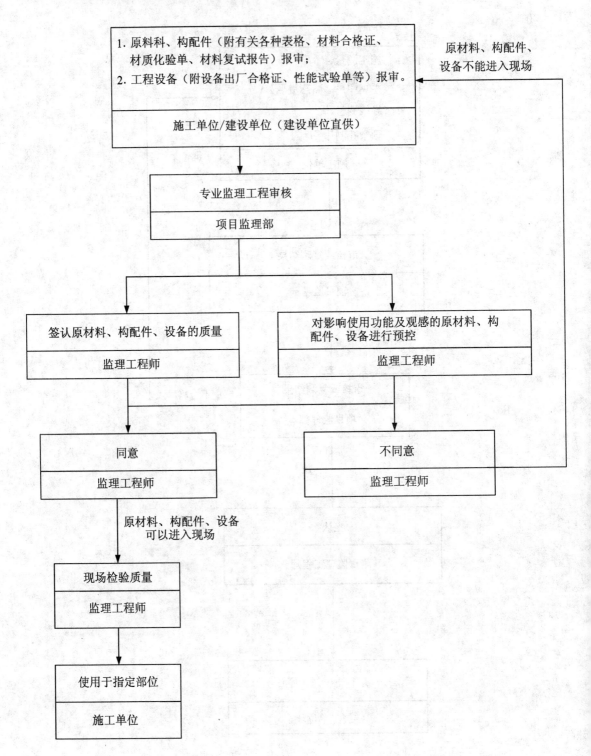

1. 原料科、构配件（附有关各种表格、材料合格证、材质化验单、材料复试报告）报审；
2. 工程设备（附设备出厂合格证、性能试验单等）报审。

施工单位/建设单位（建设单位直供）

原材料、构配件、设备不能进入现场

专业监理工程审核

项目监理部

签认原材料、构配件、设备的质量

监理工程师

对影响使用功能及观感的原材料、构配件、设备进行预控

监理工程师

同意

监理工程师

不同意

监理工程师

原材料、构配件、设备可以进入现场

现场检验质量

监理工程师

使用于指定部位

施工单位

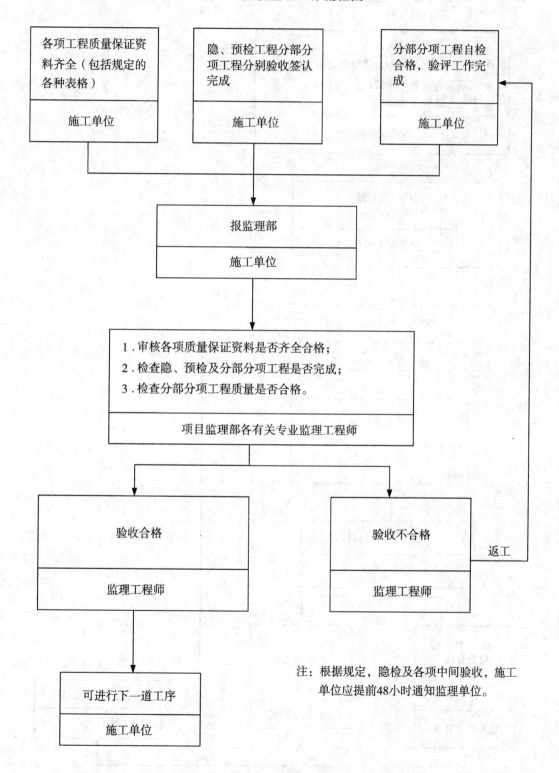

11. 工程隐检、预检及分部分项工程验收监理工作流程图

各项工程质量保证资料齐全（包括规定的各种表格）	隐、预检工程分部分项工程分别验收签认完成	分部分项工程自检合格，验评工作完成
施工单位	施工单位	施工单位

报监理部

施工单位

1.审核各项质量保证资料是否齐全合格；

2.检查隐、预检及分部分项工程是否完成；

3.检查分部分项工程质量是否合格。

项目监理部各有关专业监理工程师

验收合格	验收不合格
监理工程师	监理工程师

返工

可进行下一道工序

施工单位

注：根据规定，隐检及各项中间验收，施工单位应提前48小时通知监理单位。

12. 工程暂停及复工管理监理流程图

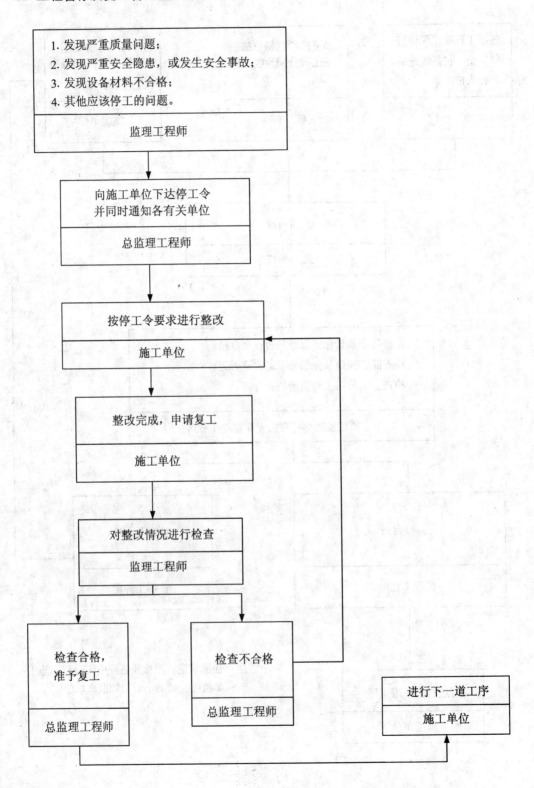

13. 工程变更、洽商监理工作流程图

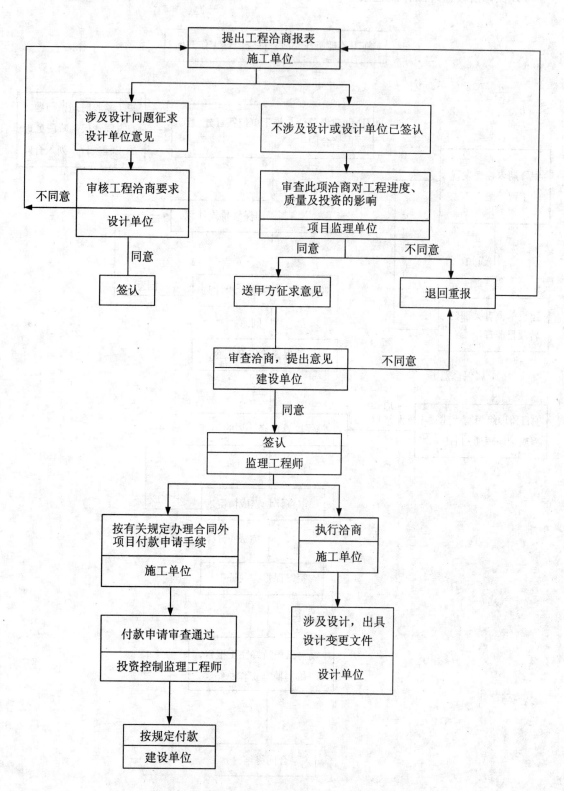

14. 保修阶段监理工作流程图

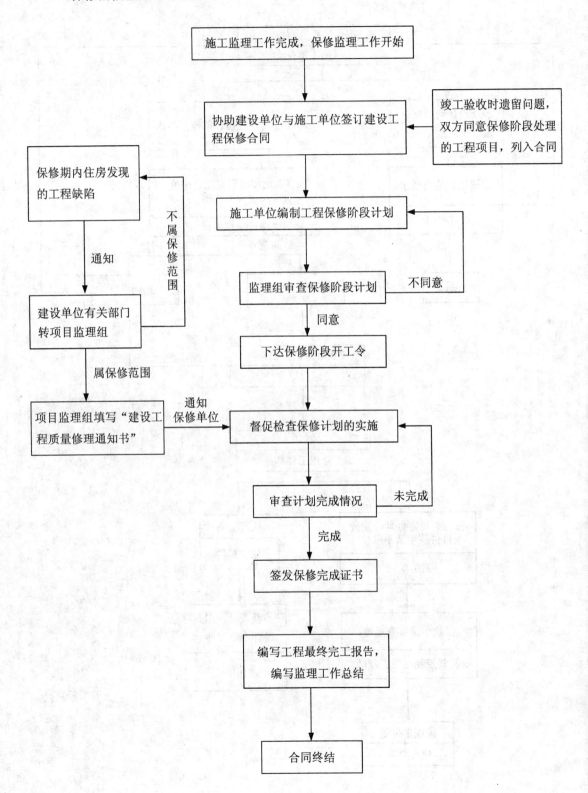

施工监理工作完成，保修监理工作开始

协助建设单位与施工单位签订建设工程保修合同

竣工验收时遗留问题，双方同意保修阶段处理的工程项目，列入合同

保修期内住房发现的工程缺陷

不属保修范围

通知

建设单位有关部门转项目监理组

属保修范围

项目监理组填写"建设工程质量修理通知书"

通知保修单位

施工单位编制工程保修阶段计划

监理组审查保修阶段计划

不同意

同意

下达保修阶段开工令

督促检查保修计划的实施

审查计划完成情况

未完成

完成

签发保修完成证书

编写工程最终完工报告，编写监理工作总结

合同终结

附录三 《建设工程监理概论》模拟试题

一、单项选择题(共50题,每题1分。每题的备选项中,只有1个最符合题意)

1. 工程建设监理,是指具有相应( )的监理单位,受工程项目建设单位委托,对工程建设实施专业化监督管理。

    A. 技术能力   B. 注册资金   C. 注册监理工程师   D. 资质

2. 依据《建设工程监理范围和规模标准规定》,下列工程项目必须实行监理的是( )。

    A. 总投资额为2亿元的电视机厂改建项目

    B. 建筑面积4万平方米的住宅建设项目

    C. 总投资额为300美元的联合国粮农组织的援助项目

    D. 总投资额为2000万元的科技项目

3. 我国建设工程监理制中,吸收了FIDIC合同条件的有关内容,对工程监理企业和监理工程师提出了( )的要求。

    A. 维护施工单位利益   B. 代表政府监理   C. 独立、公正   D. 承担法律责任

4. 未经( ),建设单位不拨付工程款,不进行竣工验收。

    A. 总监理工程师签字   B. 监理工程师签字

    C. 监理单位盖章   D. 项目监理部盖章

5. 国务院建设主管部门以部长令形式发布的规范性文件属于( )。

    A. 法律   B. 行政法规   C. 国家标准   D. 部门规章

6. 取得注册监理工程师资格证书的人员,经( )方能以注册监理工程师的名义执业。

    A. 考试   B. 考核   C. 继续教育   D. 注册

7. 注册监理工程师每人最多可以申请( )专业注册。

    A. 1个   B. 2个   C. 3个   D. 4个

8. 专业监理工程师应( )监理月报的编写。

    A. 支持   B. 组织   C. 参与   D. 负责

9. 目标控制有主动控制和被动控制之分。下列关于主动控制和被动控制的表述中,正确的是( )。

    A. 仅仅采取主动控制是不现实的   B. 被动控制比主动控制的效果好

    C. 主动控制是不经济的   D. 以主动控制为主,被动控制为辅

10. 监理员应在( )指导下,开展现场监理工作。

    A. 总监理工程师   B. 总监理工程师代表

    C. 专业监理工程师   D. 监理企业技术负责人

11. 对建设工程三大目标的统一关系进行定量分析时,应注意的问题是( )。

    A. 当前的投入是现实的、不很确定的

    B. 未来的收益是现实的、确定的

    C. 未来的收益是预期的、确定的

    D. 未来的收益是预期的、不很确定的

12. 监理单位是从( )的角度出发对工程进行质量控制。

A. 建设工程生产者   B. 社会公众

C. 业主或建设工程需求者   D. 项目的贷款方

13. 控制流程由有限循环的若干环节组成,其中处于投入与反馈之间的环节是(　　)。

A. 转换   B. 输出   C. 对比   D. 纠正

14. 下列关于建设工程各目标之间关系的表述中,体现质量目标与投资目标统一关系的是(　　)。

A. 提高功能和质量要求,需要适当延长工期

B. 提高功能和质量要求,需要增加一定的投资

C. 提高功能和质量要求,可能降低运行费用和维修费用

D. 增加质量控制的费用,有利于保证工程质量

15. 投保人购买商业保险后,往往疏于对损失的防范,这属于(　　)。

A. 道德风险因素   B. 心理风险因素   C. 道德风险事件   D. 心理风险事件

16. 风险对策的决策过程中,一般情况下对各种风险对策的选择原则是(　　)。

A. 首先考虑风险转移,最后考虑损失控制

B. 首先考虑风险转移,最后考虑风险自留

C. 首先考虑风险回避,最后考虑损失控制

D. 首先考虑风险回避,最后考虑风险自留

17. 建设工程风险识别是由若干工作构成的过程,最终形成的成果是(　　)。

A. 建立建设工程风险清单   B. 识别建设工程风险因素

C. 建设工程风险分解   D. 识别建设工程风险事件及其后果

18. 建设工程风险评价的主要作用在于确定(　　)。

A. 风险损失值的大小   B. 风险发生的概率

C. 风险的相对严重性   D. 风险的绝对严重性

19. 旁站监理是指监理人员在施工阶段监理中,对(　　)实施全过程现场跟班的监督活动。

A. 关键部位、关键工序的施工过程   B. 施工质量

C. 施工工艺   D. 施工流程

20. 监理员与监理工程师的主要区别是(　　)。

A. 技术职称不同

B. 监理工程师具有与岗位责任相应的签字权

C. 学历不同

D. 监理员尚未取得监理工程师资格证书

21. 进行项目监理机构的组织结构设计时,首先是选择组织结构形式,然后是(　　)。

A. 划分项目监理机构部门   B. 确定管理层次和管理跨度

C. 制定岗位职责和考核标准   D. 安排监理人员

22. 直线制监理组织形式的主要特点是(　　)。

A. 接受职能部门多头指挥,指令矛盾时,将使直线指挥部门人员无所适从

B. 统一指挥、直线领导,但职能部门与指挥部门易产生矛盾

C. 其有较大的机动性和适应性,但纵横向协调工作量大

D. 组织机构简单、权力集中、命令统一、职责分明、隶属关系明确

23. 下列职责中,属于专业监理工程师职责的是(　　)。

A. 组织编写并签发监理月报   B. 审定承包单位提交的进度计划

C. 审核工程计量的数据和原始凭证   D. 对工序施工质量检查结果进行记录

24. 当专业监理工程师需要调整时,总监理工程师应书面通知(　　)。

A. 承包单位   B. 建设单位

C. 质量监督机构   D. 建设单位和承包单位

25. 建设工程监理目标是项目监理机构建立的前提，应根据( )确定的监理目标建立项目监理机构。

A. 监理实施细则   B. 委托监理合同   C. 监理大纲   D. 监理规划

26. 项目监理机构的组织设计和建设工程监理实施均应遵循( )的原则，但两者却有着不同的内涵。

A. 集权与分权统一   B. 分工与协作统一   C. 才职相称   D. 权责一致

27. 编制建设工程监理规划需满足的要求是( )。

A. 基本构成内容和具体内容都具有针对性

B. 基本构成内容和具体内容都应当力求统一

C. 基本构成内容应力求统一，具体内容应有针对性

D. 基本构成内容应有针对性，具体内容应力求统一

28. 下列关于监理大纲、监理规划、监理实施细则的表述中，错误的是( )。

A. 它们共同构成了建设工程监理工作文件

B. 监理单位开展监理活动必须编制上述文件

C. 监理规划依据监理大纲编制

D. 监理实施细则经总监理工程师批准后实施

29. 监理规划中，建立健全项目监理机构，完善职责分工，落实质量控制责任，属于质量控制的( )措施。

A. 技术   B. 经济   C. 合同   D. 组织

30. 在监理工作中，监理工程师对质量控制的技术措施是( )。

A. 制定质量监督制度   B. 落实技术控制责任制

C. 加强质量检查监督   D. 制定协调控制程序

31. 在项目监理机构组织形式中，易造成职能部门对指挥部门指令矛盾的是( )。

A. 职能制监理组织形式   B. 直线职能制监理组织形式

C. 矩阵制监理组织形式   D. 直线制监理组织形式

32. 国际上对咨询工程师知识结构的要求比我国对监理工程师要求的更宽。下列内容中，对我国监理工程师执业资格考试内容未作要求的是( )。

A. 企业管理知识   B. 项目管理知识   C. 行政管理知识   D. 法律法规知识

33. 旁站监理方案应当送建设单位和( )各一份，并抄送工程所在地的建设行政主管部门或其委托的工程质量监督机构。

A. 施工单位   B. 监理单位   C. 其他有关部门   D. 安全监督机构

34. 目前在我国建设工程监理主要是着重于建设工程的( )。

A. 全过程   B. 施工阶段

C. 设计阶段和施工阶段   D. 设计阶段

35. 监理大纲一般在( )编写。

A. 签订监理合同前   B. 签订监理合同后

C. 签订施工合同前   D. 签订施工合同后

36. 监理实施细则由( )负责编写。

A. 总监理工程师   B. 总监理工程师代表   C. 专业监理工程师   D. 监理员

37. "工程临时延期审批表"(B4)应由( )签发。

A. 监理单位技术负责人   B. 监理单位法定代表人

C. 总监理工程师   D. 专业监理工程师

38. 《建设工程文件归档整理规范》规定，建设单位应短期保存的监理文件是( )。

A. 月付款报审与支付   B. 分包单位资质材料

C. 有关进度控制的监理通知   D. 工程开工/复工审批表

39. 下列单位中，不能使用工程变更单的是(   )。

    A. 建设单位   B. 监理单位   C. 施工单位   D. 检测单位

40. 下列监理单位用表中，可由专业监理工程师签发的是(   )。

    A. 工程临时延期审批表   B. 工程最终延期审批表

    C. 监理工作联系单   D. 工程变更单

41. 建设单位领取了施工许可证，但因故不能按期开工，应当向发证机关申请延期，延期(   )。

    A. 以两次为限，每次不超过 3 个月   B. 以一次为限，最长不超过 3 个月

    C. 以两次为限，每次不超过 1 个月   D. 以一次为限，最长不超过 1 个月

42. 《建筑法》规定，按照国务院有关规定批准开工报告的建筑工程，因故不能按期开工或者中止施工的，应当及时向批准机关报告情况。因故不能按期开工超过(   )个月的，应当重新办理开工报告的批准手续。

    A. 1   B. 3   C. 6   D. 12

43. 《建筑法》规定，建筑工程主体结构的施工(   )。

    A. 经总监理工程师批准，可以由总承包单位分包给具有相应资质的其他施工单位

    B. 经建设单位批准，可以由总承包单位分包给具有相应资质的其他施工单位

    C. 可以由总承包单位分包给具有相应资质的其他施工单位

    D. 必须由总承包单位自行完成

44. 依据《建筑法》，当施工不符合工程设计要求、施工技术标准和合同约定时，工程监理人员应当(   )。

    A. 报告建设单位

    B. 要求建筑施工企业改正

    C. 报告建设单位要求建筑施工企业改正

    D. 立即要求建筑施工企业暂时停止施工

45. 《建设工程质量管理条例》规定，建设工程发包单位不得迫使承包方以(   )。

    A. 低于市场的价格竞标，不得任意压缩合理工期

    B. 低于成本的价格竞标，不得任意压缩合理工期

    C. 低于预算的价格竞标，不得降低工程质量

    D. 低于标底的价格竞标，不得降低工程质量

46. 《建设工程质量管理条例》规定，建设工程质量保修书中应当明确建设工程的(   )等。

    A. 保修义务、保修责任和免责条件   B. 保修内容、保修期限和保修方法

    C. 保修责任、保修条件和保修标准   D. 保修范围、保修期限和保修责任

47. 《建设工程监理规范》规定，分部工程的质量检验评定资料由(   )负责签认。

    A. 总监理工程师   B. 专业监理工程师

    C. 监理员   D. 总监理工程师代表

48. 《建设工程监理规范》规定，监理规划应在签订委托监理合同及收到设计文件后开始编制，完成后必须经(   )审核批准。

    A. 总监理工程师   B. 总监理工程师授权的专业监理工程师

    C. 监理单位技术负责人   D. 建设单位负责人

49. 《建设工程监理规范》规定，施工过程中，总监理工程师应定期主持召开工地例会。会议纪要应由(   )负责起草，并经与会各方代表会签。

    A. 总监理工程师   B. 项目监理机构   C. 建设单位   D. 施工单位

50. 《建设工程监理规范》规定，对隐蔽工程的隐蔽过程、下道工序施工完成后难以检查的重点部位，

(　　　　)。

    A.总监理工程师代表应安排监理员进行旁站

    B.专业监理工程师应安排监理员进行旁站

    C.总监理工程师应安排专业监理工程师进行巡视

    D.总监理工程师代表应安排专业监理工程师进行巡视

二、多项选择题(共30题,每题2分。每题的备选项中,有2个或2个以上符合题意,至少有1个错项。错选,本题不得分;少选,所选的每个选项得0.5分)

51.实行建设监理制,目的是为了提高工程建设的(　　　　)。

    A.经济效益 　　　　 B.政治效益 　　　　 C.投资效益

    D.社会效益 　　　　 E.国民收入

52.下列内容中,属于建设程序中生产准备阶段的工作是(　　　　)。

    A.组建项目法人 　　　　 B.组建管理机构,制定有关制度和规定

    C.招聘并培训生产管理人员 　　　　 D.组织设备、材料订货

    E.进行工具、器具、备品、备件等的制造或订货

53.工程监理单位与被监理工程的(　　　　),有隶属关系或其他利害关系的,不得承担该项工程的监理。

    A.质监单位 　　　　 B.设计单位 　　　　 C.施工承包单位

    D.建筑材料、建筑构配件供应单位、设备供应单位

    E.上级主管单位

54.监理人员职业道德守则要求监理人员必须维护国家利益、按照(　　　　)的准则从事监理义务。

    A.守法 　　　　 B.诚信 　　　　 C.公开

    D.公正 　　　　 E.科学

55.监理工程师在设计阶段进行质量控制的工作有(　　　　)。

    A.协助业主编制设计任务书 　　　　 B.审查设计方案

    C.进行技术经济分析 　　　　 D.审查工程概算

    E.对设计文件进行验收

56.建设单位收到竣工报告后,对符合竣工要求的工程,组织(　　　　)等单位,制定验收方案。

    A.勘察 　　　　 B.设计 　　　　 C.施工

    D.监理 　　　　 E.工程质量监督机构

57.从事建筑活动的建筑施工企业、勘察单位、设计单位、工程监理单位,应当具备下列条件(　　　　)。

    A.有符合国家规定的注册资本

    B.经工商登记核准营业范围的独立法人代表

    C.有与其从事建筑活动相适应的具有法定职业资格的专业技术人员

    D.有从事相关建筑活动的经验及业绩

    E.有从事相关建筑活动所应有的技术装备

58.在建设工程施工招标阶段,监理单位目标控制的任务有(　　　　)。

    A.签订施工合同 　　　　 B.依据工程量清单确定综合单价

    C.对投标人进行资格预审 　　　　 D.组织开标、评标工作

    E.确定中标人

59.《建设工程监理规范》规定,监理员的职责包括(　　　　)。

    A.复核工程计量的有关数据并签署原始凭证 　　　　 B.做好监理日记和有关的监理记录

    C.验收分项工程 　　　　 D.收集、汇总及整理监理资料

E.核查进场材料、设备、构配件的原始凭证、检测报告等质量证明文件

60.施工单位应对达到一定规模的危险性较大的分部分项工程编制专项施工方案,并附具安全验算结果,经(　　　　)签字后实施,由专职安全生产管理人员现场监督。

A.施工单位技术负责人　　　　　　　　　B.项目负责人

C.总监理工程师　　　　　　　　　　　　D.安全生产管理机构

E.专业监理工程师

61.下列关于风险损失控制系统的表述中,正确的有(　　　　　　)。

A.预防计划的主要作用是降低损失发生的概率

B.风险分隔措施属于组织措施

C.风险分散措施属于管理措施

D.最大限度地减少资产和环境损害属于应急计划

E.技术措施必须付出费用和时间两方面的代价

62.下列风险对策中,属于非保险转移的有(　　　　　　)。

A.业主与承包商签订固定总价合同　　　　B.在外资项目上采用多种货币结算

C.设立风险专用基金　　　　　　　　　　D.总承包商将专业工程内容分包

E.业主要求承包商提供履约保证

63.组织构成一般是上小下大的形式,由(　　　　)等因素组成。

A.管理层次　　　　　　B.管理制度　　　　　　C.管理程序

D.管理部门　　　　　　E.管理职能

64.制定监理工作程序应体现(　　　　)的要求。

A.事前控制　　　　　　B.主动控制　　　　　　C.事中控制

D.被动控制　　　　　　E.事后控制

65.建设工程质量验收分为(　　　　)。

A.检验批验收　　　　　B.分部分项验收　　　　C.隐蔽工程验收

D.单位工程验收　　　　E.竣工验收

66.项目监理机构的工作效率在很大程度上取决于人际关系的协调,总监理工程师在进行项目监理机构内部人际关系的协调时,可从(　　　　)等方面进行。

A.部门职能划分　　　　B.监理设备调配　　　　C.工作职责委任

D.人员使用安排　　　　E.信息沟通制度

67.项目监理机构的组织结构设计步骤有(　　　　)。

A.确定监理工作内容　　　　　　　　　　B.选择组织结构形式

C.确定管理层次和管理跨度　　　　　　　D.划分项目监理机构部门

E.制定岗位职责和考核标准

68.总监理工程师代表应履行以下职责(　　　　)。

A.总监理工程师不在场时,可以以总监理工程师身份行使总监理工程师的全部职责和权力

B.负责总监理工程师制定或交办的监理工作

C.负责审核签认竣工决算

D.按总监理工程师的授权,行使总监理工程师的部分职责和权力

E.负责项目监理人员的调配和调换不称职监理人员

69.申请领取施工许可证,应当具备下列哪些条件(　　　　)。

A.已经办理该建筑工程用地批准手续

B.在城市规划区的建筑工程,已经取得规划许可证

C.需要拆迁的,其拆迁进度符合施工要求

D. 建设资金已经落实

E. 施工单位已经进场

70. 建设工程竣工验收要具备的条件为( )。

A. 完成建设工程设计和合同约定的各项内容

B. 有完整的技术档案和施工管理资料

C. 有勘察、设计、施工、工程监理等单位分别签署的质量合格文件

D. 有施工单位签署的工程保修书

E. 有总监理工程师签署的验收批准单

71. 监理实施细则应包括( )。

A. 专业工程特点 B. 监理组织机构

C. 监理工作流程 D. 监理工作的控制要点及目标值

E. 监理工作的方法和措施

72. 在工程施工中，施工单位需要使用"_____报验申请表"的情况有( )。

A. 工程材料、设备、构配件报验 B. 隐蔽工程的检查和验收

C. 单位工程质量验收 D. 施工放样报验

E. 工程竣工报验

73. 参与工程建设各方共同使用的监理表格有( )。

A. 工程暂停令 B. 工程变更单 C. 工程款支付证书

D. 监理工作联系单 E. 监理工程师通知回复单

74. 归档工程文件的组卷要求有( )。

A. 归档的工程文件一般应为原件

B. 案卷不宜过厚，一般不超过 40 mm

C. 案卷内不应有重份文件

D. 既有文字材料又有图纸的案卷，文字材料排前，图纸排后

E. 建设工程由多个单位工程组成时，工程文件按单位工程组卷

75. 工程进度控制中，一般采取( )措施。

A. 组织 B. 合同 C. 经济

D. 技术 E. 对比

76. 《建设工程安全生产管理条例》规定，施工单位的安全责任包括( )。

A. 设置安全生产管理机构

B. 施工单位负责人对工程项目的安全施工负责

C. 配备专职安全生产管理人员

D. 施工单位项目负责人在施工前应向作业人员做出安全施工说明

E. 及时、如实报告生产安全事故

77. 《建设工程质量管理条例》中，关于工程( )监理单位的质量责任和义务包括( )。

A. 工程监理单位应当依法取得相应等级的资质证书，并在其资质等级许可的范围内承担工程监理业务

B. 禁止工程监理单位允许其他单位或者个人以本单位的名义承担工程监理业务

C. 工程监理单位应当依照建设单位的要求和建设工程承包合同，代表建设单位对施工质量实施监理

D. 未经监理工程师签字，建筑材料、建筑构配件和设备不得在工程上使用或者安装

E. 未经总监理工程师签字，建设单位不拨付工程款，不进行竣工验收

78. 影响项目监理机构人员数量的主要原因有( )。

A. 建设工程复杂程度 B. 工程建设强度

C. 监理单位的业务水平 D. 监理合同的要求

E. 建设工程组织管理模式

79. 总监理工程师应承担的职责有(　　　　)等。

A. 审查承包单位的竣工申请　　　　　　　　B. 参与工程项目的竣工验收

C. 主持分项工程验收及隐蔽工程验收　　　　D. 根据监理工作实际情况记录监理日记

E. 主持整理工程项目的监理资料

80. 《建设工程监理规范》规定,工程项目的重点部位、关键工序应由(　　　　)共同确认。

A. 建设单位　　　　　　　B. 设计单位　　　　　　C. 项目监理机构

D. 施工单位　　　　　　　E. 施工分包单位

《建设工程监理概论》模拟试题参考答案

一、**单项选择题**(共 50 题,每题 1 分。每题的备选项中,只有 1 个最符合题意)

1~5　DCCAD　6~10　DBCAC　11~15　DCACB　16~20　DACAB　21~25　BDC-
DB　26-30　DCBDC　31~35　BCABA　36~40　CCADC　41~45　ACDBB　46~50
DACBB

二、**多项选择题**(共 30 题,每题 2 分。每题的备选项中,有 2 个或 2 个以上符合题意,至少有 1 个错项。错选,本题不得分;少选,所选的每个选项得 0.5 分)

51. CD	52. BCE	53. CD	54. ABDE	55. ABE	56. ABCD
57. ACE	58. CD	59. AB	60. AC	61. ACE	62. ADE
63. ADE	64. AB	65. ABDE	66. CD	67. BCDE	68. BD
69. ABCD	70. ABCD	71. ACDE	72. BCD	73. BD	74. BCDE
75. ABCD	76. ACE	77. ABDE	78. ABC	79. ABE	80. CD

参考文献

[1] 王文汇. 建设工程监理概论. 武汉：武汉理工大学出版社，2012

[2] 徐锡权，李海涛. 建设工程监理概论. 北京：冶金工业出版社，2010

[3] 石元印. 建设工程监理概论. 重庆：重庆大学出版社，2010

[4] 郑惠虹，胡红霞. 建设工程监理概论. 北京：中国电力出版社，2009

[5] 中国建设监理协会. 建设工程监理概论. 北京：知识产权出版社，2012

[6] 中国建设监理协会. 建设工程质量控制. 北京：中国建筑工业出版社，2010

[7] 中国建设监理协会. 建设工程投资控制. 北京：知识产权出版社，2010

[8] 中国建设监理协会. 建设工程进度控制. 北京：中国建筑工业出版社，2010

[9] 中国建设监理协会. 建设工程合同管理. 北京：知识产权出版社，2010

[10] 高兴元，胡岩. 建设工程监理概论. 北京：机械工业出版社，2009

[11] 张立人，李建新. 工程建设监理. 武汉：武汉理工大学出版社，2006

[12] 于惠中. 建设工程监理概论. 北京：机械工业出版社，2011

[13] 巩天真，张泽平. 建设工程监理概论. 北京：北京大学出版社，2009

[14] 吴泽. 建设工程管理概论. 武汉：武汉理工大学出版社，2005

[15] 中国工程监理协会. 建设工程监理规范(GB 50319—2000)

[16] 中华人民共和国建设部. 注册监理工程师管理规定. 中华人民共和国建设部令第 147 号

[17] 中华人民共和国建筑法. (1998 – 03 – 01 实施)

[18] 中华人民共和国招标投标法. 1999 年 8 月 30 日中华人民共和国主席令第 21 号发布

[19] 建设工程质量管理条例. 中华人民共和国国务院令第 279 号公布

[20] 房屋建筑工程质量保修办法. 中华人民共和国建设部令第 80 号

[21] 建设工程安全生产管理条例. 中华人民共和国国务院令第 393 号

[22] 房屋建筑和市政基础设施工程竣工验收备案管理办法. 中华人民共和国住房和城乡建设部令第 2 号

图书在版编目（ＣＩＰ）数据

建设工程监理概论/刘剑勇,孟庆红主编.--长沙:中南大学出版社,
2013.2
ISBN 978 - 7 - 5487 - 0785 - 1

Ⅰ.①建⋯　Ⅱ.①刘⋯②孟⋯　Ⅲ.①建筑工程—监理工作—
高等职业教育—教材　Ⅳ.①TU712

中国版本图书馆 CIP 数据核字(2013)第 020843 号

建设工程监理概论

刘剑勇　孟庆红　主编

□责任编辑	周兴武	
□责任印制	易建国	
□出版发行	中南大学出版社	
	社址：长沙市麓山南路	邮编：410083
	发行科电话：0731 - 88876770	传真：0731 - 88710482
□印　　装	长沙德三印刷有限公司	

□开　　本	787×1092　1/16	□印张 17.5	□字数 443 千字	□插页
□版　　次	2013 年 6 月第 1 版	□2018 年 12 月第 5 次印刷
□书　　号	ISBN 978 - 7 - 5487 - 0785 - 1
□定　　价	46.00 元